室内装饰精品课系列教材

室内装饰施工与管理

胡显宁　李文杰 / 主编

化学工业出版社
·北京·

内容简介

本书根据建筑装饰装修工程最新标准规范进行编写，详细介绍了装饰装修各分项工程的施工材料及选购要求、施工工艺、工程质量要求及验收标准等方面内容，同时详细阐述了室内装饰施工组织与管理方面的内容。本书内容结构合理，图文并茂，通俗易懂，符合高等职业教育阶段学生的学情所需，紧扣教学培养目标，注重理论与实践相结合，旨在培养学生职业技能素养的同时，增强其实践动手能力，培养技艺技能型复合人才。

本书可作为高等职业教育建筑室内设计、室内艺术设计、建筑设计、建筑装饰工程技术、环境艺术设计等专业的教材，也可作为室内装饰施工企业管理人员和技术人员的培训参考用书。

图书在版编目（CIP）数据

室内装饰施工与管理/胡显宁，李文杰主编. —北京：化学工业出版社，2024. 4

ISBN 978-7-122-45259-7

Ⅰ.①室… Ⅱ.①胡…②李… Ⅲ.①室内装饰-工程施工-高等职业教育-教材 Ⅳ.①TU767

中国国家版本馆CIP数据核字（2024）第056348号

责任编辑：毕小山　　文字编辑：冯国庆
责任校对：宋　夏　　装帧设计：韩　飞

出版发行：化学工业出版社
（北京市东城区青年湖南街13号　邮政编码100011）
印　　装：河北京平诚乾印刷有限公司
787mm×1092mm　1/16　印张17½　字数401千字
2024年7月北京第1版第1次印刷

购书咨询：010-64518888　　售后服务：010-64518899
网　　址：http: //www.cip.com.cn
凡购买本书，如有缺损质量问题，本社销售中心负责调换。

定　　价：76.00元

编写人员名单

主　编：胡显宁　李文杰

副主编：田　霄　丁邦林

参　编：杨　煜　王　钫

曹小东　王婧洁

前言

室内装饰施工与管理是高职高专院校建筑室内设计、室内艺术设计、建筑设计、环境艺术设计、建筑工程技术、建筑装饰工程技术等专业的一门核心课程。该课程的主要目的是通过学习建筑装饰装修各项目的施工材料及选购要求、施工工艺、工程质量要求及验收标准等内容，使学生具备建筑装饰装修施工项目的施工操作能力和施工管理能力，打下坚实的专业基础，从而为发展专项职业能力奠定基础，达到施工技术指导与施工管理岗位的相关要求。

本书内容编排以岗位能力培养为本位，采用项目实践为主线、工作任务为驱动的编写方式，紧扣高职高专建筑室内设计相关专业的教学培养目标编写而成。全书内容包括室内装饰施工基本要求、基础改造施工、抹灰工程施工、楼地面工程施工、墙面工程施工、吊顶工程施工、防水工程施工、门窗工程施工、裱糊与软包工程施工、油漆工程施工、室内装饰工程管理等。

本书紧紧围绕建筑室内设计等相关专业高技能人才的培养目标，将室内装饰材料基本知识与施工工艺、验收标准等实践技能充分结合，重点补充了室内装饰施工组织与管理等方面内容，注重理论教学与实践实训的搭配，采用了大量装饰施工企业实景图片资料，从而使学生在实践中了解建筑装饰施工技术全过程。本书具有应用性突出、操作性强、通俗易懂等特点。

本书由辽宁生态工程职业学院胡显宁、李文杰任主编，辽宁生态工程职业学院田霄、沈阳林凤家居装饰有限公司董事长丁邦林任副主编，辽宁生态工程职业学院杨煜和王钫、辽宁经济职业技术学院曹小东、江西环境工程职业学院王婧洁参编。

本书的编写，得到了沈阳林凤家居装饰有限公司的大力支持，在此表示衷心的感谢。

由于编者水平有限，书中难免存在不足之处，敬请广大读者批评指正。

编　者

2024年1月

目录

项目一　室内装饰施工基本要求 // 001

任务一　室内装饰施工整体要求 // 002
任务二　材料基本要求 // 004

项目二　基础改造施工 // 007

任务一　常见水电工程材料及选购 // 008
任务二　墙体结构改造施工工艺 // 012
任务三　水电工程施工工艺 // 019
任务四　工程质量要求及验收标准 // 057

项目三　抹灰工程施工 // 061

任务一　常见抹灰工程材料及选购 // 062
任务二　抹灰工程施工工艺 // 065
任务三　工程质量要求及验收标准 // 075

项目四　楼地面工程施工 // 079

任务一　常见楼地面工程材料及选购 // 080
任务二　楼地面工程施工工艺 // 089
任务三　工程质量要求及验收标准 // 108

项目五　墙面工程施工 // 111

任务一　常见墙面工程材料及选购 // 112

任务二　墙面工程施工工艺 // 114
任务三　工程质量要求及验收标准 // 137

项目六　吊顶工程施工 // 141

任务一　常见吊顶工程材料及选购 // 142
任务二　吊顶工程施工工艺 // 146
任务三　工程质量要求及验收标准 // 163

项目七　防水工程施工 // 165

任务一　常见防水材料及选购 // 166
任务二　防水工程施工工艺 // 171
任务三　工程质量要求及验收标准 // 175

项目八　门窗工程施工 // 179

任务一　常见门窗材料及选购 // 180
任务二　门窗工程施工工艺 // 186
任务三　工程质量要求及验收标准 // 198

项目九　裱糊与软包工程施工 // 201

任务一　常见裱糊与软包工程材料及选购 // 202
任务二　裱糊与软包工程施工工艺 // 205
任务三　工程质量要求及验收标准 // 212

项目十　油漆工程施工 // 215

任务一　常见油漆材料及选购 // 216
任务二　油漆工程施工工艺 // 217
任务三　工程质量要求及验收标准 // 236

项目十一　室内装饰工程管理 // 239

任务一　室内装饰工程进度管理 // 240
任务二　室内装饰工程质量管理 // 248
任务三　室内装饰工程成本管理 // 258
任务四　室内生态环境环保要求 // 267

参考文献 // 271

项目一

室内装饰施工基本要求

知识目标

① 了解室内装饰施工的整体要求。

② 了解室内装饰材料的基本要求。

技能目标

① 能够运用规范的建筑装饰施工术语对室内装饰施工工程进行专业性介绍。

② 能进行室内装饰材料的识别与选用。

素质目标

① 树立爱岗敬业的职业精神。

② 培养精益求精的工匠精神。

③ 培养吃苦耐劳的意志品质。

④ 培养施工安全意识。

任务一 室内装饰施工整体要求

国家标准《住宅装饰装修工程施工规范》（GB 50327—2001）中，对住宅装饰装修工程的施工基本要求，材料和设备基本要求，成品保护，以及防火安全、防水工程等均做了明确的规定。特别是国家建设部颁布的第 110 号令《住宅室内装饰装修管理办法》于 2002 年 5 月 1 日开始施行，对加强住宅室内装饰装修管理，保证装饰装修工程质量和安全，维护公共安全和公共利益，以及规范住宅室内装饰装修施工并实施对住宅室内装饰装修活动的管理具有十分重要的现实意义。

室内装饰施工整体要求如下。

① 施工前应进行设计交底工作，并应对施工现场进行踏勘和核查，遵循物业管理的有关规定。

② 各工序、各工种、各分部分项工程应自检、互检及交接检。

③ 施工中，严禁损坏房屋原有绝热设施；严禁损坏受力钢筋；严禁超荷载集中堆放物品；严禁在预制混凝土空心楼板上打孔安装埋件。

④ 施工中，严禁擅自改动建筑主体、承重结构，或改变房间的使用功能；严禁擅自拆改燃气、暖气、通信等配套设施。

⑤ 建筑基础管道、设备工程的安装及调试应在装饰装修工程施工前完成，需同步进行的，应在饰面层施工前完成，本着先上后下、先隐蔽后饰面的原则。装饰装修工程不应影响管道、设备的使用和维修。涉及燃气管道的装饰装修工程应符合国家有关安全管理的规定。

⑥ 施工人员应遵守有关施工安全、劳动保护、防火、防毒的规定。

⑦ 施工现场用电应符合下列规定：

a. 施工现场用电应从用户表以后设立临时施工用电系统；

b. 装修、维修或拆除临时施工用电系统，应由持证电工完成；

c. 临时施工供电开关箱中应安装漏电保护器，进入开关箱的电源线不应用插头连接；

d. 临时施工用电线路应避开易燃、易爆物品堆放地；

e. 暂停施工时应切断电源。

⑧ 施工现场用水应符合下列规定：

a. 不应在未做防水的地面蓄水；

b. 临时用水管不应有破损、滴漏；

c. 暂停施工时应切断水源。

⑨ 施工现场防火应符合下列规定：

a. 施工单位应按照 GB 50354—2005 中的要求制定施工防火安全制度，施工人员应严格遵守；

b. 易燃物品应相对集中地放置在安全区域并应有明显标识，施工现场不应大量积存可燃材料；

c. 易燃易爆材料的施工，应避免敲打、碰撞、摩擦等可能出现火花的操作；

d. 电动机、电气开关，应有安全防爆装置；

e. 使用油漆等挥发性材料时，应随时封闭其容器，擦拭后的棉纱等物品应集中存放且远离热源；

f. 施工现场动用气焊等明火以及进行其他产生火花的施工时，应清除周围及焊渣、火花可能溅落区域的可燃物质，并设专人全程监督；

g. 施工现场应配备灭火器、沙箱或其他有效灭火工具；

h. 严禁在施工现场吸烟；

i. 严禁在运行中的管道、装有易燃易爆的容器和受力构件上进行焊接及切割。

⑩ 施工现场成品保护应符合下列规定：

a. 施工时的成品保护，应实行各工种、工序严格的交接程序，预案措施具体，责任到组到人；

b. 使用电梯运输材料时，应对电梯采取保护措施；

c. 搬运材料时应避免损坏楼道内顶、墙、扶手、楼道窗户及楼道门；

d. 对邮箱、消防、供电、报警、网络等公共设施应采取保护措施；

e. 各工种在施工中不应污染、损坏其他工种的成品、半成品；

f. 材料表面保护设施应在工程竣工时撤除。

⑪ 文明施工和现场环境应符合下列要求：

a. 施工人员应衣着整齐，态度和蔼，用语文明；

b. 施工人员应遵守施工所在地物业管理及治安方面的相关制度和管理规定，服从物业和保卫人员的监督、管理；

c. 应控制粉尘、污染物、噪声、震动等对相邻居民、居民区和周边环境的污染及危害；

d. 施工现场堆料不应占用楼道内的公共空间，封堵紧急出口；

e. 对于外堆料，应遵守物业管理规定，避开公共通道、绿化地、化粪池及其他市政公用设施；

f. 工程垃圾宜密封包装，并放在指定垃圾堆放地；

g. 不应堵塞、破坏上下水管道、垃圾道等公共设施，不应损坏楼内各种公共标识；

h. 工程验收前应将施工现场清理干净。

⑫ 特殊天气施工时应符合国家或地方关于特殊天气下施工的管理规定。

任务二 材料基本要求

一、水电材料基本要求

① 防水材料宜采用绿色环保产品，性能应符合国家现行有关标准的规定，并有产品合格证书。

② 卫生器具的品种、规格、颜色应符合设计要求，并附有产品合格证书。套内暖通、给水管材螺纹连接配件，应使用不锈钢或铜制品。排水管材和管件应符合设计要求，并附有产品合格证书。

③ 电器、电料的规格、型号应符合设计要求及国家电器产品标准的有关规定。电器、电料的包装应完好，材料外观不应有破损，附件、备件应齐全。塑料电线保护管及接线盒应是阻燃型产品，外观不应有破损及变形。金属电线保护管及接线盒外观不应有折扁和裂缝，管内应无毛刺，管口应平整。通信系统使用的终端盒、接线盒与配电系统的开关、插座，宜选用同一系列产品。

二、木工材料基本要求

① 吊顶工程用材料的品种、规格和颜色应符合设计要求。木吊杆、木龙骨的含水率应符合国家现行标准的有关规定。材料规格应符合设计要求，不同地区的材料其含水率应为8% ～ 12%，材质无腐朽、无斜纹、无虫眼、无夹皮、无死结，活结不应超过木材截面的1/3。饰面板表面应平整，边缘应整齐，颜色应一致。穿孔板的孔距应排列整齐；胶合板、木质纤维板、木质夹芯板不应有污垢、裂纹、缺角、翘曲、起皮、色差等缺陷。饰面板不应有污垢、裂纹、缺角、翘曲、起皮，应纹理清晰、朝向一致、木纹一致、颜色一致，同一柜体或同一墙面除有特殊要求外，应用同一种面板，木线除特殊要求外应与面板无色差。防火涂料应附有产品合格证书及使用说明。

② 金属龙骨、金属饰面板应附有产品合格证书，承重构件应等于或大于设计规格。材料应无锈蚀，不变形，切割端面及焊接处应做防腐处理。

③ 板材隔墙的墙板、骨架隔墙的饰面板和龙骨、玻璃隔墙的玻璃应有产品合格证书。饰

面板表面应平整，边沿应整齐，不应有污垢、裂纹、缺角、翘曲、起皮、色差和图案不完整等缺陷。胶合板不应有脱胶、变色和腐朽。复合轻质墙板的板面与基层骨架粘接应牢固。

④ 人造板、胶黏剂的甲醛含量应符合国家标准的有关规定，应附有产品合格证书，产品应附有绿色环保证书。木材含水率应符合国家有关规定。

⑤ 地面铺装材料的品种、规格、颜色等均应符合设计要求，并应附有产品合格证书。地面铺装所用龙骨、垫木、毛地板等木料的含水率，以及防腐、防蛀、防火处理等均应符合国家有关规定。

三、瓦工材料基本要求

抹灰用水泥宜为硅酸盐水泥、普通硅酸盐水泥，其强度等级不应小于32.5。不同品种和不同标号的水泥不应混合使用，严禁使用过期和失效水泥。水泥产品应附有产品合格证书。抹灰用砂子宜选用中砂，砂子使用前应过筛，不应含有杂物。抹灰用石灰膏的熟化期不应少于15d。罩面用磨细石灰粉的熟化期不应少于3d。

四、油涂材料基本要求

涂料的品种、规格应符合设计要求，并应附有环保检测报告、性能检测报告和产品合格证书。涂饰工程所用腻子、涂料的黏结强度应符合国家有关规定，严禁使用沉淀、变色、变味、凝结过期的腻子和涂料。

五、门窗材料基本要求

门窗、玻璃、密封胶等材料应按设计要求选用，并应附有产品合格证书。门窗的外观、尺寸外形、装配质量、力学性能应符合国家相关标准，塑料门窗中的竖框、中横框或拼樘料等主要受力杆件中的增强型钢，应在产品说明中注明规格和尺寸。门窗表面不应有影响外观质量的缺陷。木门窗采用的木材，其含水率应符合国家现行标准的有关规定。在木门窗的结合处和安装五金配件处，均不应有木节或已填补的木节。金属门窗选用的零件、附件及固定件，除不锈钢外应进行防腐处理。塑料门窗组合窗及连窗门的拼樘除采用45°连接形式外，其他应采用与其内腔紧密吻合的增强型钢为内衬，内衬型钢两端比拼樘料长出10～15mm。

拓展阅读

室内装饰施工满足人们对居住环境的美好需求

党的十九大报告指出，我国社会主要矛盾已经转化为人民日益增长的美好生活需要和不平衡不充分的发展之间的矛盾。人民群众对美好生活的需要是全方位的，更舒适的居住条件、更优美的生活环境、更丰富的精神文化生活等物质文化需求就包括其中。舒适的居住环境是人民美好生活的根基和民生建设的基石。

“室内装饰施工”是指采用适当材料和正确结构，以科学的技术和工艺方法塑造美观实用、具有整体效果的室内环境，通过装饰装修施工改善室内物质功能条件，塑造人们精神需求的室内环境气氛，根本目的就是为了满足人们对居住环境的美好需求。创造美好生活环境是每一位室内装饰行业从业者的责任和光荣使命。

笔记

项目二

基础改造施工

知识目标

① 了解常见的水电工程材料及选购方法。

② 掌握墙体结构改造施工工艺流程及施工要点。

③ 掌握水电工程施工工艺流程及施工要点。

④ 了解基础改造施工的质量验收标准及检验方法。

技能目标

① 能够运用规范的建筑装饰施工术语对基础改造施工进行专业性介绍，并从实用性、艺术性、工艺性和经济性等方面合理地评价各种基础改造施工。

② 能进行基础改造施工操作。

素质目标

① 培养精益求精的工匠精神。

② 培养乐观积极的工作态度。

③ 培养施工安全意识。

任务一 常见水电工程材料及选购

一、水龙头的选购

水龙头要符合功能、美观、安全三大要求，选购水龙头时外观固然重要，但更重要的是内在质量。如何在琳琅满目的水龙头市场中找到自己的最爱呢？以下介绍一些小技巧。

① 水龙头按使用功能可分为面盆水龙头、浴缸水龙头和厨房水龙头；按其结构可分为单柄类水龙头、带90°开关的水龙头、传统的螺旋稳升式橡胶密封水龙头，可根据个人喜好和居室的实际情况进行选择。

② 看表面的光亮度。水龙头的阀体均由黄铜铸成，经磨抛成形后，表面镀镍或铬。正规产品的镀层都有具体的工艺要求，并通过中性盐雾实验，在规定的时限内无锈蚀现象。所以在选购时，要注意表面的光泽，以手摸无毛刺、无气孔、无氧化斑点、无划伤为标准。检查涂层质量好坏时，可用手指按一下水龙头表面，如果指纹很快散开消失，表明质量不错；反之，表明涂层质量不过关，不能保证长期使用不脱镀。

③ 轻轻转动手柄，看看是否轻便灵活，有无阻塞滞重感。有些很便宜的产品采用质量较差的阀芯，技术系数达不到标准，而它们的价格要比质量好的产品低3～4倍，所以在选购时不要把价格作为唯一的标准。

④ 检查配件：外观确认无误后，清点配件，检查水龙头的各个零部件，尤其是主要零部件装配是否紧密。质量好的龙头的阀体、手柄全部用黄铜精制，有凝重感。一般面盆水龙头均含有去水器和提拉排水杆及水龙头固定配件，浴缸水龙头均含有花洒、软管、支架。这些都是标准配置，缺一不可。

⑤ 到正规商场和建材超市去购买有出厂证明、有品牌的产品。一般消费者不易识别水龙头的内部质量好坏，最简便的方法就是选用有品牌、有质量保障的产品，以免水龙头的材质中含有害物质，损害健康。

二、水槽的选购

水槽在厨房中的作用不小，既能用于清洗食物、碗盆，又可浸泡蔬菜，使用频率极高，关系着家人的健康。水槽有单槽、双槽与三槽之分，可依空间的大小进行选择。例如，大空间可选择双槽设计，将清洁及调理分开。选择一个实用、耐磨、耐刷、易清洗的水槽是非常有必要的。

常见的水槽材质有耐刷洗的不锈钢，颜色丰富、耐酸碱的人造结晶石，质地细腻与台面无缝衔接的可丽耐（corian）及陶瓷等。可以根据自己的使用习惯和喜好来选择水槽的材质。

选购水槽时可根据以下标准来判断质量的优劣。

① 焊接紧密、无虚焊。焊接质量是影响水槽寿命最关键的一个因素，焊接得好，可防止生锈、脱焊。

② 一般水槽需有溢水装置，盆的底部需刷油，表面看起来质感细腻。

③ 环保卫生，便于清洁，平整度好。水盆清洗后应光泽、无油、无污迹，盆底厚度要达到 1mm。

④ 下水管防漏，配件精密度及水槽精度一致，用硬质 PP/PVC 材料，与水槽同寿命，防堵塞，无渗水滴漏。

⑤ 一般水槽的厚度为 0.8 ～ 1mm，1mm 的产品质量相对较好。

三、冷热水管的选用

目前建筑装饰行业主要采用铝塑复合管、交联聚乙烯管（PEX）、聚丙烯管（PPR）[1]、氯化聚氯乙烯管（CPVC）、聚丁烯管（PB）这 5 种管材。其中家庭装修中用得最多的是铝塑复合管和聚丁烯管。

铝塑复合管在国内推广较早，以其不生锈、可弯曲、安装方便、环保无毒、使用寿命长（可达 50 年）等优点，替代了原来的镀锌管，已被大众接受。其冷水管为 PEX-AL-PEX 构造，颜色为橙红色。一般采用 1620 的型号，16 表示管子内径为 16mm，20 表示管子外径为 20mm。

铝塑复合管采用铜接头。它有一个弊端：由于管子和接头膨胀系数不一致，一到冬天，热水管时热时冷，管子与接头交接处容易漏水。因为铝塑复合管推行较早，现在伪劣产品较多，有的不法厂家用冷水管的材质做成热水管出售，或接头处密封不严，以致水管埋入墙内后漏水，维修非常不便，选购时一定要选有品牌的而且货真价实的产品。

由于聚丙烯管生产设备和工艺都相对简单，因此发展速度相对比其他管材要快。聚丙烯管接头与管材材质是一致的，连接时要用专用热熔机进行热熔连接，只要连接好了就密封可靠，因此得到广大消费者的青睐。比起铝塑复合管，聚丙烯管施工要求高，因此购买聚丙烯管后一定要请专业水电工用专用工具（热熔机）安装好。聚丙烯管多作为给水管，水管和管件应为乳白色而不是纯白色，着色应均匀，内外壁均比较光滑，无针刺或小孔；管壁厚度应均匀一致，手感应柔和，捏按感觉有足够的韧性，用手挤压应不易变形；好的水管和管件材料是环保的，应无任何刺激性气味；观察断茬，茬口越细腻，说明管材均化性、强度和韧性越好；管壁上应印有商标、规格、厂名等信息。

---

[1] 全称为无规共聚聚丙烯管。

给水管及与之相应管件的品种、规格、型号、数量、外观和制作质量必须符合设计要求，并附有产品说明书和质量合格证书，包装完好，表面无划痕及外力冲击破损。阀门安装前应做强度和严密性试验。试验应在每批（同牌号、同型号、同规格）数量中抽查10%，且不少于一个。对于安装在主干管上起切断作用的闭路阀门，应逐个做强度和严密性试验，水表的规格应符合设计要求。对于热水系统，选用符合温度要求的热水表，表壳铸造无砂眼、裂纹，表玻璃无损坏，铅封完整，有出厂合格证。所有进场材料，不合格的不得入库，入库的合格材料保管，应分类挂牌堆放。

CPVC管：CPVC管作为排水管使用，拉伸强度较高，有良好的耐老化性，使用年限可达50年；管道内壁的阻力系数很小，水流顺畅，不易堵塞；施工方面，管材、管件连接可采用粘接方式，施工方法简单、操作方便，安装工效高。选购时应注意CPVC管不可用作给水管，只能作为排水管使用。水管和管件颜色应为乳白色且色泽均匀，质量差的CPVC排水管为雪白色或有些发黄，有的颜色还不均匀；应有足够的刚性，用手按压管材时不应产生变形；将管材铝切成条并将其弯折180°后，越难折断的说明韧性越大；在接近20℃时，将管材锯切成20mm长，用锤子猛击，越难击破的表明质量越好。

排水管及与之相应管件的品种、规格、型号、数量、外观和制作质量必须符合设计要求，有出厂合格证，包装完好，表面光滑，无气泡、裂纹，管壁厚薄均匀，在国标规定的范围内，色泽一致。直管段挠度不大于1%，管件造型应规矩、光滑，与直管段相配套。插口粘接管道所用的粘接剂应为同一厂家配套产品，且有产品合格证及使用说明书。所有进场材料，不合格的不得入库，入库的合格材料保管，应分类挂牌堆放。

四、暖气片的选购

传统暖气片的材质为铸铁，结实、价格低廉，但外观丑陋、粗糙。现在市场上的暖气片不只是单一的铸铁品种，各种新型暖气片式样美观，色彩丰富，不仅能满足人们的取暖需求，而且能增强居室的装饰效果，因而受到更多家庭的青睐。新型暖气片主要有钢制、铝制、铜制三种。

钢制暖气片与其他暖气片相比，具有抗压能力强、不易爆裂、使用寿命长（可达30年）的优点。由于钢制暖气片比铸铁暖气片散热性能更好，热辐射比例较高，因而同样的取暖居室面积，钢制暖气片体积比铸铁暖气片小得多，占用室内面积小。钢制暖气片的表面采用彩塑点喷，色彩可达20余种，表面细腻光滑，易于清洗。

铝比钢和铁的可塑性强，因此铝制暖气片有各种不同形状，有的是细管，有的是长条。铝制暖气片与铸铁暖气片相比，具有散热快、热效率高等优点，其单片散热量是铸铁暖气片的3倍，又比较节能。美中不足的是铝制暖气片易氧化腐蚀，因此，选购时最好购买厂家在铝材内壁增加了一层防腐层的铝制暖气片。

铜制暖气片是用紫铜做散热管的暖气片，铜管外焊接多层铝制散热片，外面再加一层薄金属面板，可喷涂各种颜色。铜制品具有散热快的特点，因此铜制暖气片体积很小，最小的高度仅200mm，用在室内非常节省空间。这种暖气片全是整体的，无法分拆，它根据供热面积和用途不同分成几十个规格。

五、开关和插座的选购

开关和插座看似不起眼，但其质量关系到家庭用电的安全问题。选择开关和插座时，可从以下几个方面把好关。

选购开关和插座时首先看外观。优质开关和插座的面板应采用高级塑料产品，看起来材质均匀，表面光洁，有质感。优质聚碳酸酯（PC）材料，具有阻燃性、绝缘性和耐冲击性，并且材质稳定、不易变色，在体现安全功能的同时，美化了家居。另外，打开面板，就可以看到开关和插座的内部结构。就开关而言，通常应采用纯银触点和用银铜复合材料做的导电片，这样可防止启闭时电弧引起氧化。优质产品采用银镍铜复合材料作为导电材料。银材料的导电性优良，足够达到国家规定的开关 40000 次的标准。

插座的保险挡片是必不可少的，在挑选插座的时候一定要选择带有保险挡片的产品。防止儿童玩耍时不慎插入引起触电事故。另外，要检查一下插座夹片的紧固程度，插力平稳也是一个关键因素。插座夹片的结构采用强力挤压方式，大大增强了夹片与插头的配合，还可消除长时间使用发热的顾虑，同时强力挤压使插头不易脱落，有效地减少了非人为因素断电事故的发生。

到有正规进货渠道的正规商店去购买有品牌的产品，以免误购买伪劣产品，埋下不安全的隐患，确保用电安全。

六、电线的选购

如果不慎选择了劣质电线，那将是一件非常危险的事情。短路会成为家常便饭，令人头疼不已，甚至还会出现触电事故，而且劣质电线很容易老化，使用寿命比合格的优质产品短得多。应该怎样选择电线呢？

首先要明白家庭用电线的规格，宜采用 BVV2×2.5 和 BVV2×1.5 型号的电线。BVV 是国家标准代号，分为铜质护套线和单行线两种，2×2.5 和 2×1.5 分别代表 2 芯 2.5mm^2 和 2 芯 1.5mm^2。一般情况下，2×2.5 做主线、干线，2×1.5 做单个电器支线、开关线。1.5kW 以上单相空调专线用 BVV2×4 型的电线，另配专用地线。通俗地讲，即照明必须用 1.5mm^2 以上的导线，普通插座必须用 2.5mm^2 以上的导线，1.5kW 以上的空调必须用 4mm^2 以上的导线。

另外要鉴别电线质量，可以从以下四个方面进行。

① 看成卷的电线包装牌上，有无中国电工产品认证委员会的“长城标志”和生产许可证号。

② 看电线外层塑料皮是否色泽鲜亮、质地细密，用打火机点燃应无明火。非正规产品使用再生塑料制造，色泽暗淡，质地疏松，能点燃，有明火。

③ 看长度、比价格。BVV2×2.5 每卷的长度是（100+5）m，非正规产品长度为 60 ～ 80m 不等。有的厂家把绝缘外皮做厚，使内行也难以看出问题。可以数一下电线的圈数，然后乘以整卷的半径，就可大致推算出长度。

④ 看铜芯材质，正规产品电线的材料为精红紫铜，外层光亮而稍软。非正规产品的铜

质偏黑而发硬，属再生杂铜，电阻率高，导电性能差，会升温，不安全。2.5mm^{2}的电线铜芯直径为1.784mm，可以用千分尺进行测量。

最后，应去专业商店购买有品牌、有质量保障的电线。因为电线如果走明线，一般选用铜质护套线，若是单行线套聚氯乙烯管入墙，则属于隐蔽工程，如果不选用有品牌的产品，而选杂牌货，后果将是不堪设想的。

任务二 墙体结构改造施工工艺

一、住宅结构与构造

组成房屋建筑（包括基础在内）的承重骨架体系，称为住宅结构。承重骨架承受着各种力的作用，这种作用可以进一步细分为直接作用和间接作用。直接作用是指作用在结构上的各种荷载，如土压力、构件自重、楼面和屋面活荷载、风荷载等，它们能直接使结构产生内力和变形。间接作用则是指地基变形、混凝土收缩、温度变化和地震等，它们在结构中引起外加变形和约束变形，从而产生内力。

住宅构造主要研究住宅的构造组成以及各构成部分的组合原理与构造方法，并在设计过程中综合考虑使用功能、艺术造型、技术经济等诸多方面的因素。应适当地选择构造方案并进行细部节点构造处理。

1. 住宅结构

住宅结构根据承重部位不同可以大致划分为砖混结构、框架结构、框架 - 剪力墙结构。

（1）砖混结构

砖混结构是指由砌体结构构件和其他材料制成的构件所组成的结构。例如，竖向承重构件用砖墙、砖柱，而水平承重构件用钢筋混凝土梁、板所建造的结构，就属于砖混结构，多用于六层以下的住宅。砖混结构的优点主要表现在以下方面。

① 施工技术与施工设备简单。

② 具有很好的耐久性、化学稳定性和大气稳定性。

③ 可节省水泥、钢材和木材，不需要模板，造价较低。

④ 砖的隔声和保温隔热性要优于混凝土和其他墙体材料，因而在住宅建设中运用得最为普遍。

（2）框架结构

框架结构是指由纵梁、横梁、柱组成的结构。框架结构具有建筑平面布置灵活、可任意分隔房间、容易满足生产工艺和使用要求等优点。它主要应用于大空间的商场、礼堂、食堂，也可用于住宅、办公楼、医院、学校等建筑。框架结构比砖混结构的强度高，有较好的延性和整体性，因此其抗震性能较好。

框架结构与砖混结构的区别如下。

① 承重方式不同。框架结构住宅的承重结构是梁、板、柱，而砖混结构住宅的承重结构是楼板和墙体。

② 在牢固性上，框架结构要优于砖混结构。进行室内空间的改造时，由于框架结构的多数墙体不承重，所以改造起来比较简单，敲掉墙体即可；砖混结构中很多墙体是承重结构，不允许拆除，只能在少数非承重墙体上进行改造。

（3）框架 - 剪力墙结构

当房屋高度超过一定范围后，如果再采用框架结构，框架的梁、柱尺寸就会很大，这样，房屋造价不仅增加，而且建筑使用面积也会减少。在这种情况下，通常采用框架 - 剪力墙结构。框架 - 剪力墙结构是在框架纵、横方向的适当位置，在柱与柱之间设置几道厚度大于 140mm 的钢筋混凝土墙体。由于在这种结构中，剪力墙平面内的侧向刚度比框架的侧向刚度大得多，因此，在风荷载或地震作用下产生的剪力主要由剪力墙来承受，一小部分剪力由框架承受，而框架主要承受竖向荷载。由于框架 - 剪力墙结构充分发挥了剪力墙和框架各自的优点，因此，在高层建筑中采用框架 - 剪力墙结构比框架结构更经济合理。

2. 住宅构造

建筑的物质实体一般由承重结构、围护结构、饰面装修及附属部件组合构成。承重结构可分为基础、承重墙体（在框架结构建筑中承重墙体则由柱、梁代替）、楼板、屋面板等；围护结构可分为外围护墙、内墙（在框架结构建筑中为框架填充墙和轻质隔墙）等。

建筑的物质实体按其所处部位和功能的不同，又可分为基础、墙体和柱体、楼盖层和地坪层、饰面装修、楼梯和电梯、屋盖、门窗等。

（1）基础

基础是建筑底部与地基接触的承重构件，它的作用是把建筑上部的荷载传递给地基。因此，基础必须坚固、稳定可靠。

（2）墙体和柱体

墙体作为承重构件，把建筑上部的荷载传递给基础。在框架承重的建筑中，由柱和梁形成框架承重结构系统，而墙仅是分隔空间的围护构件；在墙承重的建筑中，墙体既可以是承重构件，又可以是围护构件。墙体作为围护构件又分为外墙和内墙，其性能应满足使用和围护的要求。

柱体在框架结构中承受梁和板传递来的荷载，并将荷载传递给基础，是主要的竖向支承结构。

（3）楼盖层和地坪层

楼盖层通常包括楼板、梁、设备管道、顶棚等。楼板既是承重构件，又是分隔楼层空间的围护构件。楼板支承人、家具和设备的荷载，并将这些荷载传递给承重墙或梁、柱，楼板应有足够的承载力和刚度。楼盖层的性能应满足使用和围护的要求。

当建筑底层未用楼板架空时，地坪层即作为建筑底层空间与地基之间的分隔构件。它支承着人、家具和设备的荷载，并将这些荷载传递给地基。它应有足够的承载力和刚度，并需均匀传力和具备良好的防潮性能。

（4）饰面装修

饰面装修是指依附于内外墙、柱、顶棚、楼板、地坪等之上的面层装饰或附加表皮，其主要作用是美化建筑表面、保护结构构件、改善建筑物理性能等。饰面装修应做到美观、坚固，并满足热工（工程热力学与传热学）、声学、光学、卫生等方面的相关要求。

（5）楼梯和电梯

楼梯是建筑中人们步行上下楼的交通联系部件。楼梯应有足够的通行能力，同时坚固耐久并满足消防疏散的安全要求。

电梯是建筑的垂直运输工具，应有足够的运送能力和方便快捷的性能。消防电梯则用于发生紧急事故时的消防扑救，需满足消防安全要求。

（6）屋盖

屋盖通常包括防水层、屋面板、梁、设备管道、顶棚等。屋面板既是承重构件，又是分隔顶层空间与外部空间的界面。屋面板支承屋面设施及风霜雨雪荷载，并将这些荷载传递给承重墙或梁柱。屋面板应有足够的强度和刚度，其面层性能应能够抵御风霜雨雪的侵袭和太阳辐射热的影响。上人屋盖还需满足使用的要求。

（7）门窗

门主要起到通行与疏散的作用，应满足交通、消防疏散、防盗、隔声、热工等要求。

窗主要用于采光和通风，应满足防水、隔声、防盗、热工等要求。

二、户型改造原则

户型改造是指将不能满足住户具体需求的房型进行处理，从而使得空间组织更为合理，更适合当前居住者使用。户型改造的原则分为以下几点。

（1）实用性

通常情况下，户型布置应当实用，大小要适宜，功能划分要合理。比如，原有房屋的客厅小，卧室大，可以将卧室隔墙内缩，从而放大客厅面积；原有房屋的过道长而窄，可以通过改变原有功能空间的方法，将过道消除。改造后的户型应当使人感觉舒适温馨，每个房间最好都选择方正布局，不要出现太多难以利用的空间。

（2）美观性

在满足家居生活各种功能的基础上，户型改造也要具有一定的美观性，即家居环境要有自己的个性、特色和独有的品位。

（3）灵活性

户型布置还要有一定的灵活性，以便根据生活要求灵活地改变使用空间，满足不同对象的生活需要。灵活性的另一个体现就是可改性。由于家庭规模和结构并不是一成不变的，生活水平和科技水平也在不断提高，因此，户型改造应符合可持续发展的原则，用合理的结构体系提供一个大的空间，留出调整的余地。

（4）安全性

安全性主要是指住宅的防盗、防火等方面。楼层低的建议安装防盗窗，室内若有条件可以安装烟雾报警器。同时要注重结构的安全性，不得乱拆乱改，要研究房屋原有结构，包括承重墙、剪力墙、横梁等。

（5）私密性

私密性是每个家居环境都必须具备的。如卧室的位置应尽量距离入户门远一些，以保证其私密性。

（6）经济性

户型改造还要考虑经济性，即面积要紧凑实用，使用率要高。同时，要充分优化功能结构，尽量做到动静分区、公私分区、主次分区、干湿分区，提高空间的利用率。

三、不同空间改造要点

1. 客厅

客厅改造有两个要点：一是独立性；二是空间效率。许多户型的客厅只是起到“过厅”的作用，无法完全满足现代人们的生活需求。对于这类情况，最好都要加以改造。对于成员较多的家庭，客厅面积就要稍微大一些，大约为25m^2；对于成员较少的年轻家庭，因为客厅的使用率不高，则可以相对小一些。无论哪种改变，客厅的独立性都必须具备，而且最好与卧室、卫浴间的分隔明显一些。

2. 卧室

一般来说，主卧室的宽度不应小于3.6m，面积应为14～17m^2；次卧室的宽度不应小于3m，面积应为10～13m^2。卧室应具有私密性，与客厅之间最好有空间过渡，避免直接朝向客厅开门形成对视。

3. 厨房

根据住房和城乡建设部的住宅性能指标体系要求，3A级住宅要求厨房面积不小于8m^2，净宽不小于2.1m，橱柜的可操作面净长不小于3m；2A级指标分别为6m^2、1.8m、2.7m；1A级指标分别为5m^2、1.8m和2.4m。低层、多层住宅的厨房应有直接采光；中高层、高层住宅的厨房也应该有窗户。厨房应设排烟道，单排布置设备的厨房，净宽度不应小于1.5m；双排布置设备的厨房，净宽度不应小于2.1m。对于目前国内一些政策性住房而言，其厨房都属于1A级，面积较小，但厨房四周的墙体很多都属于承重墙，不能拆改。对此，可以将厨房改造成开放式或者半开放式，通过减少厨房的封闭性来达到增大空间感的效果。

4. 卫浴间

卫浴间应满足三个基本功能，即盥洗化妆、沐浴和便溺，而且最好能做分离布置，这样可以避免冲突，其使用面积不宜小于4m^2。从卫浴间的位置来说，对于单卫的户型，应该注意卫浴间与各个卧室尤其是主卧的联系；对于双卫或多卫的户型，至少有一个卫浴间应设在公共使用方便的位置，但入口不宜对着入户门和起居室。

四、墙体拆除

1. 墙体分类

（1）按墙体所在位置和方向

墙体按所处位置可以分为外墙和内墙。外墙位于房屋的四周；内墙位于房屋内部，主要起分隔内部空间的作用。墙体按布置方向又可以分为纵墙和横墙。沿建筑物长轴方向布置的墙体称为纵墙；沿建筑物短轴方向布置的墙体称为横墙，外横墙俗称山墙。另外，根据墙体与门窗的位置关系，平面上窗洞口之间的墙体可以称为窗间墙，立面上下窗洞口之间的墙体可以称为窗槛墙。

（2）按受力情况

墙体按结构竖向的受力情况分为承重墙和非承重墙两种。承重墙直接承受楼板及屋顶传来的荷载。在砖混结构中，非承重墙可以分为自承重墙和隔墙。自承重墙仅承受自身重量，并把自重传给基础；隔墙则把自重传给楼板层或附加的小梁。在框架结构中，非承重墙可以分为填充墙和幕墙。填充墙是位于框架梁柱之间的墙体。当墙体悬挂于框架梁柱的外侧起围护作用时，称为幕墙，虽然不承受竖向的外部荷载，但受高空气流影响需承受以风力为主的水平荷载，并通过与梁柱的连接传递给框架系统。

（3）按施工方法

墙体按施工方法可分为块材墙、板筑墙及板材墙三种。块材墙是指用砂浆等胶结材料将砖石块材等组砌而成的墙体，例如砖墙、石墙及各种砌块墙等。板筑墙是指在现场立模板，现浇而成的墙体，例如现浇混凝土墙等。板材墙是指预先制成墙板，施工时安装而成的墙体，例如预制混凝土大板墙、各种轻质条板内隔墙等。

2. 分析墙体是否可拆除

很多房屋的空间布局可能并不符合使用需求，因而需要拆除墙体，以便于重新划分空间。所以，区分墙体是否可拆除便成为空间规划的重要一环。

（1）根据经验判断

在拆墙时，可以依据经验对墙体的性质做一些初步判断，把握房屋墙体的大致情况，以便于进行功能的进一步划分。必要时可以使用钢筋探测仪进行辅助。

可拆除的墙体：厚度在 120mm 以下的砖砌墙体；敲击声音清脆且有较大回声的墙体；长度超过 4m 的墙体中间位置；主卧邻近主卫的墙体。

不可拆除的墙体：厚度在 360mm 以上的建筑墙体；敲击声音低沉、沉闷的墙体；十字交叉、T 字形交叉位置的墙体；内部含有钢筋的混凝土墙体；阳台边的矮墙。

（2）查看建筑图纸

判断墙体能否拆改，最直接的方式是查看房屋的建筑图纸。一般的建筑施工图纸中剪力墙为黑色填充，其余部分代表砖砌或混凝土墙体（根据不同的制图规范，墙体填充的方式可能会有所不同），虚线部分代表横梁。通过查看图纸，可确定室内墙体可拆除的部分。

3. 墙体拆除工程

若对房屋的空间布局不是很满意，则进行改造时需要拆改墙体，以便于划分出理想的功能分区。墙体拆改常用工具见表 2-1。

表 2-1 墙体拆改常用工具

名称	图示	说明
大锤		用于拆除大块的大面积的墙体，对于这部分墙体的拆除应该按照从下向上的顺序进行
小锤		用于一些修边及只需轻微拆改的部分，如墙面丝网的拆除
墨斗		用于确定两个点后进行弹线，是用于精确拆墙的工具
墙壁切割机		用于画好线的地方需要切掉后再拆除。精确拆墙时需用此工具进行切割
电锤		快速处理一些比较厚的墙

（1）墙体拆除施工

墙体拆除施工流程如下。

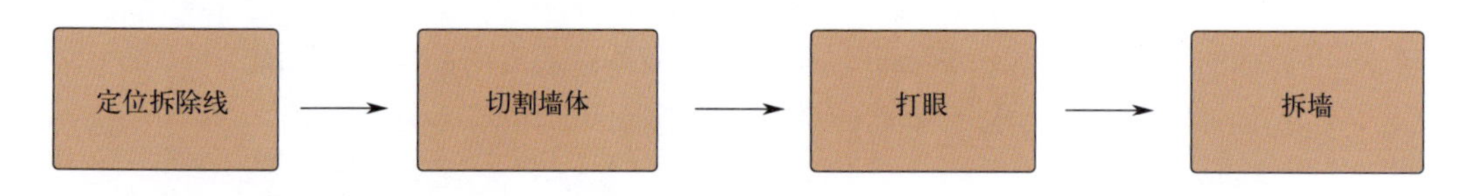

（2）拆除步骤

① 定位拆除线。对照墙体拆改图纸，用粉笔在墙面上画出轮廓，避开插座、开关、强电箱等电路端口，对隐藏在墙体内部的电线做出标记，以防切割机作业时损伤电路，造成危险。

② 切割墙体。具体操作如下。

a. 使用手持式切割机切割墙体时，先从上向下切割竖线，再从左向右切割横线。切割深度保持在 20 ～ 25mm。墙体的正反面都需要切割。

b. 使用大型的墙壁切割机作业时，切割深度以超过墙体厚度 10mm 为宜。

③ 打眼。具体操作如下。

a. 不可用风镐在墙体中连续打眼，要遵循“多次数、短时间”的原则。

b. 拆除大面积墙体时，使用风镐在墙面中分散、均匀地打眼，减少后期使用大锤拆墙的难度。

c. 在接近拆除线的位置施工时，可使用风镐拆墙，避免使用大锤时用力过猛，破坏其他部分。

④ 拆墙。具体操作如下。

a. 用大锤进行拆墙作业时，先从侧边的墙体开始，逐步向内侧拆墙。拆墙作业时切记，不能将下面的墙体全部拆完后再拆上面的墙体。应从下面的墙体开始，逐步呈弧形向上扩展，防止墙体坍塌，发生危险。

b. 拆墙遇到穿线管时，不可将穿线管砸断，应保留穿线管，让其自然地垂挂在墙体中，如图 2-1 所示。

图 2-1　砸墙后保留 86 盒以及管线

任务三 水电工程施工工艺

一、水路改造施工工艺

1. 施工工具与机具

(1) 水路施工常用工具（表 2-2）

表 2-2 水路施工常用工具

工具名称	实物照片	说明
开槽机		开槽机又称水电开槽机、墙面开槽机，主要用于墙面的开槽作业，一次操作就能开出施工需要的线槽，机身可在墙面上滚动，且可通过调节滚轮的高度控制开槽的深度与宽度
冲击钻		冲击钻是一种用于打孔的工具，依靠旋转和冲击进行工作。工作时钻头在电动机的带动下不断冲击墙壁而打出圆孔
热熔机		热熔机是利用电加热方法将加热板的热量传递给上下塑料加热件的熔接面，使其表面熔融，然后将加热板迅速退出，将上下两片加热件加热后的熔融面熔合、固化、合为一体的仪器
打压泵		打压泵是测试水压、水管密封效果的仪器，通常是一端连接水管，另一端不断地向水管内部增加压力，通过压力的增加，测试水管是否存在泄漏问题
切割机		切割机比较重，但切割精度高、管口处理细腻，常用于切割民用建筑中的排水管道。切割机操作简单、实用性强，可代替传统的钢锯
管剪		管剪是 PPR 塑管材料的剪切工具，主要用于辅助切割机和热熔机来完成水管的切割工作
激光水平仪		激光水平仪是一款家用五金装修工具，用于测量室内墙体、地面等位置的水平度和垂直度，可矫正室内空间的水平度

续表

工具名称		实物照片	说明
墨斗			墨斗用于水路的定位和画线，确定两个点后进行弹线，是进行精确开槽定位的工具
扳手	活扳手		扳手是一种常用的安装与拆卸工具，不同形状、型号的扳手可对应安装和拆卸各种螺栓
	两用扳手		
	套筒扳手		
	内六角扳手		
PPR给水管	PPR热水管		PPR管又称为无规共聚聚丙烯管、三型聚丙烯管，可以作为冷水管，也可作为热水管。PPR管耐腐蚀，强度高，内壁光滑不结垢，使用寿命可达50年，是使用最多的给水管材
	PPR冷水管		
PPR给水管配件	直接接头		直接连接两根直径相同的水管

续表

工具名称		实物照片	说明
PPR给水管配件	异径直接接头		连接两根直径不同的水管
	等径90°弯头		用于管线转弯处，连接两根直径相同的水管
	等径45°弯头		用于管线转弯处，连接两根直径相同的水管
	过桥弯头		两根管道交叉时，用过桥将其错开的构件
	活接内牙弯头		用于水表以及电热水器的连接，一端连接PPR管，另一端连接外螺纹管件
	90°承口内螺纹弯头		弯头的一端连接PPR管，另一端连接外螺纹管件
	90°承口外螺纹弯头		弯头的一端连接PPR管，另一端连接内螺纹管件
	等径三通		配件的三个端口连接相同直径的水管
	异径三通		配件的三个端口连接不同规格的水管
	承口内螺纹三通		三通的其中两端连接PPR管，另一端连接外螺纹管件

续表

<table>
<tr><th colspan="2">工具名称</th><th>实物照片</th><th>说明</th></tr>
<tr><td rowspan="3">PPR 给水管配件</td><td>承口外螺纹三通</td><td></td><td>三通的其中两端连接 PPR 管，另一端连接内螺纹管件</td></tr>
<tr><td>管夹</td><td>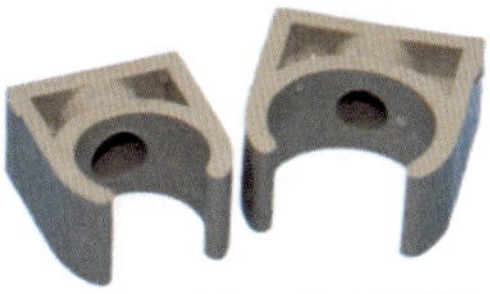</td><td>用于固定水管的配件</td></tr>
<tr><td>双联内丝弯头</td><td></td><td>用于淋浴器的连接</td></tr>
<tr><td colspan="2">PVC 排水管</td><td>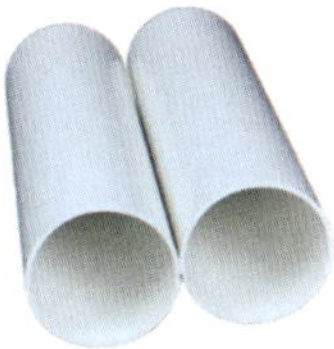</td><td>PVC 作为排水管使用，拉伸强度较高，有良好的耐老化性，使用年限可达 50 年；管道内壁的阻力系数很小，水流顺畅，不易堵塞；施工方面，管材、管件连接可采用粘接方式，施工方法简单，操作方便，安装工效高</td></tr>
<tr><td rowspan="5">PVC 排水管配件</td><td>45° 弯头（带检查口）</td><td>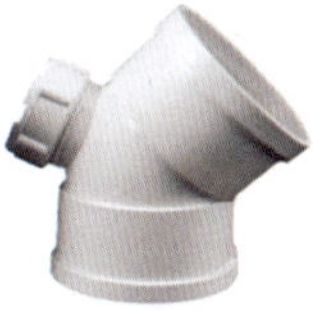</td><td rowspan="4">主要由聚乙烯材质制成，用于排水管的弯曲处，起到连接、排水和防臭的作用。使用时应注意两端的接口方向，避免安装反向影响排水效果</td></tr>
<tr><td>45° 弯头</td><td></td></tr>
<tr><td>90° 弯头（带检查口）</td><td></td></tr>
<tr><td>90° 弯头</td><td>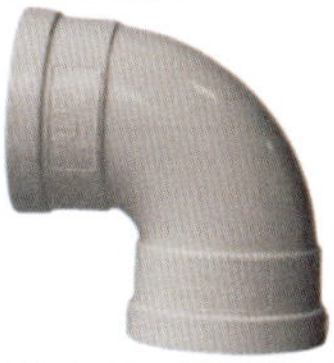</td></tr>
<tr><td>瓶形三通</td><td></td><td>是用于连接两根或多根排水管的配件，连接时应注意端口和管子的直径是否一致，以保证连接的紧密和排水的畅通</td></tr>
</table>

续表

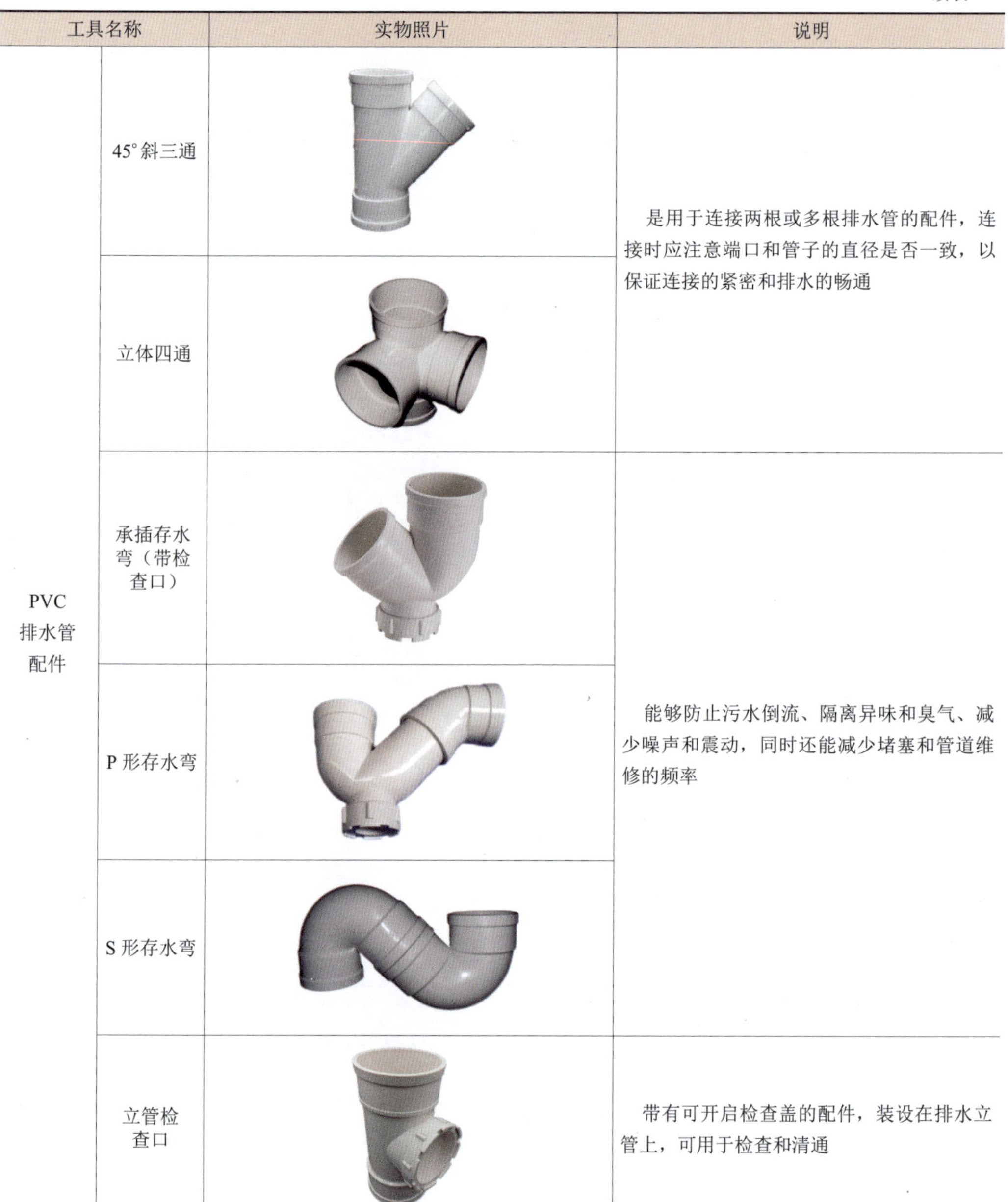

工具名称		实物照片	说明
PVC排水管配件	45°斜三通		是用于连接两根或多根排水管的配件，连接时应注意端口和管子的直径是否一致，以保证连接的紧密和排水的畅通
	立体四通		
	承插存水弯（带检查口）		能够防止污水倒流、隔离异味和臭气、减少噪声和震动，同时还能减少堵塞和管道维修的频率
	P形存水弯		
	S形存水弯		
	立管检查口		带有可开启检查盖的配件，装设在排水立管上，可用于检查和清通

（2）阀门种类

① 蹲便器冲洗阀。用于冲洗蹲便器的阀门，分为脚踏式、按键式、旋转式等。

② 截止阀。一种安装在阀杆下面以达到关闭、开启目的的阀门，分为直流式、角式、标准式，还可分为上螺纹阀杆截止阀和下螺纹阀杆截止阀。

③ 三角阀。管道在三角阀处呈90°的拐角形状，三角阀起到转接内外出水口、调节水压的作用，还可作为控水开关，分为3/8in（俗称3分）阀、1/2in（俗称4分）阀、3/4in（俗

称 6 分）阀等（1in=2.54cm，下同）。

④ 球阀。球阀用一个中心开孔的球体做阀芯，通过旋转球体控制阀的开启与关闭，来截断或接通管路中的介质，分为直通式、三通式及四通式等。

2. 作业条件

① 施工图纸及其他技术文件齐全，且已进行图纸技术交底，满足施工要求。施工方案、施工技术、材料机具供应等保证正常施工。

② 地下管道铺设前必须做到房心土回填夯实或挖到管底标高，沿管线铺设位置清理干净，管道穿墙处预留管洞或安装套管，洞口尺寸和套管规格符合要求，坐标、标高正确。

③ 暗装管道应在地沟未盖沟盖或吊顶未封闭前进行安装，其型钢支架均应安装完毕并符合要求。

④ 明装托、吊干管安装必须在安装层的结构顶板完成后进行。沿管线安装位置的模板及杂物清理干净，托吊卡件均已安装牢固，位置正确。

⑤ 立管安装应在主体结构完成后进行。高层建筑在主体结构达到安装条件后，适当插入进行，每层均应有明确的标高线。暗装竖井管道，应把竖井内的模板及杂物清除干净，并有防坠落措施。

⑥ 支管安装应在墙体砌筑完毕，墙面未装修前进行。

3. 给排水系统施工

（1）施工准备

① 确定墙体有无变动，以及家具和电器摆放的位置。

② 确定卫生间面盆、坐便器、淋浴区（包括花洒）和洗衣机的位置，是否安放浴缸和墩布池，提前确定浴缸和坐便器的规格。

（2）定位弹线

① 首先查看进水管的位置，然后确定下水口的数量、位置，以及排水立管的位置。查看并掌握基本情况后，再进行定位。定位的内容和顺序依次是冷水管走向、热水器位置、热水管走向。使用这种方式定位能够有效避免给水管排布重复的情况。

② 在墙面上标记出用水洁具和厨具（包括热水器、淋浴花洒、坐便器、小便器、浴缸，以及洗菜槽、洗衣机等）的位置。通常来说，画线的宽度要比管材直径宽 10mm，而且要注意只能在墙面上竖向或横向画线，不允许斜向画线；地面画线时需靠近墙边，转角保持 90°。部分开槽与管路对比图如图 2-2 ～图 2-4 所示。

③ 根据水电布置图确定卫生间、厨房改造地漏的数量，以及新的地漏位置；确定坐便器、洗手盆、洗菜槽、墩布池以及洗衣机的排水管位置。

④ 将水平仪调试好，根据红外线用卷尺在两头定点，一般离地 1000mm。再按这个点向其他方向的墙上标记点，最后按标记的点弹线。

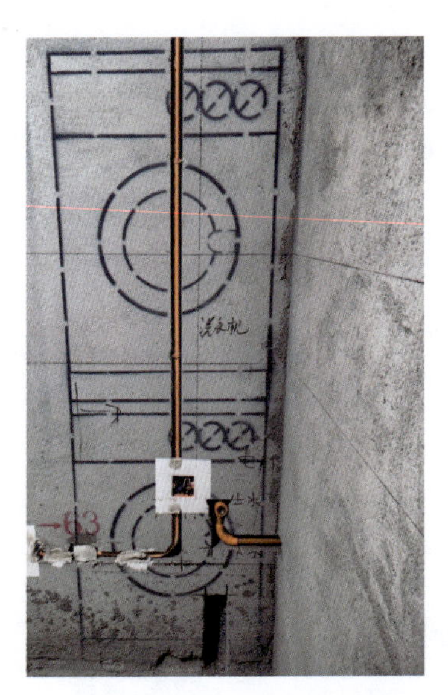

图 2-2　洗烘一体机定位开槽与管路实际宽度对比

图 2-3　暗装花洒开槽与管路对比

图 2-4　卫生间开槽

⑤ 弹线技巧。具体操作如下。

a. 弹长线的方法：先用水平仪标记水平线，然后在需要画线的两端用粉笔标记出明显的标记点，再根据标记点使用墨斗弹线。

b. 弹短线的方法：用水平尺找好水平线，一边移动水平尺，一边用记号笔或墨斗在墙面上弹线。

（3）管道加工

PPR给水管和PVC排水管的连接工艺不同，需要分开介绍。给水管采用热熔连接工艺，需要使用热熔机等工具；排水管采用黏结连接工艺，需要使用切割机等工具。

① PPR 管热熔承插焊接。具体操作如下。

a. 焊接前准备。测量电压，确认焊机工作时电压是否符合要求。检查模头，热熔头表面有一层特氟纶，如果发现表面破坏，应更换热熔头，如图 2-5 所示。

图 2-5 焊枪模头

b. 管材截取。采用专用管剪垂直切割 PPR 管材，端口应平滑，无毛刺，如图 2-6 所示。

c. 管材、管件以及焊机模头表面清理。清洁模头，油污、油脂等必须使用清洁的棉布进行处理。对于管材，也需对焊接区域的内外表面进行擦拭。

d. 测量承插深度。量取模头承插深度，用记号笔在管材上做熔接深度标记。

e. 确定焊机温度。将焊机加热到（300±5）℃进行焊接，如图 2-7 所示。

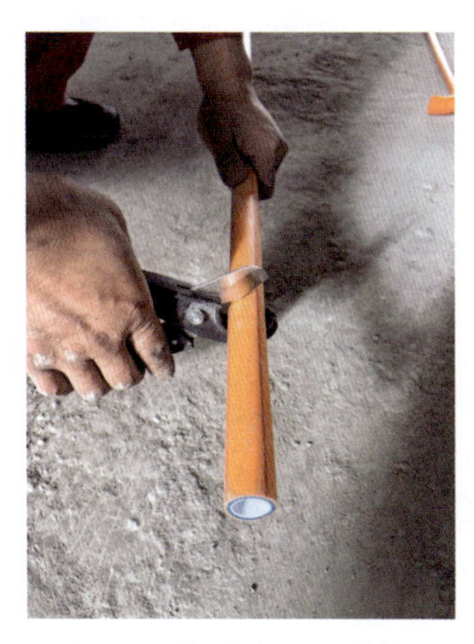

图 2-6 管剪切割 PPR 管材

图 2-7 焊机加热

f. 管材、管件承插连接。管材、管件无旋转地插入模头，管材插至画线处。管件插入模头凸台，达到规定的加热时间后，无旋转地从热熔机中拔出，并在熔接时间内迅速将管材无旋转地插入管件中，如图 2-8 和图 2-9 所示。

图 2-8 管材热熔

图 2-9 管材承插

g. 晃动检查。用手晃动管材，查看热熔是否牢固。

② 排水管连接工艺。具体操作如下。

a. 切割管道。将标记好的管道放置在切割机中，并将标记点对准切片。之后开始切割管道，切割管道时要匀速缓慢并确保与管道成 90°。切割后，迅速将切割机抬起，以防止切片过热，烫坏管口。

b. 管口磨边。将刚切割好的管口放在运行中的切割机的切割片上进行磨边。磨边时用锉刀、砂纸处理。一些表面光滑的管道接面过滑，所以必须用砂纸将接面磨花、磨粗糙，从而保证管道的粘接质量。

c. 清洁管道。将打磨好的管道、管口用抹布擦拭干净，对于旧管件要先用清洁剂清洗粘接面，然后用抹布擦拭干净。

d. 管件端口涂抹胶水。在管件内均匀地涂上胶水，然后在两端粘接面上涂上胶水，管口粘接面长约 10mm，涂抹时要均匀、厚涂。

e. 粘接管道和配件。将管道轻微旋转着插入管件，完全插入后，需要固定 15s，胶水晾干后即可使用。

（4）管道敷设

给水管和排水管的敷设要分开进行。给水管敷设的长度长、难度大，遍布墙、顶、地面。排水管的敷设较为集中，主要分布在地面，敷设时的重点是坡度。

① 给水管敷设。具体操作如下。

a. 敷设顶面给水管。安装给水管吊筋、管夹，距离保持在 400 ～ 500mm 之间。转角处的吊筋、管夹可多安装 1 ～ 2 个。给水管与吊顶间距离保持在 80 ～ 100mm 之间，与墙面保持平行；吊顶给水管需用黑色隔声棉包裹起来，起到保温、减少噪声、防止漏水的作用，如图 2-10 所示。

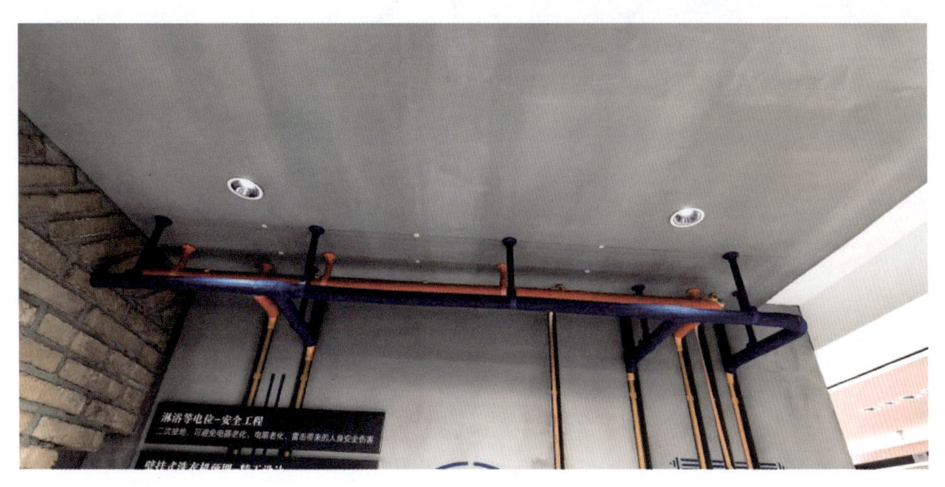

图 2-10　棚上走给水管

b. 敷设墙面给水管。墙面不允许大面积敷设横贯，否则会影响墙体稳固。当水管穿过卫生间或者厨房墙体时，需要在离地面 300mm 处打洞，防止破坏防水层。给水管与穿线管之间应该保持至少 200mm 的间距，冷热水管也需要保持 150mm 的间距，左热右冷。给水管需要内凹 20mm，方便后期封槽，给水管的出水口应该用水平尺测量平整度，不得出现高低不平以及歪扭等情况，如图 2-11 所示。

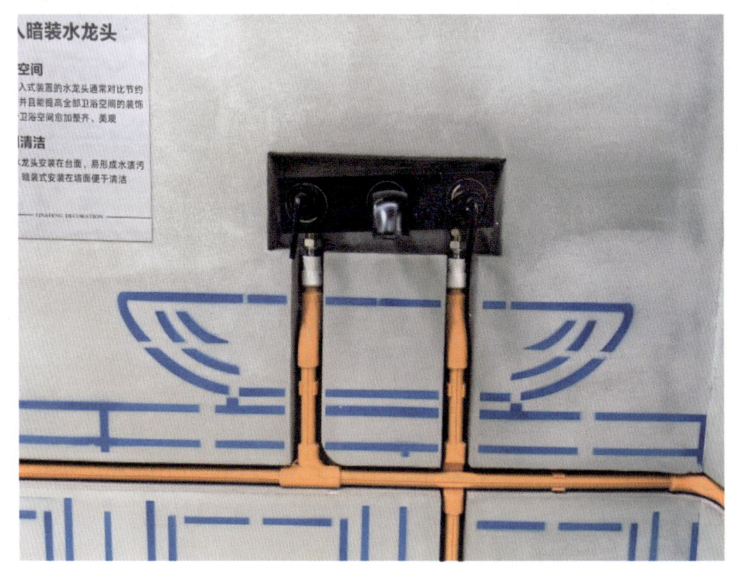

图 2-11　墙面冷热给水管走管

c. 敷设地面给水管。给水管管路发生交叉时，次管道必须通过安装过桥敷设在主管道下方，使整体管道分布保持在水平线上，如图 2-12 所示。

图 2-12　管道交叉过桥

② 排水管敷设。具体操作如下。

a. 敷设坐便器排污管。改变坐便器排污管的位置，最好的方案是从楼下的主管道修改。不需要在墙面上开槽，使用红砖、水泥砌筑，包裹起来即可。坐便器改墙排时需在地面上开槽，然后将排水管预埋进去 2/3，并保持轻微的坡度。在安装下沉式卫生间坐便器的排污管时，需具有轻微的坡度，并用管夹固定，如图 2-13 所示。

图 2-13　坐便移位器

b. 敷设面盆、洗菜槽排水管。洗菜槽排水管要靠近排水立管安装，并预留存水弯。普通面盆的排水管，安装位置距离墙边 50 ～ 100mm。对于墙排式面盆，排水管高度需预留 400 ～ 500mm。普通面盆的排水管，安装位置距离墙边 50 ～ 100mm。面盆墙排如图 2-14 所示。

c. 敷设洗衣机、墩布池排水管。洗衣机排水管不可紧贴墙面，需预留出 50mm 以上的宽度。洗衣机旁边需预留地漏下水，防止阳台积水。墩布池下水不需要预留存水弯，通常安装在靠近排水立管的位置。洗衣机墙排如图 2-15 所示。

d. 敷设地漏排水管。同一房间内的地漏排水管粗细需保持一致，并敷设统一排水管道，如图 2-16 和图 2-17 所示。

图 2-14　面盆墙排

图 2-15　洗衣机墙排

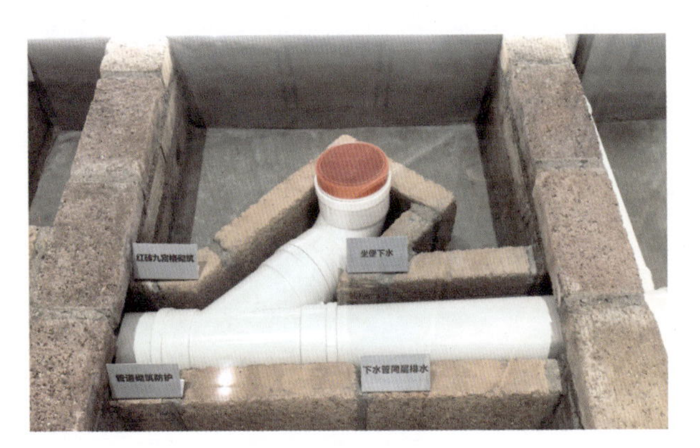

图 2-16　坐便器下水

图 2-17　淋雨地漏

（5）打压试水

① 打压试水时应首先关闭进水总阀门，然后逐个封堵给水管端口，封堵的材料需保持一致，再用软管将冷热水管连接起来形成回路，保证密闭性。

② 用软管一端连接给水管，另一端连接打压泵。往打压泵容器内注满水，调整压力指针至 0 的位置。在测试压力时，应使用清水，避免使用含有杂质的水进行测试。

③ 按压压杆使压力表指针指向 0.9 ～ 1.0（此刻压力是正常水压的 3 倍），保持这个压力一段时间。不同管材的测压时间不同，一般在 0.5 ～ 4h 之间。

④ 测压期间要逐个检查堵头、内丝接头，看其是否渗水。在规定的时间内，打压泵压力表指针没有丝毫下降，或下降幅度保持在 0.1MPa 以内，说明测压成功。

（6）封槽

搅拌水泥的位置需避开水管，选择空旷、干净的地方。搅拌水泥之前应该将地面清理干净。水泥与细砂的比例应为 1∶2。

封槽应从地面开始，然后封墙面；先封竖向凹槽，再封横向凹槽。水泥砂浆应均匀地填满水管凹槽，不可有空鼓。待封槽水泥快风干时，检查表面是否平整。若发现凹陷，应及时补封水泥。

4. 安装水表

（1）清理杂物

在安装水表之前，要先清理管道内的杂物，并将管道冲洗干净。

（2）安装水表

① 水表上下游要安装必要的直管段。安装要求为上游直管段的长度不小于 100mm，下游直管段的长度不小于 50mm。

② 水表应水平安装，表面朝上，表壳上箭头方向需与水流方向保持一致。在水表的上下游应安装阀门。使用时，要确保阀门全部打开。

③ 水表下游管道出水口应高于水表 0.5m 以上，以防水表因管道内水流不足而导致计量不准确。室外安装的水表应安装保护盒，并且不宜安装在暴晒、雨淋和冰冻的场所。严冬季节，室外安装的水表还应有防冻措施。

5. 阀门安装

安装步骤：核对阀门型号，按照水流方向安装。

① 能用手柄拧动的阀门可以安装在管道的任何位置，通常安装在平时比较容易操作的地方。

② 安装阀门时，不宜采用生拉硬拽的强行对口连接方式，以免受力不均引起阀门损坏；明杆闸阀不宜装在地下潮湿处，否则容易造成阀杆锈蚀、搬动时发生断裂等情况，缩短其使用寿命。

6. 地暖施工

（1）铺设保温板（图 2-18）

① 使用专用乳胶沿墙粘贴边角保温板，要求粘贴平整、搭接严密。

② 底层保温板接缝处要用胶粘贴牢固，上面需铺设铝箔层或粘一层带坐标分隔线的复合镀铝聚酯膜，铺设要平整。

图 2-18 铺设保温板

（2）铺设铝箔层

铺设铝箔层，在搭接处用胶带粘住。铝箔层的铺设要平整、无褶皱，不可有翘边等情况，如图 2-19 所示。

（3）铺设钢丝网

① 在铝箔层上铺设一层 2mm 钢丝网，间距为 100mm×100mm，规格为 2m×1m，铺设要严整严密，钢丝网间用扎带捆扎，不平或翘曲的部位用钢钉固定在楼板上。

图 2-19 铺设铝箔层

② 设计防水层的房间如卫生间、厨房等，在固定钢丝网时不允许打钉。管材或钢丝网翘曲时应采取措施防止管材露出混凝土表面。

（4）敷设地暖管

① 地暖管要用管夹固定，固定点间距不大于 500mm（按管长方向），大于 90° 的弯曲管段的两端和中点均应固定。

② 地暖安装工程的施工长度超过 6m 时，一定要留伸缩缝，以防止在使用时由于热胀冷缩而导致地暖龟裂，从而影响供暖效果。地热铁丝网铺设与布管如图 2-20 所示。

图 2-20 地热铁丝网铺设与布管

（5）安装分、集水器

① 将分、集水器水平安装在图纸指定的位置上，分水器在上，集水器在下，间距200mm，集水器中心距地面高度不小于300mm。安装分水器如图2-21所示。

② 安装在分、集水器上的地暖管时需要做保护，建议使用保护管和管夹。地暖分水器进水处需装设过滤器，以防止异物进入管道，水源要用清洁水。

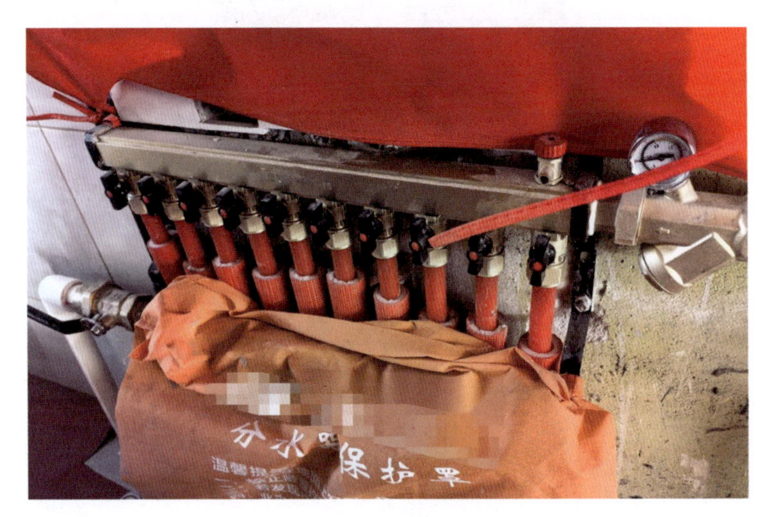

图2-21 安装分水器

（6）进行压力测试

① 检查加热管有无损伤、间距是否符合设计要求，然后进行水压试验。

② 试验压力为工作压力的1.5～2倍，但不小于0.6MPa。稳压1h内压力降不大于0.05MPa，且不渗不漏为合格。

（7）浇筑填充层

地暖管验收合格后，回填细石混凝土，加热管保持不小于0.4MPa的压力；垫层用人工抹压密实，不得用机械振动，不许踩压已敷设好的管道，垫层达到养护期后方可泄压。

二、卫生洁具安装工艺

卫生洁具是卫生间的主要组件，安装卫生洁具要考虑与卫生间空间大小和装修风格的协调，一套洁具的“三大件”色彩必须保持一致，并与墙面、地面色彩相互呼应。

安装卫生洁具时，其水管接头必须连接正确、牢固，接好后必须做试压检测，用试压泵保持0.6MPa压力进行试压，并观察24h，确认无渗水现象。

大便器的下水应直接排到主下水管，不能与洗脸盆等的下水管连通，否则，大便器下水可能会倒流到其他下水管内。蹲便器用25# 水管专管供水，以保证冲水压力。

洗脸盆的下水管要移位接长时，所接长水管的最低点不能低于原出水口，否则下水管易堵塞。

花洒：冷热水管间距 150mm，如距离不好控制，可使用带定位的接头，如图 2-22 所示。

图 2-22　花洒冷热水口间距定位

蹲便器开孔安装，开孔底层用炉渣或砂子填充，表层抹较薄水泥砂浆层，利于以后检修时不敲坏蹲便器。

卫生洁具及龙头安装，应参照使用说明书进行，并用布包好，小心安装。

三、电路改造施工工艺

1. 电路改造施工常用工具

电路改造施工常用工具见表 2-3。

表 2-3　电路改造施工常用工具

名称	图示	说明
指针式万用表		指针式万用表是一种多功能、多量程的测量仪表。一般的指针式万用表可测量直流电流、直流电压、交流电流、交流电压、电阻和音频电平等，有的还可以测电容量、电感量及半导体的一些参数

续表

名称	图示	说明
数字式万用表		数字式万用表是一种多用途电子测量仪器，一般包含安培计、电压表、欧姆计等的功能，有时也称为万用计、多用计、多用电表或三用电表
兆欧表		兆欧表又称摇表，主要用于检查电气设备的绝缘电阻，判断设备或线路有无漏电，判断是否有绝缘损坏或短路现象
测电笔	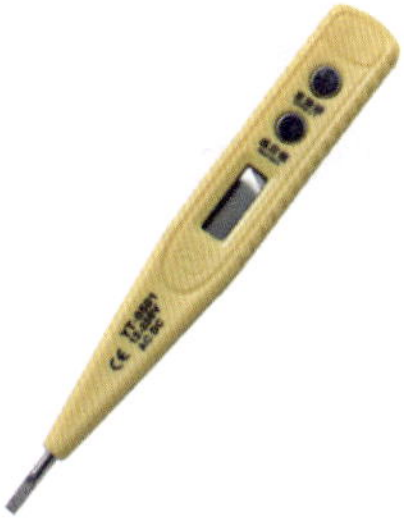	测电笔，简称电笔，是一种电工工具，用于测试电线中是否带电，可分为数显测电笔和氖气测电笔两种
水平尺		水平尺主要用于检测或测量水平度和垂直度，既能用于短距离的测量，又能用于长距离的测量。它解决了水平仪在狭窄地方测量难的缺点，且测量精确、携带方便，分为普通款和数显款两种
卷尺	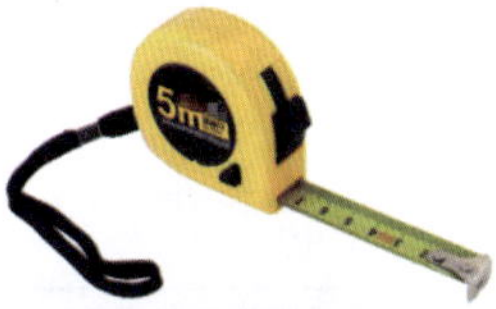	卷尺又称盒尺，是用于测量长度的工具。卷尺的中心测量结构是有一定弹性的钢带，它卷于金属或塑料等材料制成的尺盒或框架内，按尺盒结构不同，可分为自卷式卷尺、制动式卷尺、摇卷盒式卷尺和摇卷架式卷尺四种
组合式螺丝刀		组合式螺丝刀是用于拧转螺钉迫使其就位的工具，通常有一个薄楔形头，可插入螺钉头的槽缝或凹口内
电烙铁		电烙铁是电子制作和电器维修的必备工具，主要用途是焊接元件及导线

续表

名称	图示	说明
钳子	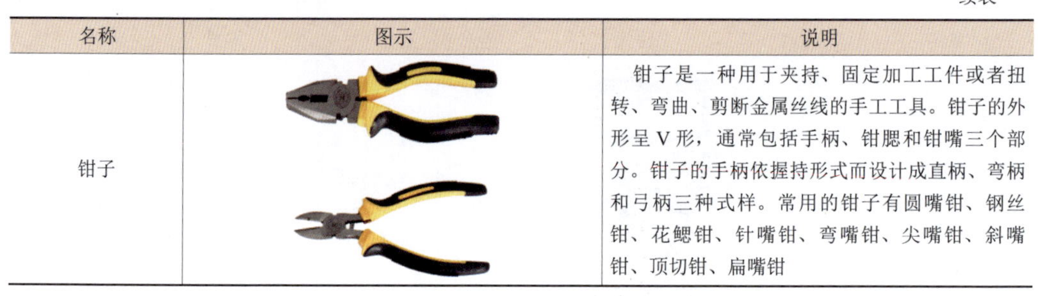	钳子是一种用于夹持、固定加工工件或者扭转、弯曲、剪断金属丝线的手工工具。钳子的外形呈V形，通常包括手柄、钳腮和钳嘴三个部分。钳子的手柄依握持形式而设计成直柄、弯柄和弓柄三种式样。常用的钳子有圆嘴钳、钢丝钳、花鳃钳、针嘴钳、弯嘴钳、尖嘴钳、斜嘴钳、顶切钳、扁嘴钳

2. 电路改造施工常用材料

（1）塑铜线

塑铜线的学名是BV线，适用于交流电压为450V/750V及以下的动力装置、日用电器、仪表及电信设备所需的电缆电线，其分类如下。

① BVR铜芯聚氯乙烯塑料软线是由19根以上铜丝绞在一起的单芯线，比BV线软，用于固定线路敷设。

② BV铜芯聚氯乙烯塑料单股硬线是由1根或7根铜丝组成的单芯线，用于固定线路敷设。

③ RV铜芯聚氯乙烯塑料软线是由30根以上的铜丝绞在一起的单芯线，比BVR线更软，用于灯头和移动设备的引线。

④ RVV铜芯聚氯乙烯软护套线由2根或3根RV线用护套套在一起组成，用于灯头和移动设备的引线。

⑤ RVB铜芯聚氯乙烯平行软线是无护套平行软线，俗称红黑线，用于灯头和移动设备的引线。

⑥ RVS铜芯聚氯乙烯绝缘绞型连接用软电线由2根铜芯软线经对扭绞组成，无护套，用于灯头和移动设备的引线。

塑铜线线径承载电流见表2-4。

表2-4 塑铜线线径承载电流

规格/mm^2	最大承载电流/A	作用
1.5	14.5	照明线，可串联多盏灯具。若灯具数量过多，则需更换为2.5mm^2线或增加回路数量
2.5	19.5	普通插座线，可串联多个插座。若电器数量较多，则需增加回路数量
4	26	空调、热水器、按摩浴缸等大功率电器专用插座线。若电器数量过多，则需增加回路数量
6	34	进户线，若没有过大功率的电器，通常使用此种线作为进户线
10	65	进户线，若大功率电器较多，需使用此类线作为进户线

（2）网线

网线是一种用于连接计算机、路由器、交换机等设备的电缆线，常见的有超五类网线、六类网线和超六类网线等，如图2-23及图2-24所示。

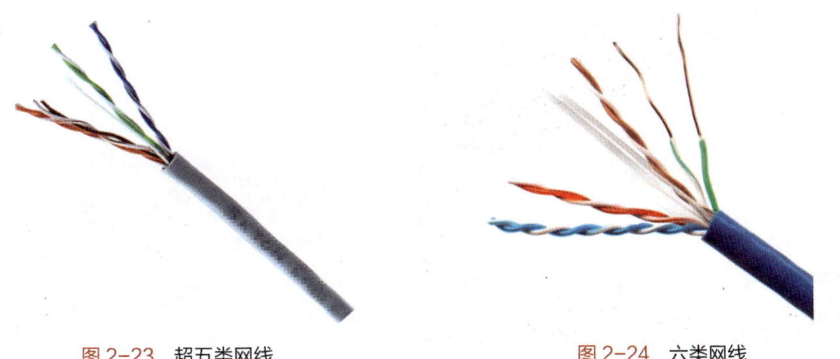

图 2-23 超五类网线　　图 2-24 六类网线

五类网线的理论最大传输速率为 100Mbit/s，超五类和六类网线都可以达到 1000Mbit/s，超六类网线可以达到 10Gbit/s。传输速率越高，网络性能越好，数据传输越快。

（3）电话线

电话线就是电话的进户线，连接到电话机上才能打电话，分为 2 芯和 4 芯两种。芯线材料分为铜包钢、铜包铝以及全铜三种，其中全铜芯线效果最好。

① 铜包钢芯线：线比较硬，不适合用于外部扯线，容易断芯；埋在墙里可以使用，但只能近距离使用。

② 铜包铝芯线：线比较软，容易断芯；可以埋在墙里，也可以在墙外扯线。

③ 全铜线芯：线软，可以埋在墙里，也可以在墙外扯线，适合远距离使用。

（4）TV 线

全称为 75Ω 同轴电缆，主要用于传输视频信号，能够保证高质量的图像接收。一般型号表示为 SYWV，国标代号是射频电缆，特性阻抗为 75Ω。

（5）穿线管

穿线管全称为建筑用绝缘电工套管。目前家居的电路改造以隐蔽工程为主，电线需要埋在墙内或地内。将电线穿管，可以避免电线受到建材的侵蚀和外来的机械损伤，能够保证电路的使用安全并延长其使用寿命，也方便日后的更换和维修。电线套管主要有 PVC 套管和钢套管两种类型，不同管径 PVC 管套如图 2-25 所示。镀锌钢套管如图 2-26 所示。

① PVC 套管。其分类、特点和注意事项如下。

分类：常用管径为 25mm 和 20mm 两种，俗称 6 分管和 4 分管。

特点：耐酸碱，易切割，施工方便，传导性差，发生火灾时能在较长的时间内保护电路，便于人员的疏散，耐冲击、耐高温和耐摩擦性能比钢管差。

注意事项：管内全部电线的总截面面积不能超过 PVC 套管内截面面积的 40%。

② 钢套管。其分类、特点和注意事项如下。

分类：镀锌钢套管、扣押式薄壁钢套管和套接紧定式钢套管等。

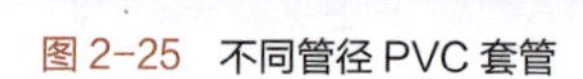

图 2-25　不同管径 PVC 套管

图 2-26　镀锌钢套管

特点：可以用于室内和室外，室内用于公共空间的电路改造，对金属有严重腐蚀的场合不适用。

注意事项：管内全部电线的总截面面积不能超过钢套管内截面面积的 40%。

（6）螺纹管

螺纹管可分为单壁螺纹管和双壁螺纹管两种类型。在许多场合，它能代替金属管、铁皮风管及实壁塑料管使用。螺纹管易弯曲，具有较强的拉伸强度和剪切强度。

（7）黄蜡管

黄蜡管的学名为聚氯乙烯玻璃纤维软管，其主要原料是玻璃纤维，经过拉丝、编织、加绝缘清漆后制成，具有良好的柔软性和弹性。在布线（网线、电线、音频线等）过程中，如果需要穿墙，或者暗线经过梁柱，导线需要加护的时候，就会用黄蜡管来实现，黄蜡管如图 2-27 所示。

图 2-27　黄蜡管

小贴士：

弱电与强电不能同管

电线布线时通常是在墙面上开槽，深度为 PVC 管的直径加 10mm。需要注意的是，强电和弱电不能同管，强电具有电磁性，会影响弱电的信号，两者应间隔至少 50cm。当必须有交叉时，需用锡纸包裹电线。强电通常使用白色或红色的 PVC 套管；弱电多使用蓝色的 PVC 套管。

（8）开关

开关具有开启和关闭的功能，是一个可以使电路开路、使电流中断或使电流流到其他电路的电子元件。开关常用于控制灯具、家电等电器设备。开关按照闭合形式可分为翘板开关和触摸开关；按照功能可分为调光开关、调速开关、延时开关、定时开关、红外开关和转换开关等；按照额定电流大小可分为 6A、10A、16A 等多种。常用开关类型见表 2-5。

表 2-5 常用开关类型

名称	图式	说明
单控开关		常见的一种开关形式，通过上下续动来控制灯具。一个开关控制一盏或多盏灯具，分为一开单控、双开单控、三开单控等多种
双控开关		可以利用一个双控开关与另一个双控开关一起控制一盏或多盏灯具，分为双开双控、四开双控等
调光开关		调光开关可以通过旋转的按钮，控制灯具的明亮程度及开、关灯具，适合客厅、卧室等对灯具亮度有不同需求的空间
调速开关		通常是与吊扇配合使用的，可以通过旋转钮来控制吊扇的转速及开、关吊扇

续表

名称	图式	说明
触摸开关		触摸开关是应用触摸感应芯片原理设计的一种墙壁开关，可以通过人体触摸来实现灯具或设备的开、关
延时开关		通过触摸或拨动开关，能够延长电器设备的关闭时间，很适合用来控制卫浴间的排风扇。当人离开时，让排风扇继续排除潮气一段时间，完成工作后会自动关闭
定时开关		设定关闭时间后，由开关所控制的设备会在到达该时间的时候自动关闭
红外线感应开关		开关内设置红外线感应器，当人进入开关控制的范围时，开关会自动连通负载开启灯具或设备，当人离开后开关会自动关闭，很适合装在阳台

（9）插座

家装常用插座分为强电插座和弱电插座两大类。其中强电插座的规格有 50V 级的 10A、15A，250V 级的 10A、15A、20A、30A ，以及 380V 级的 15A、25A 和 30A。家用电压为 220V，因此应选择 250V 级的插座，普通电器可使用额定电流为 10A 的插座；空调等大功率电器建议选择额定电流为 15A 以上的插座。此外，强电插座还可以从外观上分类，如两孔、三孔等。常见插座类型见表 2-6。

表 2-6 常见插座类型

名称	图式	说明
两孔插座		面板上有两个孔，额定电流以 10A 为主，占据的位置与其他插座相同，但一次只能插接一个双头插头，所以现多用四孔插座代替两孔插座
三孔插座		面板上有三个孔，额定电流分为 10A 和 16A 两种。10A 的用于电器和空调挂机，16A 的用于 2.5P 的柜机空调。还有带防溅盖的三孔插座
四孔插座		面板上有四个孔，分为单向四孔插座和三相四孔插座两种，后者用于功率大于 3P 的空调
五孔插座		面板上有五个孔，可以同时插一个三头插头和一个双头插头，分为正常布局和错位布局两类
多功能五孔插座		分为两种：一种是单独五个孔，可以插国外的三头插头；另一种是带有 USB 接口的面板，除可插国外电器外，还能同时对手机、平板电脑等进行 USB 接口的充电
带开关插座		插座的电源可以由开关控制，所控制的电器不需要插、拔插头，只需要打开或关闭开关即可供电和断电，适合洗衣机、热水器、内置烤箱等电器
地面插座		安装在地面上的插座，既有强电插座也有弱电插座，能够将开关面板隐藏起来与地面高度齐平，通过按压的方式弹开即可使用

续表

名称	图式	说明
电视插座		有线电视系统的输出口，可以将电视与有线电视的信号连接。电视插座有三种类型：串接式插座适合普通有线电视；宽频电视插座既可接有线电视，又可接数字信号；双路电视插座可以同时接两条电视信号线
网络插座		将计算机等用网设备与网络信号连接起来的插座
电话插座		将电话与电话信号连接起来的插座，分为单口和双口两种，双口可以同时连接两台电话机
双信息插座		可以同时插两条信号线，可以是两个网线插口，也可以是电话、计算机双信息插座，或者电视、计算机双信息插座
音响插座		用来接通音响设备的插座，包括一位音响插座，用于接音响；二位音响插座，用于接功放

（10）空气开关

空气开关可分为普通空气开关和漏电保护器两大类。普通空气开关没有漏电保护功能，而漏电保护器具有防漏电功能。两者的外观很相似，区别是漏电保护器上有一个需要每月按一次的按钮，该按钮的功能是检测漏电保护器是否能正常工作。漏电保护器也叫漏电开关、漏电断路器、自动空气开关等，既有手工开关的作用，又能自动进行过载、短路、欠压和失压保护。当电路或电器发生漏电、短路或过载时，漏电保护器会瞬间断开电源，保护线路和用电设备的安全；同时如果有人触电，漏电保护器也能瞬间断开电源，保护人身安全。漏电保护器以额定电流区分，常用的有 10A、16A、20A、25A、32A、40A、63A 等。

（11）底盒

底盒也叫线盒、暗装底盒，原料为 PVC，安装时需预埋在墙体中，安装电器的部位与线路分支或导线规格改变时就需要安装底盒。电线在盒中完成穿线后，上面可以安装开关、插座的面板。底盒通常分为单底盒、双联底盒、四联底盒。

（12）电箱

电箱是分配电流的控制箱。电路接入电箱后，再从电箱内分流出去，以保证电器设备和弱电信号的正常使用。根据接线的类型，电箱可分为强电箱和弱电箱两类，如图 2-28 所示。

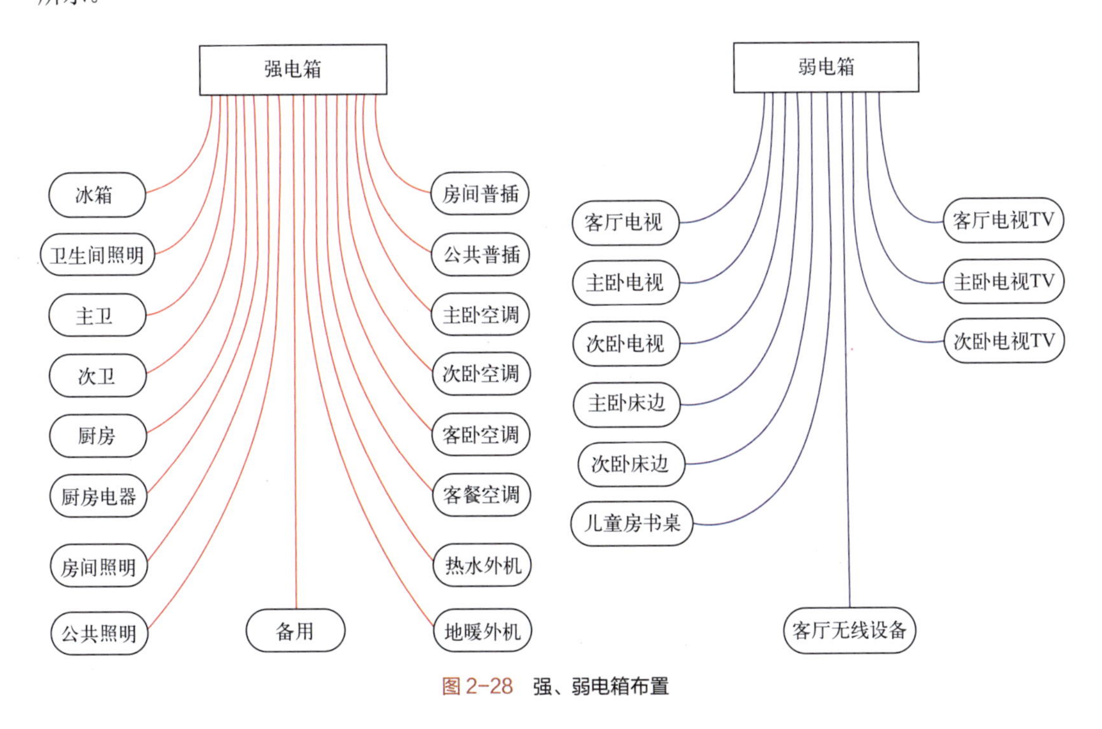

图 2-28　强、弱电箱布置

（13）电表

电表又称电度表、火表、千瓦小时表，是用来计量电能的仪表。电表分为单相电表、三相三线有功电表、三相四线有功电表和无功电表等，家庭多使用单相电表。单相电表又分为机械式和电子式两类。

① 机械式电表。也叫感应式电能表。机械式电表具有高过载、稳定性好、耐用等优

点，但容易受电压、温度、频率等因素影响而产生计数误差，且长时间使用容易磨损。

② 电子式电表。具有高过载、高精度、耗能低、体积小、防盗窃等优点，长期使用也无须调校。

3. 电路改造施工注意事项

电路改造施工需要有一个完整的电路设计方案，从而避免因计划无序而导致的后期拆改。应先确定所使用电器的种类、功率及安装高度，然后确定开关、插座的数量和高度，进而计算出线路的长短，这样就可以做出一个详细的电路设计方案。

① 施工前应确定开关、插座品牌，是否需要门铃及门灯电源，校对图纸与现场是否相符。

② 对于电线，应选用铜质绝缘电线或铜质塑料绝缘护套线；对于熔丝，要使用铅丝，严禁使用铅芯电线或铜丝作熔丝。施工时要使用三种不同颜色外皮的导线，以便区分火线、零线和接地保护线。

③ 强、弱电穿管走线的时候不能交叉，要分开；强、弱电插座应保持 50cm 以上的距离。线路穿 PVC 管暗敷设，布线走向为横平竖直，严格按图布线，管内不得有接头和扭结。另外，穿管走线时电视线和电话线应与电力线分开，以免发生漏电伤人、毁物甚至着火的事故。

④ 电源线应满足最大输出功率要求。电源线配线时，所用导线的截面积应满足用电设备的最大输出功率要求。

⑤ 管内导线的总截面积不得超过管内径截面积的 40%。同类照明的几个支路可穿入同一根管内，但管内导线总数不得多于 8 根。

⑥ 导线盒内的预留导线长度应为 150mm，接线为相线进开关，零线进灯头；电源线管应预先固定在墙体槽中，要保证套管表面凹进墙面 10mm 以上，墙上开槽深度＞30mm。

⑦ 不可在墙上或地下开槽，明敷电线之后，直接用水泥封堵，否则会给以后的故障检修带来麻烦。

⑧ 电源插座底边距地宜为 300mm，平开关板底边距地宜为 1300mm。挂壁空调插座的高度距地宜为 1900mm；脱排插座距地宜为 2100mm；厨房插座距地宜为 950mm；挂式消毒柜插座距地宜为 1900mm；洗衣机插座距地宜为 1000mm；电视机插座距地宜为 650mm。

⑨ 为防止儿童用手指触摸或用金属物插捅电源的孔眼而导致触电，一定要选用带有保险挡片的安全插座；电冰箱、抽油烟机应使用独立的、带有保护接地的三孔插座；卫生间比较潮湿，不宜安装普通型插座。开关插座的安装必须牢固、位置正确、紧贴墙面。确定开关、插座常规安装时的高度必须以水平线为统一标准。

⑩ 配电箱的尺寸需根据实际所需空气开关的尺寸而定。配电箱中必须设置总空气开关（两极）和漏电保护器（所需位置为 4 个单片数，断路器空开为合格产品），严格按图分设各路空气开关及布线，配电箱安装必须设置可靠的接地连接。工程安装完毕后，应对所有灯具、电器、插座、开关、电表进行断通电试验检查，在配电箱上准确标明其位置，并按

顺序排列。

4. 电路管线施工

电路管线施工的基本步骤如下。

（1）绘制布线图

在电路管线施工时要先绘制电路布线图。严谨的电路布线图是电路改造的基础，因此要严格按照图纸的内容对电路进行设计与改造。

（2）前期准备

在电路管线施工前，要进行一些必要的前期准备工作，通常包括以下几项。

① 检查进户线，包括电源线、弱电线是否到位、合格。若房屋年代久远，则可能会有进户线口径过小，不能承受大功率电器使用的情况，所以要事先检查。

② 做好材料准备。包括各种规格的强弱电线、开关、插座、底盒、管卡、黄蜡管、配电箱，以及其他各种材料的品牌、规格和数量，尽量避免在施工过程中出现经常性补料的情况。

③ 确定进场人员。这需要根据实际情况来制定施工进度表，从而确定进场的人数、人员等。

（3）定位画线

在绘制好施工图后，要根据图纸要求进行测量与定位的工作，以确定管线的走向、标高，以及开关、插座、灯具等设备的位置，并用墨盒线进行标识。施工标准弹线如图 2-29 所示。

图 2-29　施工标准弹线

① 首先从入户门的位置开始定位，确定灯具、开关、插座、电箱的位置。初步定位时

直接用粉笔画线，需要标记出线路的走向和高度。

② 墙面中的电路画线，只可竖向或横向，不可斜向，尽量不要有交叉。

③ 墙面电线走向与地面衔接时，需保持线路的平直，不可有歪斜。

④ 地面中的电路画线，不要靠墙角太近，需保持 300mm 以上的距离，以避免后期墙面木作施工时对电路造成损坏。

（4）开槽

在确定了线路走向、终端以及各项设备设施的位置后，就要沿着画线的位置开槽。开槽时要配合使用水作为润滑剂，以达到除尘、降噪、防开裂的目的。开槽的施工要点如下。

① 开槽必须严格按照画线标记进行，地面开槽的深度不可超过 50mm。

② 开槽必须横平竖直，切底盒槽孔时也要方正、整齐。切槽深度一般比线管直径大 10mm，底盒槽深度比底盒深度大 10mm 以上。

③ 开槽时，强电和弱电需要分开，并且保持至少 150mm 的距离，处在同一高度的插座，开一个横槽即可。

④ 管线走顶棚时打孔不宜过深，深度以能固定管卡为宜。

⑤ 开槽后，要及时清理槽内的垃圾。

开槽样式如图 2-30 和图 2-31 所示。

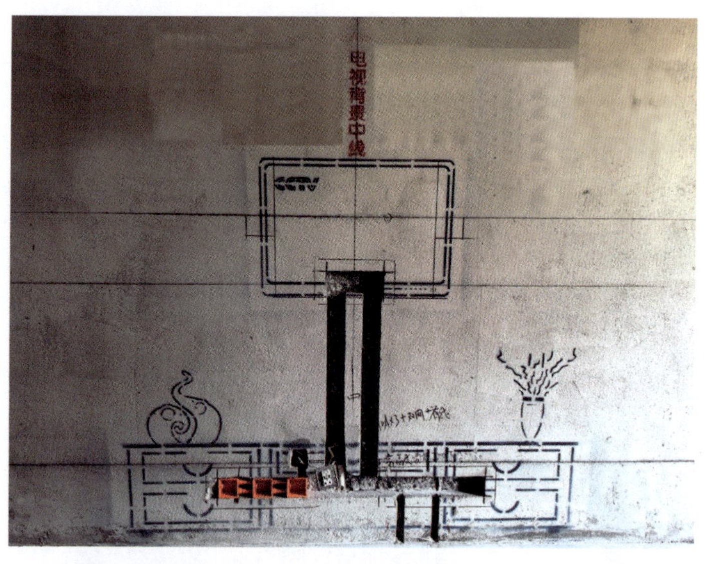

图 2-30　电视 50 管开槽

（5）布管

布管采用的线管一般有两种，一种是 PVC 线管，另一种是钢管。在家装中，多使用 PVC 线管；在一些对消防要求较高的公建中，则多采用钢管作为电线套管，因为钢管具有良好的抗冲击能力，强度高、抗高温、耐腐蚀，防火性能极佳，同时能屏蔽静电，保证信号的良好传输。布管的施工要点如下。

图 2-31 86 盒、管路开槽

① 布管排列要横平竖直，多管并列敷设的明管，管与管之间不得出现间隙，转弯处可以防止电线因受热而发生绝缘层老化，从而缩短电线寿命。明装 86 盒如图 2-32 所示。

② 电线管路与天然气管道、暖气管道、热水管道之间的平行间距应不小于 300mm。

③ 敷设直线穿线管时，以下几种情况需要加装线盒：直管段超过 30m；含有一个弯头的管段每超过 20m；含有两个弯头的管段每超过 15m；含有 3 个弯头的管段每超过 8m。加装线盒如图 2-33 所示。

图 2-32 明装 86 盒

图 2-33 加装线盒

④ 弱电与强电相交时，需包裹锡箔纸隔开，以起到防干扰作用，如图 2-34 所示。

⑤ 敷设转弯处穿线管时，要先用弯管弹簧将其弯曲，弯曲半径不宜过小；在管中部弯曲时，要将弹簧两端拴上铁丝，以便于拉动。为了保证不因为导管弯曲半径过小而导致拉

线困难，导管的弯曲半径应尽可能放大。穿线管弯曲时，半径不能小于管径的6倍。

⑥ 地面采用明管敷设时，应加固管卡，卡距不超过1m。需注意，在预埋地热管线的区域内严禁打眼固定。管卡固定应一管一个，安装需要牢固，转弯处需要增设管卡，如图2-35所示。

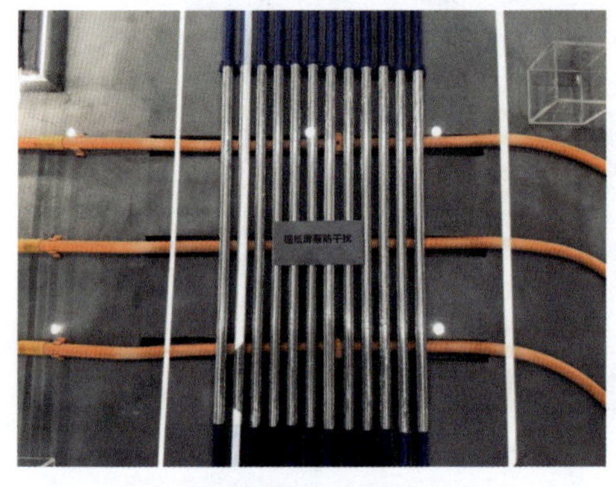

图2-34 强弱电交叉屏蔽处理

图2-35 安装管卡

（6）电路检测

① 连接万用表。红色表笔接到红色接线柱或标有“+”极的插孔内；黑色表笔接到黑色接线柱或标有“-”极的插孔内。

② 测试万用表。首先把量程选择开关旋转到相应的挡位与量程。然后红、黑表笔互不接触，看指针是否位于“∞”刻度线上，如果不位于“∞”刻度线上，则需要调整。之后将两支表笔互相碰触短接，观察0刻度线，表针如果不在0刻度线上，则需要进行机械调整。最后选择合适的量程挡位准备开始测量电路。

（7）封槽

检测成功后就可以进行封槽（图2-36）。封槽前先洒水润湿槽内，调配与原结构配比基本一致的水泥砂浆，从而确保其强度（不可采用腻子粉封槽）。将水泥砂浆均匀地填满水管凹槽，不可有空鼓。待封槽水泥快风干时，检查表面是否平整。若发现凹陷，应及时补封水泥。

5. 电线线管加工

电线线管加工分为弯管加工和直线连接。弯管加工的工艺较为复杂，有冷煨法和热煨法两种不同的方式；直线连接工艺较为简单，主要依靠粘接工艺。

（1）弯管加工

① 冷煨法弯管。冷煨法弯管通常适用于管径≤25mm的弯管加工，其加工步骤如下。

图 2-36　封槽

a. 断管。小管径时可使用剪管器，大管径时可使用钢锯断管。断管完成后，需要对断口做锉平、铣光等工艺处理。

b. 煨弯。将弯管弹簧插入穿线管内需要煨弯处，两手抓牢管子两头，将穿线管顶在膝盖上，用手扳，逐步煨出所需弯度，然后抽出弯管弹簧。

② 热煨法弯管，其基本步骤如下。

a. 弯管部位加热。首先将弯管弹簧插入管内，然后用电炉或热风机对需要弯曲的部位进行均匀加热，直到可以弯曲时为止。

b. 冷却定型。将管子的一端固定在平整的木板上，逐步探出所需要的弯度，然后用湿布抹擦弯曲部位使其冷却定型。对规格较大的管路，没有配套的弯管弹簧时，可以把细砂灌入管内并振实，堵好两端管口。

（2）直线连接

直线连接的基本步骤如下。

① 粘接穿线管。使用小刷子粘上配套的 PVC 胶黏剂，均匀地涂抹在管子的外壁上。然后将管体插入直接接头，到达合适的位置，另一根管道做同样处理。

② 风干定型。穿线管用胶黏剂连接后 1min 内不要移动，等待定型，牢固后才能移动。

6. 电线加工

电线加工是水电施工项目中的重点之一，施工内容包括铜导线、网线、电话线的连接工艺和制作。

单芯铜导线连接，包括铰接法、缠绕卷法直接连接、同芯线连接、异芯线连接、焊锡。

（1）铰接法

铰接法通常适用于截面积为 $4mm^2$ 及以下的单芯线连接，其步骤如下。

① 交叉。将两线交叉，用双手同时把两线芯互铰 3 圈。

② 缠绕。将两个线芯分别在另一个线芯上缠绕 5 圈，减掉多余电线，压紧。

（2）缠绕卷法直接连接

缠绕卷法直接连接通常适用于截面积为 6mm² 及以上的单芯线的连接。

（3）同芯线连接

将要连接的两根导线接头对接，中间填入一根同直径的芯线。用绑线从并合部位中间向两端缠绕，其长度为导线直径的 10 倍。将添加线芯的两端折回，将铜线两端继续向外单独缠绕 5 圈，将余线剪掉。

（4）异芯线连接

当连接的两根导线直径不相同时，先将细导线的线芯在粗导线的线芯上缠绕 5 ～ 6 圈。将粗导线的线头折回，压在缠绕层上。

（5）焊锡

在多路并联插头处可以考虑采用焊锡，软线或者多股线施工则必须采用焊锡。焊锡可以防止电线氧化或者松动，但现今的电路改造多用国标 2.5 ～ 4 平方线（指截面积为 2.5 ～ 4mm² 的电线），为无氧铜线，本身抗氧化性能极佳，所以可以考虑只在多路并联处采用焊锡。焊锡时应控制好温度与时间，防止线皮脱落，焊锡效果如图 2-37 所示。

插座、开关布线完毕后，安装面板前，应该做好保护工作，如图 2-38 所示。

图 2-37　焊锡效果

图 2-38 安装面板前对施工完毕的线盒做保护

7. 强、弱电箱的安装

(1) 定位画线

在为强、弱电箱定位画线之前，要先为其选定一个合理的安装位置。一般选择在干燥、通风、方便使用处安装，尽量不选择潮湿的位置，以方便使用，然后进行定位画线操作。

(2) 开槽的位置

开槽的位置不可选择在承重墙上。若剔洞时墙内部有钢筋，则需要重新选择位置。

(3) 预埋箱体

将强、弱电箱箱体放入预埋的洞口中，如图 2-39 和图 2-40 所示。

图 2-39 弱电箱

图 2-40 强电箱

（4）接线

将线路引进电箱内，安装断路器并接线。

（5）检测

检测电路，安装面板，并标明每个回路的名称。

8. 开关、插座的安装

（1）常见开关、插座的安装

① 埋盒。具体操作如下。

a. 在建筑工程或各类装修施工中，接线暗盒是必需的电工辅助工具。暗盒主要用于各类开关和插座以及其他电器用接线面板的安装。为保持建筑墙面的整洁美观，暗盒一般都需要进行预埋安装。暗盒安装前的准备如图 2-41 所示。

b. 按照画线位置将暗盒预埋到位，初步完成后，用水平尺检验其是否平直，若不平直则继续调整。当暗盒与另一个暗盒相邻时，它们中间需预留一定的间距。这个间距通常是指相邻两暗盒的螺孔间距，以 27mm 为宜。

② 敷设线路。将管线按照布管与走线的正确方式敷设到位，如图 2-42 所示。

③ 清理暗盒。将盒内残存的灰块剔掉，同时将其他杂物一并清出盒外，再用湿布将盒内灰尘擦净。如果导线上有污物也应一起清理干净。

④ 修剪导线。修剪暗盒内的导线，准备开关、插座的安装。先将盒内甩出的导线留出 15 ～ 20cm 的维修长度，削去绝缘层，注意不要碰伤线芯。如开关、插座内为接线柱，则需将导线按顺时针方向盘绕在开关、插座对应的接线上，然后旋紧压头，如图 2-43 所示。

图 2-41 暗盒安装前的准备

图 2-42 敷设线路

⑤ 锤子清边。准备安装开关前，需要用锤子清理边框。

⑥ 接线。将火线、零线等按照标准连接在开关上。

⑦ 调整水平度。用水平尺找平，及时调整开关、插座的水平度。

⑧ 固定面板。用螺栓固定后盖上装饰面板，部分面板安装如图 2-44 所示。

（2）网线插座的安装

网线插座安装的重点是将网线和数据模块正确地连接起来，保证网络通畅。

图 2-43 修剪导线

图 2-44 部分面板安装

① 处理网线。注意不要损伤到线芯，然后将网线散开。剥网线时要用专业的网线钳，将距离端头 20mm 处的网线外层塑料剥去，线芯露出太短时不好操作。

② 网线插座连接。连接时要将网线按照色标顺序卡入线槽，插线时每孔进 2 根线。色标下方有 4 个小方孔，分为 A、B 色标，之后打开色标盖，将网线按色标分好，注意将网线拉直。反复拉扯网线后，确保接触良好，合拢色标盖时用力卡紧。

③ 固定面板。保证面板横平竖直，与墙面固定严密。

四、灯具安装工艺

灯具具有照明功能，同时具有装饰效果，安装灯具时还要保证以下几点。

① 安全性，耐用性。灯饰材料多种多样，在安装金属灯具时，务必仔细，切勿短路或漏电；安装塑料灯具时，要防止受热变形、日久老化，安装底座、支架时要紧固。

② 防潮性。卫生间、厨房灯的安装，要防水汽侵入，否则，日久会出现漏电、短路或生锈现象。

③ 牢固性。装灯时，顶部承重能力要与灯具质量相适应，灯具质量大于或等于 2 kg时要用膨胀螺栓加固。装嵌入式灯具时，孔的大小应与灯相适应，避免孔太大而漏光。

④ 电线接头要牢固，装灯后要保留说明书，并交给业主。

任务四

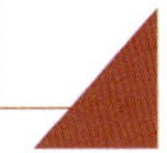

工程质量要求及验收标准

1. 开工前电路验收

① 拉下室内的总闸和分闸，看是否能够完全地控制室内供电。

② 查看电表是否通电，运行是否正常。

2. 施工中电路验收

① 检查材料是否符合卫生标准和使用要求，型号、品牌是否与合同相符，以及材料和产品是否合格。

② 定位画线后，检查一下定位及线路的走向是否符合图纸设计要求，有无遗漏项目。

③ 检查槽路是否横平竖直、槽路底层是否平整无棱角。

④ 检查电路管道的敷设是否符合规范要求，包括强电管路和弱电管路。查看电线穿管情况，中间是否没有接头，盒内预留的电线数量、长度是否达标，吊顶内的电线是否用防水胶布做了处理。

⑤ 与水路相邻近的电路，其槽路是否做了防水、防潮处理。

⑥ 电箱和暗盒的安装是否平直，误差是否符合要求，埋设得是否牢固。

3. 施工后电路验收

① 用相位仪检测所有插座，看是否有接错线的情况。

② 检查所有墙壁开关开合是否顺畅、没有阻碍感，打开开关，检验是否所有的灯都能亮。检查同一个室内的开关、插座高度是否符合安装规范要求，误差是否在允许范围之内。

③ 打开电箱，查看强电箱、弱电箱是否能够完全对室内线路进行控制。强电箱内是否所有电路都有明确的支路名称，所有弱电插口包括电话、网络、有线电视是否畅通。

4. 给排水工程验收

（1）水路施工过程中的验收

① 检查材料是否符合卫生标准和使用要求，型号、品牌是否与合同中的要求相符。

② 定位画线后，检查定位及线路的走向是否符合图纸设计要求，有无遗漏项目。

③ 检查槽路是否横平竖直，槽路底层是否平整、无棱角。

④ 检查水管的敷设是否符合图纸和规范要求，连接件是否牢固、无渗水，阀门、配件安装是否正确、牢固。

⑤ 水管嵌入墙体不小于 15mm，出水口水平高差应小于 3mm。

⑥ 进行打压试验，主要检测管路有无渗水情况。如有泄压，先检查阀门；若阀门没有问题，再查看管道。

⑦ 检查二次防水的涂刷是否符合要求，装有地漏的房间坡度是否合格。

⑧ 做闭水试验后，检查防水处理是否到位，有无渗水。

（2）收尾阶段的验收

① 坐便器下水是否顺畅，冲水水箱是否有漏水的声音。

② 地漏安装是否牢固，与地面接触是否严密。用乒乓球检测一下地漏的坡度，看球从各个角度是否都能滚动到地漏的位置。

③ 浴缸、坐便器、面盆处是否有渗漏。

④ 各个水龙头安装是否正确，能否正常使用；水管内是否有水，水有无杂质，有无堵塞。

⑤ 打开风暖或者灯暖及排气系统，看是否运转正常。

⑥ 检查水管及洁具上是否有未清理干净的水泥等难以去除的污物。

给排水具体验收标准见表 2-7 ～表 2-11。

表 2-7 给水管及配件安装验收标准 单位：mm

序号	项目名称		项目参考标准	检验方法
1	吊架、管卡间距	≤	600	用钢尺检查
2	预埋开槽宽度	≥	给水管径 20	用钢尺检查
3	预埋开槽深度	≥	给水管径 20	用钢尺检查

表 2-8 给水管强度、严密性试验标准

序号	项目名称	项目参考标准	检验方法
1	试压压力 /MPa ≥	0.60	压力表
2	稳压时间 /h ≥	1	计时器
3	压力降 /MPa ≤	0.05	压力表

表 2-9 排水管及配件安装验收标准　　单位：‰

序号	项目名称	项目参考标准	检验方法
1	ϕ50mm 排水管道坡度 ≥	25	用红外线水平仪配合钢尺检查
2	ϕ75mm 排水管道坡度 ≥	20	用红外线水平仪配合钢尺检查
3	ϕ110mm 排水管道坡度 ≥	15	用红外线水平仪配合钢尺检查

表 2-10 电路线管敷设安装验收标准　　单位：mm

序号	项目名称	项目参考标准	检验方法
1	暗配导管敷设开槽深度 ≥	管径 15	用钢尺检查
2	暗配导管敷设开槽宽度 ≥	管径 20	用钢尺检查
3	明配导管的固定间距 ≤	800	用钢尺检查

表 2-11 强、弱电穿线安装验收标准

序号	项目名称	项目参考标准	检验方法
1	管内穿线数量 / 根	≤3（且≥横截面积 40%）	用钢尺检查
2	线盒内导线余量长度 /mm ≥	150	用钢尺检查

拓展阅读

室内装饰工程中的工匠精神

“工匠精神”一词来源于古代工匠在制作作品时精益求精、反复雕琢的理念。它强调追求完美和极致，不断改善和优化工艺，以达到更高的品质和价值。在室内装饰工程中，工匠精神表现为对细节的关注、对品质的追求以及对创新的探索。

首先，室内装饰施工中的工匠精神体现在对细节的关注。室内装饰装修施工不仅要求整体美观，更要求细节的精致。从墙面到地面，从吊顶到门窗，每一个细节都应当得到充分关注和精心处理，这就要求施工队伍具备高度的责任心和敬业精神。其次，室内装饰施工中的工匠精神体现在对质量的追求。质量是室内装饰施工的灵魂，没有质量保证的施工是不合格的。在施工过程中，要始终坚持质量第一的原则，严格把控每一个环节，确保每一分部分项工程都符合验收标准。只有这样，才能让客户放心、满意。此外，室内装饰施工中的工匠精神还体现在对创新的追求。随着科技的进步和人们审美的变化，室内装饰施工也需要不断推陈出新。这就要求施工队伍具备创新意识和创新能力，能够紧跟时尚潮流，不断探索新的施工工艺和设计理念。总之，应大力弘扬工匠精神，培养具备工匠精神的施工队伍，不断提高室内装饰施工水平，为人们创造更加美好的生活空间。

笔记

项目三

抹灰工程施工

知识目标

① 了解抹灰的含义、分类及常见材料的选购方法。

② 掌握抹灰饰面的分层构造以及抹灰工程所需材料的特性。

③ 掌握一般抹灰的施工工艺流程及施工要点。

④ 掌握装饰抹灰的施工工艺流程及施工要点。

⑤ 了解一般抹灰与装饰抹灰施工的质量验收标准及检验方法。

技能目标

① 能够运用规范的建筑装饰施工术语对抹灰工程进行专业性介绍，并从实用性、艺术性、工艺性和经济性等方面合理地评价各种抹灰饰面。

② 能进行一般抹灰工程施工操作。

素质目标

① 培养精益求精的工匠精神。

② 培养吃苦耐劳的意志品质。

按照施工部位的不同，抹灰工程可分为室内抹灰和室外抹灰。根据使用要求及装饰效果的不同，抹灰工程又可分为一般抹灰、装饰抹灰和特种砂浆抹灰。

① 一般抹灰通常指用石灰砂浆、水泥砂浆、水泥混合砂浆、聚合物水泥砂浆、膨胀珍珠岩水泥砂浆、麻刀灰、纸筋灰、石灰膏等材料抹灰。根据质量要求和主要工序的不同，一般又分为高级抹灰和普通抹灰两个级别。

② 装饰抹灰除对墙面做一般抹灰之外，还利用不同的施工方法和不同的面层材料将其直接做成建筑的饰面层，如水刷石、假面砖、干粘石、斩假石等做法都属于此类。

③ 特种砂浆抹灰是指为满足建筑的某种功能要求的抹灰，通过在水泥砂浆中掺入特殊的材料（如膨胀珍珠岩、重晶石、防水剂等外加剂）和使用特殊工艺来达到保温、防辐射、防渗、防水等效果。

常见抹灰工程材料及选购

常见抹灰工程材料包括胶结材料、砂石粒料、纤维材料、颜料等。

一、胶结材料

1. 水泥

水泥是以石灰石和黏土为主要原料，经过破碎、配料、磨细制成生料，加入水泥窑中煅烧成热料，再加入适量石灰膏（有时还掺加混合材料或外加剂）磨细而成。水泥是最常见的水硬性胶结材料，为粉末状，加水搅拌后能把砂、石等材料牢固地胶结在一起，是不可或缺的装饰工程基础材料。水泥的种类非常多，有普通硅酸盐水泥、矿渣水泥、火山水泥和粉煤灰水泥等多个品种。在室内装饰工程中常用的大致有以下三种。

（1）普通硅酸盐水泥

这是最常用的水泥品种，多用于毛地面找平、砌墙、墙面批荡、地砖、墙砖粘贴等施工，可以直接用作饰面，俗称“清水墙”。

（2）白色硅酸盐水泥

俗称白水泥，通常被用于室内瓷砖铺设后的勾缝施工或对墙面有特殊要求的墙面抹灰工程，使用白水泥的缺点是易脏。

（3）彩色硅酸盐水泥

彩色硅酸盐水泥是指在普通硅酸盐水泥中加入各类金属氧化剂，使水泥呈现出各种色彩，在装饰性能上比普通硅酸盐水泥更好，所以多用于一些装饰性较强的地面和墙面施工中，如彩色水泥砂浆地面、水磨石地面。

市场上水泥一般按袋销售，普通袋装的质量通常为50kg。水泥依据黏结强度的不同又分为不同的标号。国家统一规划了我国水泥的强度等级，用于装饰工程的硅酸盐水泥分为3个强度等级、6个类型，即32.5、32.5R、42.5、42.5R、52.5、52.5R。水泥的标号越高，其黏结强度越大。装饰工程中常用的是32.5R和42.5R标号水泥。

2. 石灰

石灰是指由含有碳酸钙的石灰石原料经过高温煅烧生成的胶凝材料，其主要成分为氧化钙，为白色多孔结构。氧化钙入水消解为熟石灰，即石灰青，其与空气接触后实现硬化，并能将砂、石等材料牢固地胶结成为整体，属于气硬性胶结材料。但是其硬化的过程中容易收缩，所以石灰浆要掺麻刀、纸筋等减少收缩，以防止开裂。

3. 建筑石膏

建筑石膏又称半水石膏，由天然石膏经高温煅烧而成。加水拌和后可制成塑性浆体，在空气中逐渐硬化，属于气硬性胶结材料。

4. 粉刷石膏

粉刷石膏是以熟石膏粉为基料，掺入多种外加剂和集料配置而成的胶结材料，呈白色粉状，是一种新型装饰材料。可以替代石灰或水泥拌制供室内墙面或顶棚抹灰的砂浆。粉刷石膏有黏结力好、强度高、硬化快、不开裂、不腐蚀、不掉灰、不起鼓、表面光洁的特点，适用于在各种基层上抹面。其品种有半水石膏型、无水石膏型、半水石膏无水石膏混合型三大类，按用途又可分为面层型、底层型、保温型三个品种。施工时应根据设计要求选用适当的品种，其质量应符合设计要求及其质量标准。

二、砂石粒料

砂石粒料是抹灰砂浆的骨料或装饰材料，包括普通砂、石英砂、彩色石粒、彩色瓷粒、膨胀珍珠岩、膨胀蛭石等。

1. 普通砂

普通砂是调配水泥砂浆的重要材料。从来源上可分为河砂、海砂和山砂，从规格上可分为细砂、中砂和粗砂，其中粗砂平均粒径不小于 0.5mm；中砂平均粒径为 0.35 ～ 0.5mm；细砂平均粒径为 0.25 ～ 0.35mm。装饰装修施工中一般采用过筛的河砂。

2. 石英砂

石英砂分天然石英砂、人造石英砂和机制石英砂三种。人造石英砂和机制石英砂是将石英石加以焙烧，经人工或机器破碎筛分而成，比天然石英砂质量好、纯净，且二氧化硅含量高。石英砂多用于配制耐腐蚀砂浆。

3. 彩色石粒

彩色石粒由天然大理石、白云石、花岗石等破碎而成，多用作水磨石、水刷石、干粘石及斩假石的骨料，具有多种色泽。

4. 彩色瓷粒

彩色瓷粒以石英石、长石和瓷土为主要原料烧制而成，粒径为 1.2 ～ 3mm，颜色多样。以彩色瓷粒代替彩色石粒用于室外装饰抹灰，具有大气、稳定性好、颗粒小、表面瓷粒均匀、露出黏结砂浆较少、饰面厚度减薄、自重减轻等优点，但是彩色瓷粒比天然石粒价格贵。

5. 膨胀珍珠岩

膨胀珍珠岩是一种酸性岩浆喷出的玻璃质熔岩，由于具有珍珠裂隙结构而得名，适用于在 −200 ～ 800℃范围内做保温隔热材料，具有堆积密度小、热导率低、承压能力较高的优点。主要用于保温、隔热、吸声墙面的抹灰。常用密度为 40 ～ 120kg/m^3。

6. 膨胀蛭石

膨胀蛭石由蛭石经过晾干、破碎、筛选、煅烧、膨胀而成。堆积密度为 80 ～ 200kg/m^3，热导率为 0.047 ～ 0.07W/（m · K），耐火防腐。蛭石砂浆用于厨房、浴室、地下室及湿度较大的车间等内墙面和顶棚抹灰，能防止阴冷潮湿、凝结水等，是一种良好的保温隔热材料。

三、纤维材料

抹灰用的纤维材料包括麻刀、纸筋、稻草、玻璃丝等，在抹灰层中起拉结和骨架作用，能提高抹灰层的抗拉强度，增加抹灰层的弹性和耐久性，使抹灰层不易出现裂缝和脱落。

1. 麻刀

麻刀一般用废旧麻丝加工而成。应均匀、坚韧、干燥、不含杂质，长度 2 ～ 3cm，用前弹松打乱、浸水洗净。100kg 石灰膏约掺入 1kg 麻刀，搅拌均匀即成麻刀灰。

2. 纸筋

纸筋是造纸的下脚料。在淋石灰时先将纸筋撕碎，除去尘土，用清水浸透，然后按照 100kg 石灰膏掺 2.75kg 纸筋的比例掺入淋灰池。使用时需磨碎、打细、混合均匀，并通过孔径为 3mm 的筛子过滤成纸筋灰。

3. 玻璃丝

将玻璃丝切成长 1cm 左右，每 100kg 石膏灰掺入 200 ～ 300g 玻璃丝，搅拌均匀成玻璃丝灰。玻璃丝耐热、耐腐蚀，抹出的墙面洁白光滑，且价格便宜。但操作时要防止玻璃丝刺激皮肤，注意劳动保护。

四、颜料

为增强抹灰的艺术效果，通常在勾缝灰或装饰灰的砂浆中掺入适量的颜料。掺入砂浆中的颜料应选用耐破、耐晒（光）的矿物及无机颜料（不含毒害物质、耐候性好、保色性优越、抗工业污染及微生物侵害），如氧化铁黄、氧化铁红、群青、炭黑、钴蓝、钛白粉等，不得使用酸性颜料。

任务二 抹灰工程施工工艺

一、一般抹灰

1. 一般抹灰施工工艺流程

（1）内墙抹灰施工工艺流程

基层处理→找规矩→做标志块（灰饼）、标筋（冲筋）→抹门窗护角→抹底、中层灰→

抹面层灰→养护。

（2）顶棚抹灰的施工工艺流程

基层处理→找规矩→抹底、中层灰→抹面层灰→养护。

（3）外墙抹灰的施工工艺流程

基层处理→找规矩→挂线做灰饼、标筋→抹底、中层灰→弹线粘贴分隔条→抹面层灰→勾缝→养护。

2. 一般抹灰施工要点

（1）内墙抹灰施工要点

① 基层处理。基层处理的目的是保证基层与抹灰砂浆的黏结强度，是抹灰工程的重要步骤。基层处理应注意以下几个方面。

a. 建筑主体工程已经检查验收，并达到相应的质量标准要求。

b. 屋面防水工程或上层楼面面层已经完工，确实无渗漏问题。

c. 门窗框安装位置正确，与墙连接牢固，连接处缝隙填嵌密实。连接处缝隙可采用1∶3水泥砂浆或1∶1∶6水泥石灰混合砂浆分层嵌塞密实。若缝隙较大，窗口的填塞砂浆中应掺加少量麻刀，以防止开裂。

d. 各种管道应安装完毕并检查验收合格。管道穿越的墙洞和楼板洞已填嵌密实。散热器和密集管道等背后的墙面抹灰，宜在散热器和管道安装前进行。

e. 冬季进行施工时，若不采取防冻措施，抹灰的环境温度不宜低于5℃。

f. 不同材料基体交接处表面的抹灰，如砖墙与木隔墙、混凝土墙与轻质隔墙等表面，应采取加强措施。油腻子嵌缝如图3-1所示。

图3-1 油腻子嵌缝

② 找规矩。找规矩即将房间找方或找正。找方后将线弹在地面上，然后依据墙的实际平整度和垂直度及抹灰总厚度规定，与找方线进行比较，决定抹灰的厚度，从而找到一个

抹灰的假想平面，将此平面与相邻墙面的交线弹于相邻的墙面上，作为墙面抹灰的基准线和标筋厚度标准。

③ 做标志块（灰饼）、标筋（冲筋）。做标志块（灰饼），即在距顶棚、墙阴角约 20cm 处，用水泥砂浆或混合砂浆各做一个标志块，其厚度为抹灰层厚度，大小为 5cm 见方。以这两个标志块为标准，再用拖线板靠、吊垂直等方法确定墙下部对应的两个标志块的厚度。其位置在踢脚板上口 20 ～ 25cm 处，使上下两个标志块在同一条垂直线上。标志块做好后，再在标志块附近墙面上钉上钉子，拉上水平通线，然后按间距 1.2 ～ 1.5m 做若干标志块。注意，在窗口、垛角处必须做标志块。设置灰饼如图 3-2 所示。

做标筋（冲筋），即在上下两个标志块间先抹出一条梯形灰埂，宽度为 10cm 左右，厚度与标志块相平，作为墙面抹灰填平的标准。具体做法为：在上下两个标志块中先抹一层，再抹第二层，凸出呈八字形，要比标志块凸出 1cm 左右。然后用木刮杠紧贴标志块上下左右搓，直到把标筋与标志块搓平，同时将标筋两边用刮尺修成斜面，使其与抹灰面接槎顺平。墙面冲筋如图 3-3 所示。

图 3-2 设置灰饼

图 3-3 墙面冲筋

④ 抹门窗护角。室内墙角、柱角和门窗洞口的阳角抹灰要线条清晰、挺直，并防止碰撞损坏。因此凡是与人、物经常接触的部位，无论设计有无规定，都要求做护角，如图 3-4 所示。

⑤ 抹底、中层灰。在标志块、标筋及门窗洞口做好护角并达到一定强度后，底层与中层抹灰即可进行。其方法是：将砂浆抹于墙面两条标筋之间，底层要低于标筋的 1/3，由上而下抹灰，一手握住灰板，一手握住铁抹子，将灰板靠近墙面，用铁抹子横向将砂浆抹在墙面上。灰板要时刻接在铁抹子下边，以便托住抹灰时掉落的灰。

底层灰六成干时即可以抹中层灰（图 3-5）。操作时一般按自上而下、从左向右的顺序进行。先在底层灰上洒水湿润，待其吸收水后再在标筋之间抹满砂浆，用刮尺赶平，紧接着用木抹子抹平，去高补低。

墙体阴角处，用方尺核对方正，然后用阴角抹子上下抽动抹平，使室内四角达到方正。

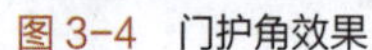

图 3-4　门护角效果

图 3-5　中层灰

⑥ 抹面层灰。面层抹灰应在底层灰稍干后进行。因为底层灰太湿会影响抹灰面的平整度，还可能产生“咬色”现象，而底层灰太干则容易使面层脱水太快而影响黏结，造成面层空鼓。面层是配合比为1∶2.5的水泥砂浆或1∶0.5∶3.5的水泥混合砂浆，厚度为5～8mm。抹时先薄刮一层素水泥浆，使其与底灰粘牢，随后抹罩面灰，用木抹子搓毛，用铁抹子溜光、压实。

⑦ 养护。面层成活 24h 后，要浇水养护不少于 3d，以防止开裂和强度不足。

（2）顶棚抹灰施工要点

① 基层处理。屋面防水层与楼面面层已施工完毕，穿过顶棚的各种管道已经安装就绪，顶棚与墙体之间及管道安装后遗留空隙已经清理并填堵严实，且顶棚上的油污已经清除干净，用钢丝刷满刷一遍，凹凸不平处已经填平或凿去。

② 找规矩。顶棚抹灰通常不做标志块和标筋，而用目测的方法控制其平整度，以无高低不平及接槎痕迹为准。先根据顶棚的水平面确定抹灰厚度，然后在墙面的四周与顶棚交接处弹出水平线作为抹灰的水平标准。

③ 抹底、中层灰。一般底层采用配合比为水泥∶石灰膏∶砂 =1∶0.5∶1 的水泥混合砂浆，底层抹灰厚度为 2mm。底层抹灰后紧跟着抹中层砂浆，一般采用配合比为水泥∶石灰膏∶砂 =1∶3∶9 的水泥混合砂浆，抹灰厚度 6mm 左右。然后用软刮尺刮平赶匀，刮的同时用长毛刷子将抹印顺平，再用木抹子搓平。顶棚管道周围用小工具顺平。

抹灰的顺序一般是由前往后退，并注意其方向必须与基体的缝隙（混凝土板缝）成垂直方向，这样容易使砂浆挤入缝隙，与基底牢固结合。

④ 抹面层灰。待中层灰达到六七成干时用手按，不软但有指印时（要防止过干，如过干应稍洒水），再开始抹面层灰。如使用纸筋石灰或麻刀石灰，一般分两遍成活，其涂抹方

法及抹灰厚度与内墙抹灰相同。第一遍抹得越薄越好，紧跟着抹第二遍。抹第二遍时抹子要稍平，抹完后待灰浆稍干，再用铁抹子溜光、压实。

各抹灰层受冻或急骤干燥都会产生裂纹或脱落，因此需要加强养护。

⑤ 养护。面层成活 24h 后，要洒水养护不少于 3d，以防止开裂和强度不足。

（3）外墙抹灰施工要点

① 基层处理。具体要点如下。

a. 主体结构施工完毕，外墙上所有预埋件、嵌入墙体内的各种管道已安装，并符合设计要求，阳台栏杆已装好。

b. 门窗安装完毕并检查合格，框与墙间的缝隙已经清理并用砂浆分层、分遍堵塞严密。

c. 凹陷处已用 1∶3 的水泥砂浆填平，凸处已按要求剔凿平整，脚手架孔洞已堵塞填实，墙面污物已经清理，混凝土墙面光滑处已经凿毛。

② 找规矩。外墙抹灰与内墙抹灰一样，也要挂线做标志块、标筋。其找规矩的方法与内墙基本相同，但要在相邻两个抹灰面相交处挂垂线。

③ 挂线做灰饼、标筋。由于外墙抹灰面积大，另外还有门窗、阳台、明柱、腰线等，因此外墙抹灰找规矩比内墙更加重要。要先在四角挂好自上而下的垂直线（对于多层及高层楼房应用钢丝线垂下），然后根据抹灰的厚度弹上控制线，再拉水平通线，并弹水平线做标志块，然后做标筋。

④ 抹底、中层灰。外墙抹灰层要求有一定的耐久性。若采用水泥石灰混合砂浆，配合比为水泥∶石灰膏∶砂 =1∶1∶6，若采用水泥砂浆，配合比为水泥∶砂 =1∶3。底层砂浆具有一定强度后，再抹中层砂浆，抹时要用木杠和木抹子刮平、压实、扫毛，并浇水养护。

⑤ 弹线粘贴分隔条。室外抹灰时，为了使墙面美观，避免罩面砂浆收缩产生裂缝或大面积膨胀而空鼓脱落，要设置分隔缝，分隔缝处粘贴分隔条。根据建筑物立面效果要求，合理留设外墙分隔缝，一般情况下水平分隔不超过 2m，最大不超过 3m，垂直分隔最大不超过 5m。在使用分隔条前要用水泡透，这样既便于施工粘贴，又能防止分隔条在使用中变形，同时也利于分隔条本身水分蒸发并收缩，易于起出。

水平分隔条宜粘贴在水平线下口，垂直分隔条宜粘贴在垂线的左侧。粘贴一条横向或竖向分隔条后，应用直尺校正其平整度，并将分隔条两侧用水泥浆抹成八字形斜角。当天抹面的分隔条，两侧八字斜角可抹成 45°；当天不抹面的“隔夜条”，两侧八字形斜角应抹得陡一些，可成 60°。分隔条要求横平竖直、接头平整，不得有错缝或扭曲现象，分隔缝的宽窄和深浅应均匀一致。

⑥ 抹面层灰。在抹面层灰时，先用 1∶2.5 的水泥砂浆薄薄地刮一遍，第二遍再与分隔条抹齐平，然后按分隔条厚度刮平、搓实、压光，再用刷子蘸水按同一方向轻刷一遍，以达到颜色一致，并清刷分隔条上的砂浆，以免起条时损坏抹面。

外墙抹灰时，在窗台、窗楣、雨棚、阳台、檐口、压顶等部位应做流水坡度。设计无要求时，流水坡度以 10° 为宜。流水坡度下面应做滴水槽或滴水线，滴水槽的宽度和深度应不小于 10mm。滴水槽的做法与分隔缝的做法相同。滴水线的做法是：将窗台下边口的直角改为锐角，并将角向下延伸约10mm，形成滴水线。

⑦ 勾缝。起出分隔条后，随即用素水泥浆把缝勾齐。对难以起出的分隔条，不要硬起出，防止损坏棱角，应待灰层干透后起出，并补勾缝。

⑧ 养护。面层成活24h后，要浇水养护不少于3d，以防止开裂和强度不足。

二、装饰抹灰

1. 装饰抹灰施工工艺流程

（1）水刷石抹灰施工工艺流程

基层处理→抹底、中层灰→弹线分隔→抹面层石粒浆→喷刷→起分隔条、勾缝→洒水养护。

（2）斩假石抹灰施工工艺流程

基层处理→抹底、中层灰→弹线、粘贴分隔条→抹面层水泥石粒浆→斩剁面层→修整。

（3）干粘石抹灰施工工艺流程

基层处理→抹底、中层灰→弹线、粘贴分隔条→抹黏结层砂浆→甩石渣→压石渣→勾缝、修整→养护。

（4）假面砖抹灰施工工艺流程

基层处理→抹底、中层灰→抹面层砂浆→表面划纹。

2. 装饰抹灰施工的材料、质量要求及施工要点

（1）水刷石抹灰施工

① 水刷石抹灰施工材料及质量要求如下。

a. 水泥：宜使用不低于32.5级的矿渣硅酸盐水泥或不低于42.5级的普通硅酸盐水泥。要求使用颜色一致的同批产品，超过三个月保存期的水泥应经试验合格后方可使用。

b. 砂：宜采用河砂（中砂），并用5mm筛孔径的筛子过筛，其含泥量不超过3%（质量分数）。

c. 石子：采用颗粒坚硬的石英石（俗称水晶石子），粒径规格约4mm；如果用彩色石子，应分类堆放。

d. 石粒浆：水泥石粒浆的配合比，根据石粒粒径的大小而定。如果饰面采用多种彩色石子，应按统一比例掺量并搅拌均匀（所有石子都应事先淘洗干净待用）。石子的规格大致

分为以下几种：大八厘石粒（粒径 8mm），中八厘石粒（粒径 6mm），小八厘石粒（粒径 4mm）。水泥石粒浆的配合比参照表 3-1。

表 3-1 水泥石粒浆的配合比

石粒规格	大八厘	中八厘	小八厘	米粒石
水泥∶石粒	1∶1	1∶2.5	1∶1.5	1∶2；1∶2.5；1∶3
备注	根据工程需要也可筛选 4 ～ 8mm 的豆石			

② 水刷石抹灰的施工要点如下。

a. 基层处理：水刷石装饰抹灰的基层处理方法与一般抹灰基层处理方法相同。但因水刷石装饰抹灰底、中层及面层总的平均厚度比一般抹灰更厚且比较重，若基层处理不好，抹灰层极易产生空鼓或坠裂，因此要认真清除砖墙表面的残灰、浮尘，堵严大的孔洞，彻底浇水湿润。对于混凝土墙要高凿、低补，光滑表面要凿毛，油污要先用 10% 的火碱水溶液清洗，并用清水冲洗干净。

b. 抹底、中层灰：抹底层灰前，为了增加黏结强度，可先在基层上涂刷一层界面剂或 1∶2 的水泥砂浆。水泥砂浆稍收水后将其表面刮毛，再找规矩：先做上排灰饼，再吊垂直线和横向拉通线，补做中间和下排的灰饼及冲筋。

按冲筋标准抹中层找平砂浆。通常配合比为 1∶（2.5 ～ 3）。找平层必须刮平搓毛，并且用托线板检查平整度，因为找平层的平整度直接影响饰面层的质量。

c. 弹线分隔：按图样尺寸要求弹分隔线，然后用素水泥浆粘贴分隔条，素水泥浆不宜超过分隔条，超出的部分要刮掉。分隔条事先在水中浸透。粘贴分隔条时要横平竖直，交接严密准确。滴水条不得漏粘，其位置要符合要求，并应顺直。

d. 抹面层石粒浆：中层砂浆达到六七成干时，根据中层抹灰的干燥程度浇水湿润，用铁抹子满刮水灰比为 0.37 ～ 0.40 的素水泥浆一道，随即抹面层水泥石粒浆，水泥石粒浆的稠度为 50 ～ 70mm。面层的厚度视石粒粒径而定，通常为石粒粒径的 2.5 倍。每个分隔的石粒浆都应从下至上分两边抹完揉平，用直尺检查其平整度，低洼处及时补抹，用小刮杠刮平。石粒浆要高于分隔条 1mm，用铁抹子压平、压实。统一分隔的面层要一次抹完，不留施工缝。如果必须留施工缝，应留在分隔条的位置上。

抹阳角时，先抹的一侧不宜用八字靠尺，而应将石粒浆先抹过转角，然后再抹另一侧。抹另一侧时需要用八字靠尺将角靠直找齐，避免出现“黑边”现象。对于阴角，可以用靠尺轻轻拍打，使其顺直。

待水泥石渣浆面收水后，用钢抹子压一遍，将遗留孔、缝挤严、抹平。被修整的部位先用软毛刷子蘸水刷去表面的水泥浆，阳角部位要往外刷，并用钢抹子轻轻拍平石渣，再刷一遍，再压实，直至修整平整为止。反复刷压应不少于三遍，以达到石粒大面朝外，表面排列紧密均匀的效果。

e. 喷刷：待面层六七成干时，即可刷洗面层。冲洗是确保水刷石质量的重要环节之一，冲洗不净会使水刷石表面颜色发暗或明暗不一。

喷刷分两遍进行：第一遍先用软毛刷蘸水刷掉面层水泥浆，露出石渣；第二遍用手压喷浆机或喷雾器将四周相邻部位喷湿，然后由上往下喷水，使石渣露出表面（1/3）～（1/2）

粒径，达到清晰可见、分布均匀即可。然后用清水从上往下全部冲净，喷水要快慢适度，喷水速度过快会冲不净浑水浆，表面易呈现花斑，过慢则会出现塌坠现象。喷水时，要及时用软毛刷将水吸去，以防止石粒脱落。对于分隔缝处，也要及时吸去滴挂的浮水，以使分隔缝保持干净清晰。如水刷石面层过了喷刷时间而开始硬结，可以用 3% ～ 5% 的盐酸稀释溶液洗刷，然后必须用水冲净，否则会将面层腐蚀成黄色斑点。

为了避免污染、保证质量，应安排好施工工序。门、窗顶和两侧面、阳台、雨篷等部位都应先做，即先做小面后做大面，以保证大面的清洁美观。

f. 起分隔条、勾缝：喷刷后，可用抹子柄敲击分隔条，并用小鸭嘴抹子扎入分隔条，上下活动，将其轻轻起出。然后用勾缝刀找平，用鸡腿刷子刷直角缝，用素水泥浆将分隔缝修补平直。

g. 洒水养护：水刷石抹完第二天起要洒水养护，养护时间不少于 7d。在夏季酷热天施工时，应考虑搭设临时遮阳棚，防止阳光直接辐射导致水泥早期脱水，影响强度，削弱黏结力。

水刷石效果如图 3-6 所示。

图 3-6 水刷石效果

（2）斩假石抹灰施工

① 斩假石抹灰施工材料及质量要求如下。

a. 水泥：42.5 级普通硅酸盐水泥或 32.5 级矿渣硅酸盐水泥，所用水泥应是同一批号、同一厂生产、同一颜色、同一性能。

b. 砂：宜采用中砂或粗砂，其含泥量应不大于 3%。

c. 粒料：斩假石所用的粒料（石子、玻璃、粒砂等）应颗粒坚硬，色泽一致，不含杂质，使用前必须过筛、洗净、晾干，防止污染。

d. 色粉：有颜色的墙面，应挑选耐碱、耐光的矿物质颜料，并与水泥一次干拌均匀，过筛装袋备用。

② 斩假石抹灰施工要点如下。

a. 基层处理：斩假石抹灰施工中，基层处理的要求同水刷石。

b. 抹底层、中层灰：底层、中层表面都要求平整、粗糙，必要时还应划毛。中层灰七成干后，浇水湿润表面，随即满刮水灰比为 0.37 ～ 0.40 的素水泥浆一道。

c. 弹线、粘贴分隔条：待素水泥浆凝结后，在墙面上按设计要求弹线分隔，并粘贴分隔条。斩假石一般按矩形分隔分块，并实行错缝排列。

d. 抹面层水泥石粒浆：抹面层前，根据底层的干燥程度浇水湿润，刷素水泥浆一道，用铁抹子将水泥石粒浆抹平，厚度一般为 13mm，再用木抹子拍实，上下顺势溜直。不得有砂眼、孔隙。石粒浆抹完后，随即用软毛刷蘸水顺剁纹方向将表面水泥浮浆轻轻刷掉，露出石粒至均匀为止。不得蘸水过多，用力过重，以免刷松石粒。石料浆抹完后不得暴晒或冰冻、雨淋，石粒浆中的水泥浆终凝后浇水养护。

e. 斩剁面层：常温下面层经 3 ～ 4d 养护后即可进行试剁。试剁中若墙面石渣不掉，声音清脆，且易形成剁纹，即可以进行正式斩剁。顺序一般先上后下，由左到右；先剁转角和四周边缘，后剁中间墙面。转角和四周剁水平纹，中间剁垂直纹；先轻剁一遍浅纹，再剁一遍深纹，两遍剁纹不能重叠。

剁纹一般以 1/3 石粒的粒径为宜。在剁墙角、柱边时，宜用锐利的小斧轻剁，以防止掉边缺角。剁墙面花饰时，剁纹应随花纹走势，花饰周边平面上剁垂直纹。

f. 修整：斩剁完毕，用刷子沿剁纹方向清除灰尘，用清水冲刷干净，然后起出分隔条，并按要求修补分隔缝。

斩假石效果如图 3-7 所示。

图 3-7 斩假石效果

（3）干粘石抹灰施工

① 干粘石抹灰施工材料及质量要求如下。

a. 水泥：必须采用同一品种的水泥，强度等级不低于 32.5 级，不准使用过期水泥。

b.砂：中砂或中、粗砂混合使用，颗粒坚硬，清洁，含泥量不得超过3%，砂在使用前应过筛。

c. 石子：不宜过小或过大，过小容易脱落泛浆，过大则需要增加黏结层厚度。使用时将石子认真淘洗、择渣，晾晒后放入干净的房间或袋装，分类储存备用。

d. 石灰膏：应控制石灰膏用量，一般石灰膏的掺量为水泥用量的（1/3）～（1/2)。用量过大，会降低面层砂浆的强度。

e. 兑色灰：按照样板配比兑色灰。每次兑色灰都要保持一定数量或者一种色泽，防止中途多次兑色灰，否则容易造成色泽不一致。兑色灰时，要使用大灰槽，将称量好的水泥及色粉进行人工或机械搅拌、过筛、装袋、过秤，并注明色灰品种，待用。

f. 颜料粉：使用矿物质的颜料粉，如氧化铁红、氧化铁黄等。颜料粉进场后要经过试验。颜料粉的品种、货源、数量都要一次进够，在装饰施工过程中严把此关，否则无法保证色调一致。

② 干粘石抹灰的基层处理、底层抹灰、中层抹灰，以及弹线、粘贴分隔条等，均与水刷石相同。其施工要点如下。

a. 抹黏结层砂浆：中层抹灰达到六至八成干时，经验收合格后，即按设计要求弹分隔线、分隔、粘分隔条（方法同外墙抹灰)，然后洒水湿润表面，刷素水泥浆一道，抹黏结层砂浆。黏结层砂浆的稠度控制在 60 ～ 80mm，要求一次抹平，不显抹纹，表面平整、垂直，阴阳角方正。

b. 甩石渣：黏结层抹完后，待干湿情况适宜时即可手甩石渣。甩石渣应遵循“先边角后中间，先上后下”的原则。阳角处甩石渣时应两侧同时进行，以避免两边收水不一而出现明显接槎。甩石渣时，用力要平稳有劲，方向应与墙面垂直，使石粒均匀地嵌入黏结砂浆中，然后用铁抹子或胶辊滚压坚实。

c. 压石渣：在黏结层的水泥砂浆完成终凝前至少要拍压三遍。拍压时要横竖交错进行，一般以石粒嵌入砂浆的深度不小于粒径的 1/2 为宜。对于墙面石粒过稀或过密处，一般不宜甩补，应将石粒用抹子（或手）直接补上或适当剔除。

d. 勾缝、修整：饰面层平整、石渣均匀饱满时，起出分隔条。对局部有石渣脱落、分布不均、外露尖角太多或表面平整度差等不符合质量要求之处应立即进行修整、拍平。

e. 养护：面层施工结束 24h 后，应洒水养护 2 ～ 3d。夏季日照强，气温高，要求有适当的遮阳条件，避免阳光直射，使干粘石凝结有一段养护时间，以提高强度。砂浆强度未达到足以抵抗外力时，应注意防止脚手架、工具等撞击、触动，以免石子脱落，还要注意防止油漆和砂浆等污染墙面。

（4）假面砖抹灰施工

① 假面砖抹灰施工材料及质量要求如下。

a. 水泥：宜采用不低于 42.5 级的普通硅酸盐水泥。

b. 砂：宜采用中砂，过筛，含泥量不大于 3%（质量分数）。

c. 颜料：应采用矿物质颜料，使用时按设计要求和工程用量，与水泥一次性搅拌均匀，备足，过筛装袋，避免保存时潮湿。

② 假面砖抹灰施工要点如下。

假面砖抹灰施工的基层处理及抹底、中层灰的施工要求与一般抹灰基本相同。需要特别注意的是彩色砂浆的配制，这是保证假面砖抹灰表面装饰效果的基础，其既要满足设计的装饰性要求，又要满足设计的功能性要求。具体做法是：按设计要求的饰面色调配制出多种彩色砂浆，并做出样板与设计对照，以确定合适的配合比。

假面砖抹灰施工，除了拌制彩色砂浆的工具外，其操作工具主要有靠尺板（上面划出面砖分块尺寸的刻度），划缝用的铁皮刨、铁钩、铁梳子或铁辊等。用铁皮刨或铁钩划制模仿饰面砖墙面的宽缝效果，用铁梳子或铁辊划出或滚压出饰面砖的密缝效果。

a. 抹面层砂浆：待中层抹灰凝结硬化后洒水湿润养护，然后进行弹线。先弹出宽缝线，用以控制面层划沟（面砖凹缝）的平直度；然后抹 1∶1 的水泥砂浆垫层，厚度为 3mm；紧接着抹面层彩色砂浆，厚度为 3 ～ 4mm。

b. 表面划纹：面层稍收水后，用铁梳子沿靠尺板由上向下划纹，深度不超过 1mm。根据面砖的宽度用铁钩子沿靠尺板纵向划沟，深度以露出垫层灰为准，划好纵沟后将飞边砂粒扫净。

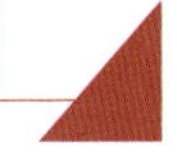

任务三 工程质量要求及验收标准

一、一般抹灰验收标准

一般抹灰工程分为普通抹灰和高级抹灰，当设计无要求时，按普通抹灰验收。

1. 主控项目

① 抹灰前基层表面的尘土、污垢、油渍等应清除干净，并洒水湿润。

② 一般抹灰所用材料的品种和性能应符合设计要求。水泥凝结时间和安定性复验应合格。砂浆的配合比应符合设计要求。

③ 抹灰工程应分层进行。当抹灰总厚度大于或等于 35mm 时应采取加强措施。不同基

体交接处表面抹灰应采取防止开裂的加强措施。当采用加强网时，加强网与各基体的搭接处应不小于100mm。

④ 抹灰层与基层之间及各抹灰层之间必须黏结牢固，抹灰层应无脱层、空鼓，面层应无暴灰和裂缝。

2. 一般项目

① 普通抹灰表面应光滑、洁净、接槎平整，分隔缝应清晰。

② 高级抹灰表面应光滑、洁净、颜色均匀、无抹纹，分隔缝和灰线应清晰美观。

③ 护角、孔洞、槽、盒周围的抹灰表面应整齐光滑，管道后的抹灰表面应平整。

④ 抹灰层的总厚度应符合设计要求；水泥砂浆不得抹在石灰砂浆层上；罩面石膏灰不得抹在水泥砂浆层上。

⑤ 抹灰分隔缝的设计应符合设计要求，宽度和深度应均匀，表面应光滑，棱角应整齐。

⑥ 有排水要求的部位应做滴水线（槽），滴水线（槽）应整齐顺直，滴水线应内高外低，滴水槽的宽度和深度应不小于10mm。

⑦ 一般抹灰工程质量的允许偏差和检验方法应符合表3-2的规定。

表3-2　一般抹灰工程质量的允许偏差和检验方法　　单位：mm

项目名称	允许偏差		检验方法
	普通抹灰	顶棚抹灰	
立面垂直度	4	3	用2m垂直检测尺检查
表面平整度	4	3	用2m靠尺和塞尺检查
阴阳角方正	4	3	用直角检测尺检查
分隔条（缝）直线度	4	3	拉5m线，不足5m拉通线，用钢直尺检查
墙裙、勒脚上口直线度	4	3	拉5m线，不足5m拉通线，用钢直尺检查

注：1. 普通抹灰，本表第3项阴阳角方正可不检查。

2. 对于顶棚抹灰，本表第2项表面平整度可不检查，但应平顺。

二、装饰抹灰验收标准

1. 主控项目

① 抹灰前基层表面的尘土、污垢、油渍等应清除干净，并应洒水湿润。

② 装饰抹灰工程所用材料的品种和性能应符合设计要求。水泥的凝结时间和安定性复验应合格。砂浆的配合比例应符合设计要求。

③ 抹灰工程应分层进行。当抹灰总厚度大于或等于35mm时，应采取加强措施。不同材料基体交接处表面的抹灰，应采取防止开裂的加强措施，当采用加强网时，加强网与各基体的搭接宽度应不小于100mm。

④ 各抹灰层之间及抹灰层与基体之间必须黏结牢固，抹灰层应无脱层、空鼓和裂缝。

2. 一般项目

装饰抹灰工程的表面质量需符合下列规定。

① 水刷石表面应石粒清晰、分布均匀、紧密平整、色泽一致，无掉落和接槎痕迹。

② 斩假石表面剁纹应均匀顺直、深浅一致，无漏剁处，阳角处应横剁并留出宽窄一致的不剁边条，棱角应无损坏。

③ 干粘石应表面色泽一致、不露浆、不漏粘，石粒应黏结牢固、分布均匀，阳角处应无明显黑边。

④ 假面砖表面应平整、沟纹清晰、留缝整齐、色泽一致，无掉角、脱皮、起砂等缺陷。

装饰抹灰分隔条（缝）的设置应符合设计要求，宽度和深度应均匀，表面应平整光滑，棱角应整齐。有排水要求的部位应做滴水线（槽）。滴水线（槽）应整齐顺直，滴水线应内高外低，滴水槽的宽度和深度均应不小于 10mm。装饰抹灰工程质量的允许偏差和检验方法应符合表 3-3 的规定。

表 3-3 装饰抹灰工程质量的允许偏差和检验方法 单位：mm

项目名称	允许偏差				检验方法
	水刷石	斩假石	干粘石	假面石	
立面垂直度	5	4	5	5	用 2m 垂直检测尺检查
阴阳角方正	3	3	4	4	用直角检测尺检查
分隔条（缝）直线度	3	3	3	3	拉 5m 线，不足 5m 拉通线，用钢直尺检查
墙裙、勒脚上口直线度	3	3	—	—	拉 5m 线，不足 5m 拉通线，用钢直尺检查
表面平整度	3	3	5	4	用 2m 靠尺和塞尺检查

拓展阅读

室内装饰设计中的“以人为本”

现代室内设计考虑问题的出发点和最终目的归根结底是为了让人们获得更好的空间体验，以人为本、为人服务，满足人们生活、工作的需要，为人们创造理想的室内空间环境，使人们生活在其中，感受到快乐，让工作与生活可以更轻松、更舒适、更幸福。

提到“以人为本”的设计理念，很多人会联想到人体工程学，它以人的使用为出发点，在此基础之上考虑人对体感舒适的追求，让人在使用的过程中产生愉悦的情感。不过“以人为本”并不仅限于此，想要更好地利用空间还要深入了解各功能区域的需求，把握好各区域的交流和隐私程度，方便沟通但互不影响。灵活地规划动线、合理地布局区域。最终的目的是让空间更加多元化，从人的空间需求出发，让空间主动去迎合人们的生活与工作需求，从而提高整体的空间效率，更合理地利用空间。

设计师要做到“以人为本”的室内设计，就必须做到认真观察生活，加深对不同人、不同职业的理解。设计源于生活，学习、工作、饮食、起居、娱乐活动等，是人们生活的重要组成部分，而这些活动绝大部分都是在室内进行的，需要在空间合理化的基础上赋予其更深层的意义。

笔记

项目四

楼地面工程施工

知识目标

① 了解常见的楼地面工程材料及其选购方法。

② 掌握整体式楼地面分层构造以及所需要材料的特性和施工工艺要点。

③ 掌握块材式楼地面分层构造以及所需要材料的特性和施工工艺要点。

④ 掌握木质楼地面构造以及所需要材料的特性和施工工艺要点。

⑤ 掌握软质楼地面构造以及所需要材料的特性和施工工艺要点。

技能目标

① 能够运用规范的建筑装饰施工术语对楼地面装饰工程进行专业性介绍，并从实用性、艺术性、工艺性和经济性等方面合理地评价各种楼地面装饰工艺。

② 能进行各种楼地面工程中各种做法的施工操作。

素质目标

① 培养精益求精的工匠精神。

② 培养独立思考的能力。

任务一 常见楼地面工程材料及选购

一、楼地面装饰材料的种类

楼地面装饰材料的种类很多，根据材质不同可分为以下几种。

（1）竹木类

竹木类分为竹地板和木地板，其中木地板又分为实木地板、复合地板、实木复合地板。

（2）纤维织物类

纤维织物类有化纤地毯、纯毛地毯、橡胶绒地毯。

（3）塑料制品类

塑料制品类包括塑料地板、塑料卷材地板。

（4）石材类

石材类有大理石、花岗石、人造大理石等。

（5）陶瓷类

陶瓷类包括陶瓷地砖、陶瓷锦砖。

（6）地面涂料

地面涂料一般可分为木地板涂料和水泥砂浆地面涂料。水泥砂浆地面涂料分为薄质涂料（分溶剂型和水乳型）和厚质涂料（分溶剂型和水乳型）。

二、石材的品种

家庭装修用的石材种类很多，可分为天然石材和人造石材两大类。

① 天然大理石。大理石是由于云南大理市盛产这种石材而得名。它的主要化学成分是碳酸盐，它是由石灰岩、白云岩等岩石沉积，经过地壳内高温高压作用而形成的变质岩。

大理石矿产极为丰富，品种繁多，产地遍布全国各地，据不完全统计有400多个品种。大理石中因有含铁的氧化物、云母、石墨等而呈红、黄、棕、黑、绿等各色斑斓纹理，磨光后美丽典雅。人们常常根据产地和色彩来命名，如白色的有（北京）房山汉白玉、大理苍山白；黑色的有桂林黑、双峰黑；红的有四川江南红、东北红；彩花大理石有“春花”“秋花”“水墨花”三个品种，是云南大理石独有的精品。

② 天然花岗石。它的主要矿物组成是长石、石英和云母，其结构致密，孔隙小，具有耐磨、抗冻、抗风化腐蚀等特点。大理石在空气中很快会和空气中的水、碳化物起反应，失去光泽，变粗糙，而花岗石抗风化能力强，室内外装饰均可。

花岗石品种很多，我国福建、山东、内蒙古、新疆、四川、江西、广东等地区均是花岗石的产地，近年来从国外进口的花岗石品种也不少。花岗石也是根据产地、花纹色调来命名的，如“济南青花岗石”。

花岗石按加工类型，还可分为剁斧板、粗磨板、磨光板、扣刨板、火烧板等。它们的表面粗糙程度各不相同，适合不同环境的装修，室内装修大多使用磨光板。

③ 人造石材。人造石材分为人造大理石和人造花岗石。

三、居室中慎用天然石材

人们一般都追求天然装饰材料，因为这样更贴近自然，给人返璞归真之感。天然石材由于坚固、耐磨、色彩丰富、豪华典雅，曾一度广泛应用于家庭装修中，如做地板、窗台台面、灶台台面、洗漱台台面、墙面等。而时下天然石材则慢慢地从家庭装修材料中退了出来，究其原因则是放射性污染所造成的。

天然大理石、花岗石属于天然矿产，其中不同程度地含有放射性物质，对居室产生放射性污染，称得上是看不见的“杀手”，影响人们的健康。人体长时间处在这样的环境中会受到损伤而诱发疾病。

天然石材放射性常根据氡的含量来确定，用于室内装修的氡的浓度应低于200Bq/m^3。

四、天然石材地板的选购

天然大理石、花岗石石材地板品种繁多，色彩丰富，花纹各异，给人们选购提供了很多余地，但大都用于客厅、餐厅铺设和橱柜、洗漱台台面。用在户外的石材地板，国际标准厚度为20mm，作为室内地板，厚度在15mm左右。

消费者在选购天然石材地板时应注意以下几点。

（1）选择合适的颜色和花纹

当选定一种花色后，可让商家提供一块小样，提货时对照小样验货，要求色差小，花纹大体相同或相似。

（2）注意石材的环保性

在强调绿色环保装饰的今天，天然石材在家庭装修中日趋减少，其中突出的问题是放射污染，天然石材都具有程度不同的放射性，这对于生长发育的儿童、少年和新婚夫妇尤为有害。天然石材的放射物质是镭，若选用天然石材地板，要注意选择放射污染少的。一是不选用红色、深红色、绿色石材，它们的镭含量一般会有较大幅度的超标；二是一定要通过放射性检测，符合要求才能使用。

（3）注意石材的反光度

优质饰面石材的反光度应在95%以上，消费者可用玻璃镜作参照，镜子的反光度是100%，一等品石材地板的反光度为75%～95%。

（4）注意石材地板的加工精度

天然石材地板是经过机械锯、刨或磨、截切加工而成的。加工精细的石材应是规正、整齐、一致的，这样的石材地板才能保证铺设的质量。为杜绝不规正现象，消费者在选购时可将两块石材地板表面叠放，看石材地板四周是否规格一致，表面是否平整，有无起翘、凹陷等缺陷。

另外还要注意，石材地板表面是否有砂眼、裂纹、色斑和污点等缺陷，优等品是不允许有上述缺陷的。

五、人造石材的品牌及优势

人造石材是用现代高科技手段合成的石材，包括树脂人造石材和其他类型的人造石。

最早生产树脂型人造石饰面板的是美国杜邦公司，其早在20世纪50年代就开始研究使用，已有很长的历史，所用材料也不断改进。目前，市场上的人造石填充料有普通矿粉型、氢氧化铝型、假牙材料型等，其档次依次升高，此类人造石目前在国内产品比较多。

与天然石材相比，人造石材有如下优点。

① 色彩丰富，应有尽有。有纯色的，如白色、黄色、黑色、红色等。还有麻色，在净色板的基础上，添加不同颜色、不同大小的颗粒，创造出色彩斑斓的各种色彩效果。种类繁多，选择余地特别大。

② 无放射性污染。人造石材的材料经过严格筛选，不含放射性物质，消费者可放心使用。

③ 硬度、韧性适中。人造石材硬度大，脆性大，不耐撞击，易破碎，但耐冲击性比天

然石材好。

④ 加工制作方便。人造石材的硬度和韧性已调整到一定范围，可以像硬木一样进行加工，凡是木工用的工具和机械设备都可以用于人造石材的制作加工，可粘接（利用专用胶水，各种台面均可接得“天衣无缝”），可弯曲，可加工成各种形状，这是天然石材无法比拟的。

⑤ 结构致密，清洁卫生。天然石材存在着天然微孔，在做橱柜的台面时，菜汤等易渗入其内，滋生细菌；而人造石材结构致密，无微孔，液体物质不能渗入，细菌不能在其中生长。

六、居室中使用石材地板应注意的问题

① 选用放射性污染不超标的环保石材。

② 不适宜做卧室地板，适合用在客厅、餐厅、厨房、卫生间。由于阳台上阳光直射，光照较强，因此不宜用大理石做阳台地板，以免风化变色。

③ 一次性备足料，尽量是一批产品，宁多勿少。以免由于损坏或有次品而找不到符合同批花色的石材。

④ 选用合适规格的石材。石材的规格大多为正方形，规格、尺寸应根据房间净宽度而定，并考虑到灰缝，可事先与行业内人士商定。

七、瓷砖的种类

市场上的瓷砖品种很多，琳琅满目，令人目不暇接，大致可分为如下几种。

① 釉面砖。指砖表面烧有釉层的瓷砖。这种砖分为两大类：一类是用陶土烧制的，因吸水率较高而必须烧釉，这种砖的强度较低，容易出现裂缝，现在很少使用；另一类是用瓷土烧制的，为了追求装饰效果也烧了釉，这种瓷砖结构致密，强度很高，吸水率较低，抗污柔和，绚丽、光滑，装饰性很强，可以随心所欲地拼装图案，能与室内其他装饰配合，形成风格独特的装饰效果。这种瓷土烧制的釉面砖目前广泛应用于家庭装修。

② 通体砖。这是一种不上釉的瓷质砖，整块砖的质地、色调一致，因此叫通体砖。它有很好的防滑性和耐磨性。一般人们所说的“防滑地砖”，大部分是通体砖，由于这种砖价位适中，所以深受欢迎。其中，“渗花通体砖”的美丽花纹更是令人爱不释手。但相对来说，通体砖没有釉面砖那么多华丽的花色，色调较为庄重，所以非常耐磨，比较实用。

③ 玻化砖。这是一种高温烧制的瓷质砖，是所有瓷砖中最硬的一个品种，比抛光砖还要硬，有时抛光砖被刮出划痕时，玻化砖仍安然无恙。但这种砖的价格较高，因此家庭装修中没有必要使用，可以用在公共装饰中人流量比较大的地方。

八、瓷砖的选购

瓷砖种类繁多，质量差别也很大，消费者应根据家居的具体情况选择合适的瓷砖。一

般应注意如下几点。

① 考虑居家环境，选择协调的颜色和规格。根据房间的采光强弱，以及墙体、门窗的颜色进行选择，可与设计师商定，将预选的数块瓷砖摆成 $1m^2$ 以上的面积。

② 确定瓷砖的颜色以后，从稍远处看整体的色泽，以确定理想化的颜色。为了保证瓷砖铺贴效果，应开箱检查同一箱瓷砖是否有色差，若没有则应按比所需数量略多选足箱数。施工前还要检查有无色差，在铺贴时，尽可能使同一房间色彩相同。

③ 任选数块瓷砖，从外观上看是否有明显的缺陷，如表面是否平整完好，釉面色彩是否均匀，光亮度是否一致。

④ 把瓷砖叠起来看，瓷砖厚、宽尺寸是否一致，宽度在 300mm 以下的瓷砖允许偏差为 ±1mm，宽度在 300mm 以上的瓷砖允许偏差为 ±2mm。

⑤ 任选两块拼合对齐，缝隙越小说明瓷砖四周的规整度越好。

九、地毯的识别与选购

地毯具有良好的吸声、隔声和防潮作用。房间里铺上地毯之后，可以减轻楼上楼下的噪声。地毯还可以防寒、保暖，踩在上面脚感舒适，适合风湿病人和体弱的老年人的居室使用。但地毯也有一定的弊端：不耐脏，难以清洗，南方天气较潮湿，地毯易潮。

选购地毯时可以看到，地毯的品质除了纤维的特性和加工处理外，与毛绒纤维的密度、重量、搓捻方法都有很大关系。毛绒越密越厚，单位面积毛绒的重量越重，地毯的质地和外观就越能保持得越好。一般来说，短毛而密织的地毯是较为耐用的。

还可以从以下几个方面来识别地毯的优劣。

① 毯面要求平整稠密、线条清晰，无色彩差别，毯面与毯背均无磨损。如果地毯粗细、疏密、厚薄不一致，丢针、疵点多，则为劣质品。

② 用手摸试，厚度丰实，厚薄均匀，用手轻轻按压，松手后，毯面立即恢复原样，无“倒毛”现象。

③ 铺地之后，花色图案对称，剪片均匀，有立体感。若色彩不一、单调，则为次品。检查麻背是否结实，有无稀疏现象，胶背是否坚韧，有无开裂现象，如底基断线，胶背开裂，则为不合格产品。

选购地毯时，可向商家索取样块，在要铺砌的地方铺上看看，因为在不同光线下，看到的地毯颜色会略有差异，而商场往往因为灯光等原因导致地毯颜色有些失真，所以最好能用样块在实际铺用空间的光源下观察效果。另外，在整块铺设地毯后，往往会比样板颜色稍浅，选择的时候要加以考虑。购买前应核准室内的实际面积，计算弯角及注意不规则角落的形状，以免浪费材料，或出现不妥当的接缝处，影响美观。在索取地毯公司的报价单时，宜同时拿取施工图，以清楚接缝的位置和次数。

十、地毯的种类及特性

地毯的种类有很多，可分为羊毛毯、麻毯、丝毯、化纤毯等品种，式样又可分为宫廷式、古典式、北京式、美术式等。地毯从材质上分主要有纯毛和化纤两种。

① 纯毛地毯脚感柔和，弹性好，有光泽，价格较高。纯毛地毯又可分为手织和机织两种，手织地毯图案优美，色泽鲜艳，质地厚实，经久耐用；机织地毯毯面平整，有光泽，富有弹性，脚感柔软。羊毛毯是地毯品种中的上品，价格昂贵，脚感非常柔软舒适。

② 化纤地毯是以尼龙纤维、聚丙烯纤维、聚酯纤维等为原料，经过机织法、簇绒法等加工成面层织物，再对背衬进行复合处理而制成的。按化纤的不同种类可分为簇绒地毯、针扎地毯、机织化纤地毯、手工编织化纤地毯、印染地毯等。化纤地毯色泽鲜艳，结实耐用，容易保养，较易清洗，但脚感粗硬，弹性较差。

十一、塑料地板的种类及特性

塑料地板色泽丰富，轻质耐磨，耐污染，耐腐蚀，价格低廉，刚出现时曾风靡一时，现在还是因其安装方便、价格低廉而有一定的市场。目前市场上大致有两种。

① 塑料地板砖。它是半硬质聚氯乙烯块状塑料地板，其颜色有单色和拉花两种，属于低档次地板，但与水泥地相比，它克服了冷、硬、灰、潮、响等缺点。

② 塑料地板革。它是带基材的聚氯乙烯卷材塑料地板，由基材、中间层和表面耐磨层三部分组成。地板革的弹性比塑料地板砖好，并具有一定的吸声、保温、防寒作用。地板革不厚，而且用久了会出现起鼓、破裂、有划痕、边角卷起等现象。

选购塑料地板时须注意其物理化学性能。塑料可塑性强，受热后会出现拉长，受压后厚度变薄，经常使用也会变薄等，要选购稳定性好、耐磨、不易翘曲、可耐久使用的产品。塑料地板价格低廉，不用花更多的钱就可以美化居室环境，一般用在临时居所（如出租屋）或经济不宽裕的情况下。

十二、根据功能选择不同的地面材料

地面材料种类很多，作为消费者，在选择地面材料时，可根据不同房间的功能而选择相应的材料。

例如客餐厅地板，如果是一个大家庭，家中人多，经常有聚餐，或者家里小孩还小，则不适合铺装实木地板，因为实木地板怕水、怕磨、怕划，难以保养。可选择瓷砖或复合木地板，美观且打扫卫生方便。相反，如果家里人少，客人也少，家庭成员都是成年人，则可以在整个居室全部用实木地板，实木地板冬暖夏凉，脚感舒适，看起来更加温馨。

如果家中有老人和小孩，厨卫的地面尽量选用防滑地砖，强度高，防滑，从各个细节呵护主人。老人房可铺贴实木地板或地毯，因为老人年老体弱，免疫力差，用实木地板与大自然十分贴近，且冬暖夏凉，方便舒适。地毯有防寒保温、吸声防潮的作用，而这些都是老人所喜欢的，但要注意及时清洁，以免藏污纳垢。

有的人在家里做一个艺术工作室，地面则可以铺贴青石板等艺术氛围较浓的材料，配以竹、藤制的吊顶，木饰面的墙，则会有返璞归真之感。

比较多的方式：一是客餐厅铺贴地面砖，卧室和书房铺实木或复合木地板；二是全部铺实木地板；三是全部铺复合木地板。但选择地面材料时一定要考虑每个间房的功能，体现以人为本。

十三、复合木地板的选购

复合木地板是引进先进地板加工技术，由原木经过去皮、粉碎、蒸煮、复合压制加工而成的。复合木地板的结构从下至上由防潮底层、高密度纤维板层、装饰层、保护层四部分组成。防潮底层使用特殊的树脂板，使其具有一定的防潮防水性、阻燃性；高密度纤维板层重组了木材的纤维结构，使其不易变形，不随季节变化而起翘开裂，由于密度大，硬度高，所以能承受撞击，不易变形，防腐、防潮、防蛀；装饰层由浸渍胶膜纸经高温粘贴而成，颜色、花纹十分丰富，并且匀称；保护层由蜜胺树脂层和三氧化二铝构成，透明光滑，具有良好的耐腐蚀性、耐磨性和阻燃性。复合木地板使用踢脚板、墙裙板和连接机件，安装十分简便。由于复合木地板结构特殊，与实木地板相比，具有耐磨、防潮、阻燃等特性，因此使用方便，易清洁维护，经久耐用。适用于家居内除厨房、卫生间以外的任何房间的地面装饰，是目前家居装饰中比较理想的地面装饰材料，但弹性和脚感不如实木地板。

消费者在选购复合木地板时应注意以下几点。

（1）选择档次

按照复合木地板的设计要求，作为家庭装修之用，中档及以上档次完全可以，目前市场价位在 100 元 /m^2 左右。

（2）目测

挑选自己喜欢的颜色和花纹。不应有色差并且纹理要一致，表面木纹贴纸不应有干花、湿花[1]、污斑、划痕、压痕、鼓泡、孔隙及纸张撕裂等现象，四周的榫槽完整无缺。

观察复合木地板的加工精度，可测量其长、宽、厚是否与产品说明相同。还要进行拼接观察：拼接后，接口处不能有高低不平的感觉，拼缝要严密，榫舌、榫槽结合处不能松动等。

（3）耐磨性的选择

复合木地板本身的特点就是耐磨，作为家庭使用，其指标——耐磨转数相应比公共场所要求要低，一般 5000 ～ 6000 转即可。

（4）绿色环保

对于地球生态的整体而言，复合木地板是一种绿色环保产品。它的用材是一些边角余

[1] 干花即不透明的白色小点，浸纸不均匀，湿花为雾状。

料，节省了大量的正材，减少了树木的砍伐，保护了森林资源，称得上广义的绿色环保。但对于家庭而言，绿色环保装修应是无污染的装修，消费者必须注意复合木地板的黏胶剂是以脲醛树脂为主的（脲醛是尿素与甲醛反应的生成物），复合木地板中不同程度地含有甲醛。甲醛是居室装修中的一种有害物质，但消费者也不必过分紧张，极少量的甲醛（国家标准允许值以下）是不会对人体构成危害的。因此，消费者在选购时一定要求商家出示国家质检的合格证书，铺装后应打开门窗通风一段时间再入住。

十四、实木地板的识别与选购

实木地板是用天然优质木材经过脱水、精密加工而成的地面装饰材料。它具有花纹自然、使用安全、脚感舒适、冬暖夏凉、使用方便（能直接在实木地板上坐着或睡觉）等优点，给人回归自然的感觉，是卧室、书房首选的地面装饰材料。但实木地板安装比较讲究，价格比较贵，使用时要特别注意防水及维护。

实木地板根据表面处理与否分为漆板和素板。漆板表面已涂饰油漆，购回后可直接安装；素板是指没有涂饰油漆的地板，安装后还要打磨、抛光、刷漆，比较费时。

实木地板根据接口不同，分为企口和对口两种。企口地板有口、有榫，安装方便，市场上产品较多。

根据加工的深度不同，可分为原木地板和指接地板两种。原木地板是指将木材一次加工成条块。指接地板是指将木材裁成一定形态的条块，经压制粘接而成。它改变了木材原有性质，上下粘接块的木纹方向不同，铺装后不易扭曲变形，使用效果好。

由于实木地板是用天然木材加工而成的，故实木地板不同于复合地板，它有花纹，且花纹的颜色和形状大小不尽相同，易于区别。

根据材质的硬度（与密度有关）不同，把一些材质硬的杂木地板称为硬木地板，有水曲柳地板、椴木地板、柚木地板、檀木地板、桃木地板等。松木地板、杉木地板硬度低，一般较少使用。硬木地板质地坚硬、纹理细腻、耐磨，抗拉强度、抗压强度、抗弯强度大，为市场上首选用材。

选购优质实木地板时需注意以下几点。

（1）选择合适的价位

质量好的实木地板，其价位在中档以上，因为地板的质量与选材，特别是加工工艺密切相关。选料考究，加工精细，生产出的木地板质量才有保证，价格也就高一些。根据目前市场情况来看，硬木地板一般应选择价格为 180 元 /m^2 左右为宜。消费者可选择品牌产品，一般来说品牌是质量服务的信誉保证。

（2）加工精度量测

加工精度是实木地板铺设安装的质量保证。国家标准规定，实木地板的机械允许误差为：长度 +0.5mm 或 −0.3mm，宽度和厚度 ±0.3mm。消费者可用长尺、直尺测量，也可将几块实木地板横向纵向拼装，看是否整齐一致，4 个端角是否成直角。

（3）目测

① 看色差和花纹形状及大小。天然材料因受外部环境的影响，色彩和花纹不可能完全相同，轻微的色差和纹理有一定的变化，更显得朴实，贴近自然，给人以活泼之感。而严重的色差和显著的纹理变化则是不允许的。

② 看裂纹。纵裂走向穿透木材纹理，且会逐渐延伸；环裂多产生于木材纹理之间，一般不会延伸。质量好的木地板不允许有纵向裂纹，轻度环裂在一定范围内是允许的。

③ 看节疤。节疤可分为活节和死节。节疤是圆环状树组织与周边的木材紧密结合的标志，故实木地板不可能没有节疤。况且一定的节疤会显得更自然。国家标准规定，直径小于 3mm 的活节和直径小于 2mm 的未脱落死节是允许的。大于上述标准的则属于缺陷性节疤。

④ 看虫眼。虫眼是虫蛀后留下的空间。实木地板经过加工处理，蛀虫死后，虫眼不会再发展，但虫眼影响美观。因此优质品不允许有虫眼，合格品允许有少量直径小于 1mm 的虫眼。

⑤ 看平整度。可将两块木地板表面贴合，应平整贴合，紧密无缝，换个方向也如此。若缝隙大，表明地板有弯曲。若地板侧面呈弯刀状弯曲，铺设时很难矫正，留下不均衡的缝隙，则不宜采用；若是四角处翘曲，铺设较易矫正，弯曲不大，则铺设后无痕迹。

⑥ 看是否霉变腐朽。木材组织坏死，霉菌侵蚀变黑使其疏软，强度降低，不宜采用。

十五、竹地板的选购

顾名思义，竹地板是用竹子做的地板。它是采用中上等竹材，经严格选材、制材、漂白、硫化、脱水、防虫、防腐等工序加工处理之后，再经高温、高压热固胶合而成的。相对实木地板，它有它的优劣。竹地板耐磨、耐压、防潮、防火，它的物理性能优于实木地板，拉伸强度高于实木地板而收缩强度略低于实木地板，因此铺设后不易开裂、不易扭曲、不易变形起拱。但竹地板强度高，硬度强，脚感不如实木地板舒适，外观也没有实木地板丰富多样。它的外观是自然竹子纹理，色泽美观，顺应人们回归自然的心态，这一点又要优于复合木地板。因此价格也介于实木地板和复合木地板之间。

选购竹地板须注意以下事项。

① 看外观：仔细检查有没有虫眼或开裂现象，表面要光滑平整，无凹凸不平现象，无翘曲，边缘平直无缺损。

② 抽样检查：看地板的长、宽、高是否符合规格，是否一致，误差不可太大。

③ 要注意产品是否具有商标、规格、等级、生产厂家、检验员及检验日期等标识，看是不是正规厂家生产的产品。

任务二 楼地面工程施工工艺

一、石材窗台板施工方法

1. 施工准备

（1）材料和构配件

① 窗台板的品种、材质、颜色应符合设计要求。
② 窗台板一般直接装在窗下台面，用砂浆或细石混凝土稳固。

（2）安装工具

石材窗台板安装工具见表 4-1。

表 4-1　石材窗台板安装工具

名称	图示	说明
切割机		切割机的重量大，切割精度高，切割人造石材时切口平直细腻
锤子		锤子是一种敲打物体使其移动或变形的工具，主要用于敲钉子、矫正或是将物件敲开。它有各式各样的形式，一般由把手和顶部组成。顶部的一面是平坦的，以便敲击，另一面是锤头，锤头的形状可以是羊角形或楔形，另外也有圆头形的锤头
直角尺		直角尺是一种专业量具，简称为角尺。它按照材质可分为铸铁直角尺、镁铝直角尺和花岗石直角尺。这种工具主要用于检测工件的垂直度以及工件相对位置的垂直度，有时也用于画线。它适用于机床、机械设备及零部件的垂直度检验，安装加工定位，画线等

续表

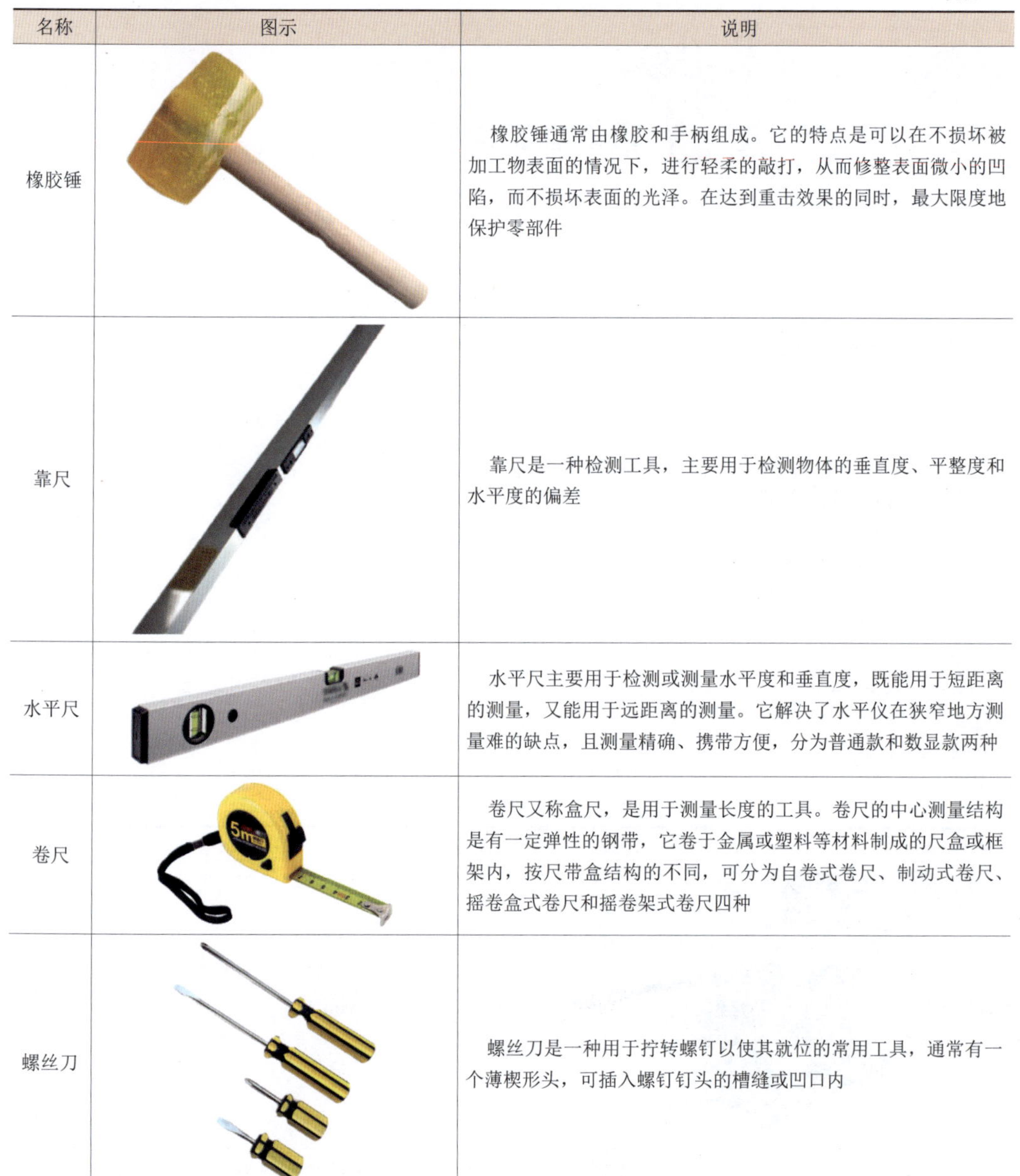

名称	图示	说明
橡胶锤		橡胶锤通常由橡胶和手柄组成。它的特点是可以在不损坏被加工物表面的情况下，进行轻柔的敲打，从而修整表面微小的凹陷，而不损坏表面的光泽。在达到重击效果的同时，最大限度地保护零部件
靠尺		靠尺是一种检测工具，主要用于检测物体的垂直度、平整度和水平度的偏差
水平尺		水平尺主要用于检测或测量水平度和垂直度，既能用于短距离的测量，又能用于远距离的测量。它解决了水平仪在狭窄地方测量难的缺点，且测量精确、携带方便，分为普通款和数显款两种
卷尺		卷尺又称盒尺，是用于测量长度的工具。卷尺的中心测量结构是有一定弹性的钢带，它卷于金属或塑料等材料制成的尺盒或框架内，按尺带盒结构的不同，可分为自卷式卷尺、制动式卷尺、摇卷盒式卷尺和摇卷架式卷尺四种
螺丝刀		螺丝刀是一种用于拧转螺钉以使其就位的常用工具，通常有一个薄楔形头，可插入螺钉钉头的槽缝或凹口内

2. 作业条件

① 安装窗台板的窗下墙，在结构施工时应根据选用窗台板的品种，预埋木砖或铁件。

② 窗台板长超过 1500mm 时，除靠窗口两端下木砖或铁件外，中间应每 500mm 间距增埋木砖或铁件；跨空窗台板应按设计要求的构造设固定支架。

③ 安装窗台板罩应在窗框安装后进行。窗台板与暖气罩连体的，应在墙、地面装修层完成后进行。

3. 操作工艺

工艺流程如下。

定位与画线→检查预埋件→支架安装→窗台板安装→表面清洁→单项验收。

（1）定位与画线

根据设计要求的窗下框标高和位置，画窗台板的标高、位置线。为使同房间或连通窗台板的标高和纵横位置一致，安装时应统一抄平，使标高统一无差。

（2）检查预埋件

找位与画线后，检查窗台板安装位置的预埋件是否符合设计与安装的连接构造要求，如有误差应进行修正。

（3）支架安装

构造上需要设窗台板支架的，安装前应核对固定支架的预埋件，确认标高、位置无误后，根据设计构造进行支架安装。

（4）窗台板安装

石材窗台板安装应按设计要求找好位置，进行预装，标高、位置、出墙尺寸符合要求，接缝平顺严密，固定件无误后，按其构造的固定方式正式固定安装。

4. 质量标准

（1）保证项目

① 窗台板的材质、品种、规格尺寸、形状必须符合设计要求。
② 预制加工的各类窗台板的强度和刚度应符合有关标准及设计要求。
③ 窗台板必须按设计的构造镶打牢固，无松动等缺陷。

（2）基本项目

① 加工制作尺寸正确，表面平直光滑，拐角方正，无缺陷，颜色一致，符合设计要求。
② 窗台板安装位置正确，割角整齐，接缝严密，平直通顺。窗台板出墙尺寸一致。

（3）允许偏差（表 4-2）

5. 成品保护

① 安装窗台板时，应保护已完成的工程项目，不得因操作损坏地面、窗洞、墙角等成品。

表 4-2 窗台板安装允许偏差

序号	项目	允许偏差 /mm	检查方法
1	两端高低差	2	水平尺检查
2	两端距窗洞	3	用尺量检查

② 窗台板进场应妥善保管，不损坏棱角，不受污染。

③ 安装好的成品应有保护措施，做到不损坏、不污染。

6. 应注意的质量问题

① 窗台板插不进窗下的帽头槽内：施工前应检查窗台板安装的条件，施工时应坚持预装，符合要求后进行固定。

② 窗台板底垫不实：捻灰不严。施工中认真做每道工序，找平。垫实、捻严、固定牢靠。跨空窗台板支架应安装平正，使支架受力均匀。

③ 多块拼接窗台板不平、不直：加工窗台板长、宽超偏差，厚度不一致。施工时应注意同规格的窗台板在同部位使用。

7. 质量记录

本工艺标准应具备以下质量记录。

① 窗台板制品应有出厂合格证，根据制品不同，应有强度试验资料。

② 安装质量检验评定资料。

二、地面砖铺贴施工方法

1. 施工准备

地面砖铺贴工具见表 4-3。

表 4-3 地面砖铺贴工具

名称	图示	说明
水泥		水泥是一种粉状水硬性无机胶凝材料，加水搅拌后成浆体，能在空气中硬化或者在水中硬化，并能把砂、石等材料牢固地胶结在一起。它被广泛应用于土木建筑、水利、国防等工程

续表

名称	图示	说明
橡胶锤		橡胶锤通常由橡胶和手柄组成。它的特点是可以在不损坏被加工物表面的情况下，进行轻柔的敲打，从而修整表面微小的凹陷，而不损坏表面的光泽。在达到重击效果的同时，最大限度地保护零部件
水桶		搅拌水泥时用于承装稀释用水的容器
平锹		平锹是一种常见的锹，用于建筑工程。锹柄多采用木质或塑料材料制造，既轻便又能够有效缓解使用时的冲击力。连接部分通常由金属或塑料材料制成，用于固定锹头和锹柄，确保使用时的稳定性和安全性
铁抹子	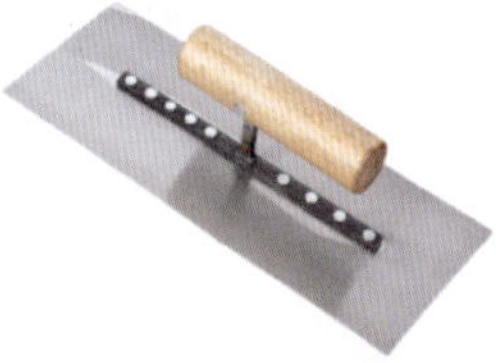	在建筑装饰和地面处理等工作中，铁抹子常被用于涂抹灰浆、石膏等材料，可以起到抹平、压光等作用。它是一种非常常见的工具，在建筑工地和装修现场都可以看到它的身影。铁抹子的形状和尺寸因用途不同而异，一般来说，铁抹子具有较长的手柄和比较薄的头部，头部一般呈铲状或刀状，可以方便地涂抹和压实各种材料
粗筛		在建筑工程中，粗筛可以用于筛选各种建筑材料的砂子，如混凝土、砖块等，以提高建筑材料的质量和稳定性
细筛		用于进一步过滤细小砂石的工具，筛完后的砂子可以满足大部分砂浆调配的要求

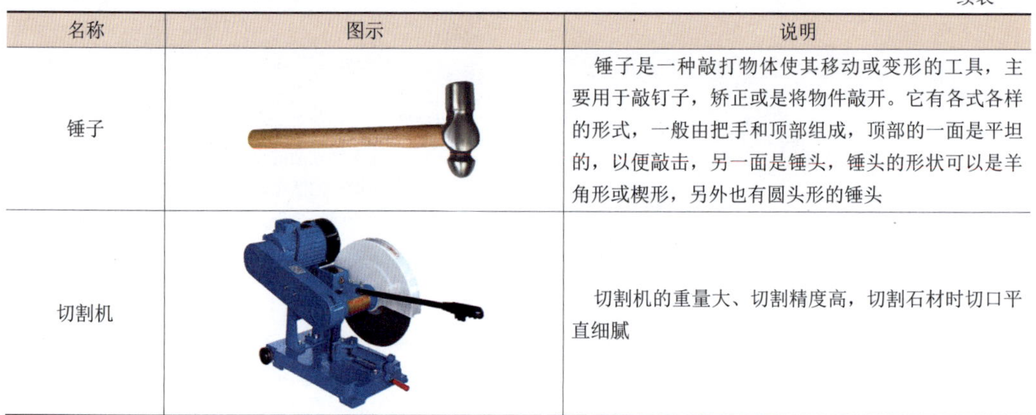

续表

名称	图示	说明
锤子		锤子是一种敲打物体使其移动或变形的工具，主要用于敲钉子，矫正或是将物件敲开。它有各式各样的形式，一般由把手和顶部组成，顶部的一面是平坦的，以便敲击，另一面是锤头，锤头的形状可以是羊角形或楔形，另外也有圆头形的锤头
切割机		切割机的重量大、切割精度高，切割石材时切口平直细腻

2. 作业条件

① 内墙 +50cm 水平标高线已弹好，并校核无误。

② 墙面抹灰、屋面防水和门框已安装完。

③ 地面垫层以及预埋在地面内的各种管线已做完。穿过楼面的竖管已安完，管洞已堵塞密实。有地漏的房间应找好泛水。

④ 提前做好选砖的工作，预先用木条钉方框（按砖的规格尺寸）模子，拆包后块块进行套选，长、宽、厚偏差不得超过 ±1mm，平整度用钢直尺检查，偏差不得超过 ±0.5mm。外观有裂缝、掉角和表面上有缺陷的剔出，并按花型、颜色挑选后分别堆放。

3. 施工工艺流程

基层处理→找标高、弹线→抹找平层砂浆→弹铺砖控制线→铺砖→勾缝擦缝→养护→镶贴踢脚板→表面清洁→分项验收。

4. 主要施工技术措施

（1）基层处理

将混凝土基层上的杂物清理掉，并用錾子剔掉砂浆落地灰，用钢丝刷刷净浮浆层。如基层有油污，应用 10% 的火碱水刷净，并用清水及时将其上的碱液冲净。

（2）找标高、弹线

根据墙上的 +50cm 水平标高线，量测出面层标高，并弹在墙上。

（3）抹找平层砂浆

① 洒水湿润：在清理好的基层上，用喷壶将地面基层均匀洒水一遍。

② 抹灰饼和标筋：从已弹好的面层水平线下量至找平层上皮的标高（面层标高减去砖厚及黏结层的厚度），抹灰饼间距 1.5m，灰饼上平就是水泥砂浆找平层的标高，然后从房间一侧开始抹标筋（又叫冲筋）。有地漏的房间，应由四周向地漏方向呈放射形抹标筋，并找好坡度。抹灰饼和标筋时应使用干硬性砂浆，厚度不宜小于 2cm。

③ 装档（即在标筋间装铺水泥砂浆）：清净抹标筋的剩余浆渣，涂刷一遍水泥浆（水灰比为 0.4 ～ 0.5）黏结层，要随涂刷随铺砂浆。然后根据标筋的标高，用小平锹或木抹子将已拌和的水泥砂浆［配合比为 1∶（3 ～ 4）］铺装在标筋之间，用木抹子摊平、拍实，用小木杠刮平，再用木抹子搓平，使其铺设的砂浆与标筋找平，并用大木杠横竖检查其平整度，同时检查其标高和泛水坡度是否正确，24h 后浇水养护。

（4）弹铺砖控制线

当找平层砂浆抗压强度达到 1.2MPa 时，开始上人弹砖的控制线。预先根据设计要求和砖的规格尺寸，确定铺砌的缝隙宽度，当设计无规定时，紧密铺贴缝隙宽度不宜大于 1mm，虚缝铺贴缝隙宽度宜为 5 ～ 10mm，也可以使用水平仪代替，如图 4-1 所示。

房间分中线，并在纵、横两个方向排尺。当尺寸不足整砖倍数时，将非整砖用于边角处，横向平行于门口的第一排应为整砖，将非整砖排在靠墙位置，纵向（垂直门口）应在房间内分中，非整砖对称排放在两墙边处。根据已确定的砖数和缝宽，在地面上弹纵、横控制线（每隔 4 块砖弹一根控制线）。

（5）铺砖

为了找好位置和标高，应从门口开始，纵向先铺 2 ～ 3 行砖，以此为标筋拉纵横水平标高线。铺砌时应从里向外退着操作，人不得踏在刚铺好的砖上，每块砖都应跟线，操作程序如下。

图 4-1 水平仪定位弹线

① 铺砌前将砖放入水桶中浸水湿润，晾干后表面无明水时，方可使用。

② 找平层上洒水湿润，均匀涂刷素水泥浆（水灰比为 0.4 ～ 0.5），涂刷面积不要过大，铺多少刷多少。

③ 结合层的厚度：如采用水泥砂浆铺设，应为 10 ～ 15mm；如采用沥青胶黏结铺设，应为 2 ～ 5mm；如采用胶黏剂铺设，应为 2 ～ 3mm。

④ 结合层组合材料拌和：采用沥青胶结材料和胶黏剂时，除了按出厂说明书操作外，还应经试验室试验后确定配合比，拌和时要拌均匀，不得有灰团，一次拌和不得太多，并要求在规定时间内用完。如使用水泥砂浆结合层，配合比宜为 1∶2.5（水泥∶砂）干硬性砂浆。亦应随拌随用，初凝前用完，防止影响黏结质量，如图 4-2 所示。

图 4-2　结合层材料拌和

⑤ 铺砌时，砖的背面朝上抹黏结砂浆，铺砌到已刷好的水泥浆找平层上，砖上棱略高出水平标高线，找正、找直、找方后，砖上面垫木板，用橡胶锤拍实，顺序从内退着往外铺砌，做到面砖砂浆饱满，相接紧密、坚实，与地漏相接处，用砂轮锯将砖加工成与地漏相吻合的形状。铺地砖时最好一次铺一间，大面积施工时，应分段、分部位铺砌。地砖铺贴水泥膏如图 4-3 和图 4-4 所示，橡胶锤敲击如图 4-5 所示。

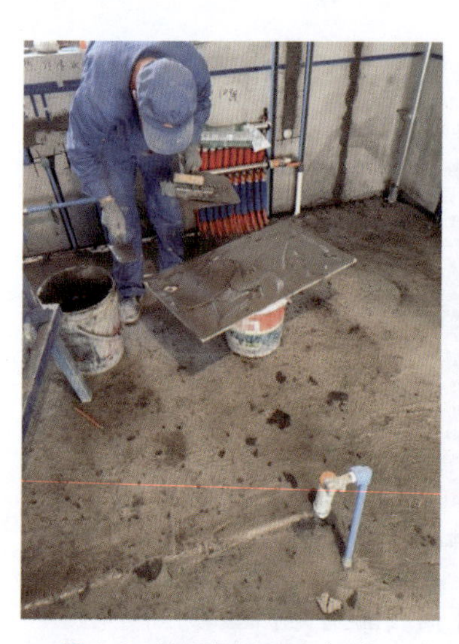

图 4-3　地砖铺贴水泥膏（一）

图 4-4　地砖铺贴水泥膏（二）

图 4-5　橡胶锤敲击

⑥ 安装调平器，在铺贴大尺寸瓷砖时如发现平整度欠佳，应使用调平器局部调平，保证地面砖水平度，如图 4-6 和图 4-7 所示。

图 4-6　调平器

图 4-7　对大尺寸瓷砖进行调平

⑦ 拨缝、修整：铺完 2 ～ 3 行，应随时拉线检查缝格的平直度，如超出规定，应立即修整，将缝拨直，并用橡胶锤拍实。此项工作应在结合层凝结之前完成。

（6）勾缝擦缝

面层铺贴时应在 24h 内进行勾缝、擦缝工作，并应采用同品种、同标号、同颜色的水泥。

① 勾缝：用 1∶1 水泥细砂浆勾缝，缝的深度宜为砖厚的 1/3，要求缝内砂浆密实、平整、光滑。随勾随将剩余水泥砂浆清走、擦净。

② 擦缝：如设计要求不留缝隙或缝隙很小时，则要求接缝平直，在铺实、修整好的砖面层上用浆壶往缝内浇水泥浆，然后将干水泥撒在缝上，再用棉纱团擦揉，将缝隙擦满。最后将面层上的水泥浆擦干净。

（7）养护

铺完砖 24h 后，洒水养护，时间不应少于 7d。

（8）镶贴踢脚板

踢脚板用砖，一般采用与地面块材同品种、同规格、同颜色的材料。踢脚板的立缝应与地面缝对齐，铺设时应在房间墙面两端头阴角处各镶贴一块砖，出墙厚度和高度应符合设计要求，以此砖上棱为标准挂线，开始铺贴，砖背面朝上抹黏结砂浆（配合比为 1∶2 的水泥砂浆），使砂浆粘满整块砖为宜，及时粘贴在墙上。砖上棱要跟线并立即拍实，随之将挤出的砂浆刮掉，将面层清擦干净（在粘贴前，砖块材要浸水晾干，墙面要湿润）。

5. 质量标准

各种面层所用的板块品种和质量必须符合设计要求。

6. 成品保护

① 在铺砌板块操作过程中，对已安装好的门框、管道都要加以保护，如钉装铁皮来保护门框、运灰车采用窄车等。

② 切割地砖时，不得在刚铺砌好的砖面层上操作。

③ 当铺砌砂浆抗压强度达 1.2MPa 时，方可上人进行操作，但必须注意进行油漆施工时要对面层进行覆盖保护。

7. 质量通病及控制要点

（1）地面砖与踢脚板空鼓

基层清理不干净，洒水湿润不均匀，砖未浸水，水泥浆结合层面积过大，风干后起隔离作用，上人过早影响黏结层强度等因素，都是导致地面砖空鼓的原因。

踢脚板空鼓原因除与地面砖相同外，还因为踢脚板背面黏结砂浆量少，未抹到边，造成边角空鼓。

（2）踢脚板出墙厚度不一致

由于墙体抹灰垂直度、平整度超出允许偏差，踢脚板镶贴时按水平线控制，所以出墙厚度不一致。因此在镶贴前，应先检查墙面平整度，处理后再进行镶贴。

（3）板块表面不洁净

主要是做完面层之后，成品保护不够，油漆桶放在地砖上，在地砖上拌和砂浆，刷浆时不覆盖等，都会造成面层被污染。

（4）有地漏的房间倒坡

做找平层砂浆时，没有按设计要求的泛水坡度进行弹线找坡。因此必须在找标高、弹线时找好坡度；抹灰饼和标筋时，抹出泛水。

（5）地面铺贴不平，出现高低差

对地砖未进行预先选挑，砖的薄厚不一致造成高低差，或铺贴时未严格按水平标高线进行控制。

三、地面石材铺装施工方法

工艺流程如下。

准备工作→试拼→弹线→试排→刷素水泥浆及铺砂浆结合层→铺大理石板块（或花岗石板块）→灌浆、擦缝→勾缝或美缝→打蜡。

1. 准备工作

① 以施工大样图和加工单为依据，了解并熟悉各部位尺寸和做法，弄清洞口、边角等部位之间的关系。

② 基层处理：将地面垫层上的杂物清净，用钢丝刷刷掉黏结在垫层上的砂浆，并清扫干净。

2. 试拼

在正式铺设前，对每个房间的大理石板块（或花岗石板块），应按图案、颜色、纹理试拼，将非整块板对称排放在房门靠墙部位。试拼后按两个方向编号排列，然后按编号码放整齐。

3. 弹线

为了检查和控制大理石板块（或花岗石板块）的位置，在房间内拉十字控制线，弹在混凝土垫层上，并引至墙面底部，然后依据墙面 +50cm 标高线找出面层标高，在墙上弹出水平标高线，弹水平标高线时要注意室内与楼道面层标高要一致。

4. 试排

在房间内的两个相互垂直的方向铺两条干砂带，其宽度大于板块宽度，厚度不小于3cm，结合施工大样图及房间实际尺寸，把大理石板块（或花岗石板块）排好，以便检查板块之间的缝隙，核对板块与墙面、柱、洞口等部位的相对位置。

5. 刷素水泥浆及铺砂浆结合层

试铺后将干砂和板块移开，清扫干净，用喷壶洒水湿润，刷一层素水泥浆（水灰比为0.4～0.5，刷的面积不要过大，随铺砂浆随刷）。根据板面水平线确定结合层砂浆厚度，拉十字控制线，开始铺结合层干硬性水泥砂浆［一般采用1∶(2～3）的干硬性水泥砂浆，干硬程度以手捏成团、落地即散为宜］，厚度宜控制在放上大理石板块（或花岗石板块）时高出面层水平线3～4mm。铺好后用大杠刮平，再用抹子拍实、找平（铺摊面积不得过大）。

6. 铺大理石板块（或花岗石板块）

① 板块应先用水浸湿，待擦干或表面晾干后方可铺设。

② 根据房间拉的十字控制线，纵横各铺一行，作为大面积铺砌标筋用。依据试拼时的编号、图案及试排时的缝隙（板块之间的缝隙宽度，当设计无规定时不应大于1mm)，从十字控制线交点开始铺砌。先试铺，即搬起板块对好纵横控制线，摆放在已铺好的干硬性砂浆结合层上，用橡胶锤敲击木垫板（不得用橡胶锤或木槌直接敲击板块），振实砂浆至铺设高度后，将板块掀起移至一旁。检查砂浆表面与板块之间是否相吻合，如发现有空虚之处，应用砂浆填补，然后正式铺砌。先在水泥砂浆结合层上满浇一层水灰比为0.5的素水泥浆（用浆壶浇均匀），再铺板块，安放时四角同时往下落，用橡胶锤或木槌轻击木垫板，根据水平线用铁水平尺找平。铺完第一块，向两侧和后退方向顺序铺砌。铺完纵、横行之后有了标准，可分段分区依次铺砌。对于一般房间，按先里后外的顺序进行，逐步退至门口，便于成品保护，但必须注意与楼道相呼应。也可从门口处往里铺砌，板块与墙角、镶边和靠墙处应紧密砌合，不得有空隙。

7. 灌浆、擦缝

在板块铺砌完成1～2昼夜后进行灌浆、擦缝。根据大理石（或花岗石）颜色，选择相同颜色的矿物颜料和水泥（或白水泥）拌和均匀，调成1∶1稀水泥浆，用浆壶徐徐灌入板块之间的缝隙中（可分几次进行），并用长把刮板把流出的水泥浆刮向缝隙内，至基本灌满为止。灌浆1～2h后，用棉纱团蘸原稀水泥浆擦缝，与板面擦平，同时将板面上的水泥浆擦净，使大理石（或花岗石）面层的表面洁净、平整、坚实。以上工序完成后，对面层加以覆盖。养护时间不应小于7d。

8. 勾缝或美缝

应按设计要求，分别采用水泥、白水泥、专用勾缝剂、美缝剂等进行勾缝或美缝。颜色也应符合设计要求。勾缝时应采用湿勾法，水灰比为1∶0.6。用腻子刀刮平压实，然后用超过砖缝一倍以上的圆柱形物体，沿缝隙压光后用抹布将砖面擦拭干净（注意与墙面勾缝内容相同）。

美缝剂是填缝剂的升级产品，美缝剂的装饰性和实用性明显优于彩色填缝剂，解决了瓷砖缝隙不美观和脏黑等问题。传统的美缝剂是涂在填缝剂表面的，新型美缝剂不需要填缝剂做底层，可以在瓷砖粘贴后直接填加到瓷砖缝隙中。适合2mm以上的缝隙填充，施工比普通型方便，是填缝剂的升级换代产品。美缝剂一般分为单组分和双组分，目前大多使用双组分，包括环氧树脂和固化剂两个成分。

美缝工艺如下。

先横后竖：清理瓷砖缝隙（壁纸刀平放，刀刃与瓷砖边线平行，刀片与地面几乎平行），大约0.8mm的凹槽；凹槽两侧露出瓷砖边即可；十字交叉处一定清理好。清洁瓷砖缝隙内部的粉尘：用吸尘器或者扫把清理干净；必须保证瓷砖缝隙内不潮湿，无粉尘、颗粒。安装好出料嘴后，先试打一条美缝剂：对于新手可以先打20～50cm，渐渐熟练后，可以打更长的长度。然后把胶枪平放，出料嘴下面用接料板接住。刮平美缝剂时，可使用刮板和小球刮两种方法。一般3～8h后，美缝剂表面固化，可用小刀去除地砖表面多余的美缝剂。

9. 大理石（或花岗石）踢脚板

工艺流程（粘贴法）：找标高水平线→水泥砂浆打底→贴大理石踢脚板→擦缝→打蜡。

根据主墙+50cm标高线，测出踢脚板上口水平线，弹在墙上，再用线坠吊线确定出踢脚板的出墙厚度，一般为8～10mm。用1∶3的水泥砂浆打底找平，并在面层划纹。找平层砂浆干硬后，拉踢脚板上口的水平线，在浸水阴干的大理石（或花岗石）踢脚板的背面，刮抹一层2～3mm厚的素水泥浆（宜加10%左右的107胶），然后往底灰上粘贴，并用木槌敲实，根据水平线找直。

24h以后用同色水泥浆擦缝，用棉丝团将余浆擦净。

10. 铺过门石

按设计要求，可采用与地面石材同色或异色的地砖或石材进行铺贴，方法同地砖。铺贴顺序：既可与地砖同步铺贴，也可以后期铺贴。铺贴卫生间过门石时应注意过门石边缘要高于卫生间地面5mm左右，以防止卫生间有水外溢，且过门石高于地面的边缘应做倒角，以防绊脚或割伤。

四、木地板铺设施工方法

1. 实木地板施工准备

实木地板楼地面采用条材和块材实木地板或拼花实木地板，以空铺或实铺方式在基层（楼层结构层）上铺设而成。实木地板楼地面按照构造形式不同，可以分为两种形式，即实铺式木地板和空铺式木地板。实铺式是指木地板通过木龙骨与基层相连或用胶黏剂直接粘贴于基层上，实铺式一般用于 2 层以上的干燥楼面。实铺式又分单层铺设和双层铺设两种。单层铺设是指采用长条木地板直接铺钉于地面木龙骨上，而不设毛地板。双层铺设是指木地板铺设时在长条形或块形面层木地板下采用毛地板的构造做法，毛地板铺钉于木龙骨上，面层木地板铺钉于毛地板上。空铺式是指木地板通过地垄墙或砖墩等架空后再安装，一般用于平房、底层房屋或较潮湿地面以及地面铺设管道需要将木地板架空等情况。

（1）实木地板楼地面材料及质量要求

① 木质材料。木地板铺设所需要的木龙骨、垫木沿缘木、剪刀撑等均采用红白松，经烘干、防腐处理后使用。木龙骨不得扭曲变形，规格尺寸按设计要求加工。

② 毛地板材料。可选用实木板、厚木夹板或刨花板，板厚 12 ～ 20mm。

③ 面层板材料。根据设计要求采用实木地板面层材料或采用实木地板面层材料。

④ 硬木地板。优质硬木经过干燥设备处理，含水率在 10% 以内，并经企口、刨光、油漆等加工而成，也可以按设计要求现场刨光、上漆。

⑤ 砖和石料。用于地垄墙和砖墩的砖，强度等级不能低于 MU10。采用石料时，不得使用风化石；凡后期强度不稳定或受潮后会降低强度的人造块材均不得使用。

⑥ 黏结材料。木地板与地面常用环氧树脂胶进行直接黏结。木基层板与木地板常用 8173 胶、立时得胶等万能胶进行粘贴。

（2）实木地板楼地面施工机具

电动圆锯、冲击钻、手电钻、刨平机、磨光机、锯、斧、锤、凿、螺丝刀、方尺、钢尺、割角尺、墨斗、铅笔等。

2. 实木地板楼地面施工工艺流程

（1）实铺格栅式

基层处理→安装木龙骨→钉毛地板→弹线、安装面层地板→钉踢脚板→刨光、打磨→油漆、打蜡。

（2）实铺粘贴式

基层处理→弹线定位→涂胶→粘贴地板→刨光、打磨→油漆、打蜡。

（3）空铺式

基层处理→砌地垄砖→干铺油毡→铺垫木、找平→弹线、安装木格栅→钉剪刀撑→钉硬木地板→钉踢脚板→刨光、打磨→油漆、打蜡。

3. 实木地板楼地面施工要点

（1）实铺格栅式木地板楼地面施工要点

① 基层处理。基层表面的砂浆、浮灰必须先清理干净，再用水冲洗，擦拭清洁，干燥。施工前对基层进行防潮处理，防潮层宜涂刷防水涂料或铺设塑料薄膜。

② 安装木龙骨。直接固定于楼地面的木龙骨，可采用截面尺寸为30mm×40mm或40mm×50mm的木方纵横铺设组成木框架。其木方应统一规格，无主次之分。连接方式一般采用半槽扣接，在纵、横方木扣接处应涂胶加钉进行固定。木龙骨与地面的连接固定常采用木楔铁钉法，即用冲击钻在混凝土楼地面或楼板面上钻孔，孔深为40mm左右，然后向孔内打入木楔，用铁钉将龙骨木框架与木楔连接固定，也可用膨胀螺栓固定。

③ 钉毛地板。木地板面层下的毛地板，表面应刨平，其宽度不宜大于120mm。铺设时，毛地板应与木龙骨成30°或50°角，用钉斜向钉牢，其板间缝隙应不大于3mm。毛地板与墙之间，应留有10～15mm缝隙，接头应错开。应在每块毛地板的每根木格栅上各钉2个钉子固定，钉子的长度应为毛地板厚度尺寸的2.5倍。毛地板铺钉后，可铺设一层沥青纸或防潮膜，以利于隔声和防潮。

④ 弹线、安装面层地板。铺钉完毕，弹方格网线，按网点抄平，并用刨子修平，达到标准后，方能铺设面层地板。铺设面层地板有两种方法，即钉结法和黏结法。

a. 钉结法。钉结法可用于空铺式和实铺式。面层地板铺设应采用专用地板钉，钉与表面呈45°或60°角，钉长为板厚的2～3倍。先将钉砸扁，从板边企口凸榫侧边的角处斜向钉入，钉帽钉入板内不得外露。

当硬木地板不易直接施钉时，可事先用手电钻在板块施钉位置斜向预钻钉孔，以防钉裂地板。为使缝隙严密顺直，可在铺钉的板条处钉铁扒钉，用楔块将板条压紧。地板铺钉时通常从房间较长的一面墙边开始，第一行板槽口对墙，从左至右，两端头企口插接，直到最后一排的最后一块板，最后截去长出的部分。接缝必须在格栅中间，且应间隔错开。板与板间应紧密，仅允许个别地方有空隙，其缝宽不得大于1mm（如为硬木长条板，缝宽不得大于0.5mm）。板面层与墙之间应有10～15mm的缝隙，缝隙用木踢脚板封盖。铺钉一段就要拉通线检查，确保地板始终通直。

b. 黏结法。采用黏结法铺贴拼花木地板前，应根据设计图案和板块尺寸试拼、试铺，调整至符合要求后进行编号，铺贴时按照编号从房间中央向四周渐次展开。所采用的胶结材料可以是沥青胶结料，也可以是各种胶黏剂。拼花木地板的拼花图案形式有方格式、席纹式、人字纹式、阶梯错落长条式、铺装式等。

⑤ 钉踢脚板。踢脚板所用木材应与木地板面层所用材质品质相同，常用规格为：高100～150mm，厚20～25m。在墙面打孔安放防腐木楔，安装时木踢脚板应与防腐木楔钉

紧，上口要平直，出墙高度一致，钉帽要砸扁并冲入板内 2 ～ 3mm。

⑥ 刨光、打磨。粗刨工序宜用转速较快的电刨地板机进行。粗刨以后用手推刨，修整局部高低不平之处，使地板光滑平整。地板刨光后需要用地板磨光机进一步磨光以达到油漆饰面的平整和光滑度要求。一般要求磨光两遍，第一遍用 3# 粗砂纸磨平，第二遍用 0# ～ 1# 细砂纸磨光。

⑦ 油漆、打蜡。将地板清理干净，然后补凹坑，刮批腻子，着色，最后刷清漆。油漆工程完毕，养护 3 ～ 5d 后进行打蜡。地板打蜡时，首先应将其清洗干净，完全干燥后开始操作。至少打三遍蜡，每打完一遍，等其干燥后再用非常细的砂纸打磨表面，擦干净，然后再打下一遍。每次都要用不带绒毛的布或打蜡器摩擦地板，使蜡油深入木头。每打一遍蜡都要用软布轻擦抛光，以达到光亮的效果。

（2）实铺粘贴式木地板楼地面施工要点

① 基层处理。将拼花地板块用胶黏剂直接粘贴于混凝土或水泥砂浆基层上，对其基层表面的平整度有较高要求。若事先做找平层，应使用素水泥浆加防水剂，或者用素水泥浆加 108 胶配成聚合物水泥浆，用以找平并封闭基层。

② 面层及其他工序做法。同实铺格栅式木地板楼地面施工做法。

（3）空铺式木地板楼地面施工要点

① 基层处理。架铺前将基层上的砂浆、垃圾及杂物全部清理干净。

② 砌地垄墙。地面找平后，采用 M2.5 的水泥砂浆筑地墙或砖墩，墙顶面采取涂刷焦油沥青两道或铺设油毡等防潮措施。对于大面积木地板铺装过程的通风构造，应按设计要确定其构造层高度、室内通风沟和室外通风窗等的位置。

③ 铺设垫木。在地垄墙（或砖墩）与格栅之间，一般应设垫木。其作用主要是将格栅传来的荷载，较均匀地分布到地垄墙（或砖墩）上。垫木使用前应进行防腐处理，常采用涂刷两道煤焦油或氟化钠水溶液的方法。在氟化钠水溶液中往往加入氧化铁红，使刷过的表面呈淡红色，以区别未做防腐处理的杆件。垫木与地垄墙（或砖墩）的连接，常用 8 号铅丝绑扎。铅丝预先固定在砖砌体中，待垫木放稳、放平，符合标高后，再用 8 号铅丝拧紧。也可采用预埋木方、木楔的方法或用膨胀螺栓固定。

④ 安装木格栅。木格栅与地垄墙成垂直设置，搭放在垫木上，主要起固定与承托面层的作用，是地板下的梁。木格栅与墙面应留出不少于 30mm 的缝隙，以利于隔潮通风。木格栅安装后，必须用长 100mm 圆钉从木格栅两侧中部斜向呈 45° 角与垫木钉牢。木格栅表面要做防腐处理。

⑤ 钉剪刀撑。剪刀撑的作用是将一根根单独的格栅连成整体，以增加稳定性和整体刚度，同时可以限制木格栅的翘曲变形，是保证木地板质量的构造措施。剪刀撑布置于木格栅两侧，用铁钉固定于木格栅上，间距应按设计要求布置。

⑥ 地板的铺设及其他工序。同实铺格栅式木地板楼地面施工做法。

4. 复合地板楼地面施工

（1）复合地板楼地面基本构造

复合地板一般采用浮铺式铺设。由于地板本身具有较精密的槽样企口边及配套的黏结胶、卡子和缓冲垫等，铺设时仅在板块企口咬接处施以胶黏剂或采用配件卡接即可连接牢固，整体铺设于建筑地面基层上。

（2）复合地板楼地面材料

① 复合地板、若干自制木楔、专用胶。

② 复合木地板施工工具。

③ 木工锯、钢凿、角尺、锤子、连系勾、铅笔等。

（3）复合地板楼地面施工工艺流程

基层处理→弹线、找平→铺垫层→试铺预排→铺地板→安装踢脚板→清洁表面。

（4）复合地板楼地面施工要点

① 基层处理。由于采用平铺式施工，复合地板基层平整度要求很高，平整度要求 3m 内偏差不大于 2mm。基层必须保持清洁干燥，可刷一层掺防水剂的水泥砂浆进行防潮处理。

② 弹线、找平。在墙四周上弹出 +50cm 线，以控制地板面设计标高线。

③ 铺垫层。直接在建筑地面深铺与地板配套的防潮底垫、缓冲底垫，垫层为聚乙烯泡沫塑料膜（宽 1000mm 的卷材）。铺时按房间长度净尺寸加长 120mm 以上裁切，横向搭 150mm。底垫在四周边缘墙面与地面的阴角处上折 60 ～ 100mm（或按具体产品要求）。较厚的发泡底垫相互之间的铺设连接边不采用搭接方式，应采用自黏型胶带进行粘接。

④ 试铺预排。地板块铺装方向通常与房间长度方向一致或按照“顺光、顺行走方向”原则确定，逐排铺装，凹槽向墙。板面层铺贴应与垫层垂直。应先进行测量和尺寸计算，确定地板的布置块数，尽可能不出现过窄的地板块，同时长地板块的端头接缝，在行与行之间要相互错开。若遇建筑墙边不直，可用画线器将墙壁轮廓画在第一行地板上，依线锯裁后铺装。

第一行板槽口对墙，从左至右，两板端头企口插接，直到第一排最后一块板。切下的部分若大于 300mm，可以作为第二排的第一块板铺放。第一排最后一块板的长度应不小于 500mm，否则可将第一排第一块板切去一部分，以保证最后的长度要求。

地板与墙（柱）面相接处不可靠紧，要留出宽度 8 ～ 15mm 的收缩缝隙（最后用踢脚板封盖此缝隙）。地板试铺装时此缝隙用木楔临时调直，暂不涂胶。铺第三排时进行修正，检查平直度。符合要求后，按顺序拆下放好。

⑤ 铺地板。依据产品的使用要求，预排板块顺序。在地板块边部企口的槽（沟）榫

（舌）部位涂胶（有的产品不涂胶，而用固定相邻板块的卡子），按顺序对接，用木槌敲击挤紧，精确平铺到位。一般要求将专用胶涂于槽与榫的朝上一面，并将挤出的胶水及时擦拭干净。对于所有的产品，要求先完成几行后立即采取连系钩和固定夹及拉杆等稳固已粘贴的地板，静停 1h 左右，待黏结胶基本凝结后再继续铺装。

横向用紧固卡带将三排地板卡紧，1500mm 左右设一道卡带，卡带两端有挂钩，卡带可调节长短和松紧度。从第四排起，每拼铺一排，卡带就位移一次，直到最后一排。每排最后一块板端都与墙留 8 ～ 15mm 的缝。逐块拼铺至最后，到墙面时，注意同样留出缝隙用木楔卡紧，并采取连系钩等将最后几行地板予以稳固。

在门洞口，地板铺至外墙皮与走廊地板平接。如遇不同材料，留 3 ～ 5mm 缝隙，用卡口盖缝条盖缝。

⑥ 安装踢脚板。对于复合木地板，可选用仿木塑料踢脚板、普通木踢脚板和复合木踢脚板。安装时，先按踢脚板高度弹水平线，清理地板与墙缝隙中的杂物。

与复合木地板配套的踢脚线安装，是在墙面弹线钻孔并钉入木楔或塑料膨胀头（有预埋木砖的则直接标出其位置），再在踢脚板卡块（条）上钻孔（孔径比木丝直径小 1 ～ 1.2mm），并按弹线位置用木螺栓固定，最后将踢脚板卡在卡块（条）上，接头尽量设在拐角处。

⑦ 清洁表面。每铺完一个房间，待胶干后扫净杂物，用湿布擦拭地板表面。

五、地毯铺设施工方法

1. 施工准备

（1）材料准备

地毯、底胶、烫带、木刺条、收口条、钢针、封口胶带、胶水等。

（2）机具及工具准备

油压冲击钻、裁毯刀、地毯撑、扁铲、榔头、熨斗、粉线、钢直尺等。

2. 作业条件

① 墙面、顶棚装修已基本完工。
② 基层表面干净，无灰渣、钢筋头、油污等杂物。
③ 表面平整度不大于 4 mm，基层含水率不大于 8%。

3. 操作工艺

（1）施工准备

① 基层清理：施工前基层表面要保证平整、干燥、清洁。若有油漆、砂浆等杂物，应

清理干净，高低不平处用水泥砂浆嵌平或用砂轮磨平。

② 固定木刺条、收口条：将木刺条和收口条固定在离踢脚板面 8 ～ 10mm 处。

③ 固定木刺条时，应用 3mm 或 5mm 胶合板条遮挡踢脚板起到保护作用。

④ 固定收口条：在需收口的部位钉上收口条。

（2）裁料

① 认真仔细地量好铺地毯部位的细部尺寸，不规则处可做模板。

② 在地毯背面弹出尺寸线，一般应多出 50mm，以防墙体偏差。用裁毯刀裁割，并在背面编号，对号进房。

（3）铺底胶

① 铺底胶时，应将防潮的一面铺在基层上。可局部点胶粘到基层。

② 底胶铺设时，不要压住木刺条，应离开木刺条 10mm 左右。

③ 底胶接缝处用封口胶带连接。

（4）地毯铺贴与缝合

① 将裁好的地毯虚铺在底胶上，用地毯撑向四周拉伸，然后将地毯的一边固定在木刺条上，再向另一个方向呈“V”字形向外拉开，将多余的边用裁割刀割掉。

② 张紧后用扁铲将地毯四边砸入木刺条上，并用 3 ～ 5mm 厚胶合板保护踢脚板。

③ 应先将烫带铺到地毯接缝处，使缝两边的烫带均等，再将熨斗从缝隙处塞入，左手掌扶正地毯，右手用力使熨斗慢慢向前移动，后面紧跟一人进行对缝、压实。

④ 地毯拼花处应注意地毯花纹与房间纵横的关系。拼花处接缝、花纹应吻合、平顺。

（5）质量要求

① 表面平整、安装牢固、无起鼓、图案色调一致（观察、踩踏，用靠尺检查）。

② 踏步、台阶阳角方正、平直，阴角牢固、无起鼓（观察、角尺、靠尺检查）。

③ 接缝要顺直严密，表面洁净，在视线范围内应看不出拼缝（观察检查）。

④ 毯衬铺贴平整、无漏铺现象（踩踏检查）。

⑤ 用倒刺板安装牢固，无漏安装现象（踩踏、手扳检查）。

4. 成品保护措施

① 在地毯铺设完后，应满铺塑料薄膜，并派专人看管。

② 如踢脚板未刷油漆，应加强地毯四周的保护。

③ 安装灯具、风口等时，应脱鞋进入，登高工具的下脚应铺木板，以防损伤地毯，将垃圾随手带走。

5. 安全措施

① 严禁在地毯区生明火、吸烟和进行湿作业。
② 对于手持电动机具，在使用前应进行严格检查，必须安装漏电保护装置。
③ 在使用熨斗时要注意熨斗把线，防止烫伤人，最好切断电源后再使用。
④ 配备足量的灭火器材。

任务三 工程质量要求及验收标准

一、地面铺贴工程验收

验收时，应检查所用材料的品牌、规格、颜色、造型是否符合设计要求和有关标准；墙砖与地砖的铺贴方法不同，位置不同，验收的标准也不尽相同。

① 检查地面平整度时，用 2m 靠尺紧贴地面，再用塞尺从缝隙最大处塞入，缝隙大于 3mm 的为不合格工程。对于优良工程，缝隙不得超过 1mm，表面洁净，无水泥污染，色泽一致，无裂缝，无破损。

② 接缝：接缝必须填嵌密实、连续，而且平直、光滑，宽度、深度符合设计要求。

二、木地板铺贴工程验收

验收前，应检查所用材料的品牌、规格、颜色是否符合设计要求及有关标准，铺装地面的平整度应满足铺装标准要求。地面含水率不应超过 8%。平整度符合铺装标准的，应清扫地面，再用吸尘器吸尽灰尘。沿房间长向铺设防潮垫，防潮垫幅与幅之间的搭接处应用胶带粘牢。铺装平整，接缝处不应叠压，四周沿墙上贴约 50mm，以踢脚线遮挡住为宜。

木地板验收包括龙骨验收与木地板铺装质量验收。木龙骨应做防火、防腐、防虫处理，木方无虫眼，无树皮，含水率不应超过 12%，木龙骨铺设间距 300mm，用冲击钻打孔，采用带螺纹的塑料膨胀组合钉固定后再加以发泡剂固定。木龙骨必须牢固，用脚踩在上面无松动感。木龙骨应大小一致，一间房内表面平整度的偏差不得超过 2mm。木地板应以直对窗户方向铺装，对于无窗房间，应顺长向铺装。地板端头接缝应按设计要求错缝铺装，长度超过 900mm 时应用伸缩条断开，地板与地板之间的板缝处应涂抹地板专用胶。地板沿墙四周应预留约 5mm 的伸缩缝，对于地热地面应预留约 8mm 的伸缩缝。伸缩缝应用弹簧卡支撑。预留伸缩缝时，用于临时固定的木楔应拔除，不应留在伸缩缝内。地板铺装后应板缝平直，表面平整，颜色、木纹协调一致，洁净，无胶痕，无缝隙。

强化地板铺装前需要做好地面找平，无须安装龙骨。对于实木地板则复杂得多，铺装实木地板时必须用麻花钉。在钉麻花钉前必须用专用电钻在实木地板的公榫上钻孔，然后钉在木龙骨上面。实木地板安装后表面平整，在一间房内平整度偏差不得超过 2mm，用脚踩无响声，无松动感，表面无锤痕、划伤。地板离墙应留缝 8 ～ 9mm，地板与地板之间应有 1mm 缝隙，错位合理，缝隙洁净。

三、地面、楼梯水泥砂浆找平验收标准

相关标准见表 4-4 ～表 4-7。

表 4-4　地面、楼梯水泥砂浆找平验收标准　　单位：mm

序号	项目名称		项目参考标准	验收照片
1	找平厚度	≥	20	用钢直尺检查
2	表面平整度	≤	4	用 2m 靠尺和楔形塞尺检查

表 4-5　地砖铺贴验收标准

序号	项目名称		项目参考标准	验收方法
1	表面平整度 /mm	≤	2	用 2m 靠尺和塞尺检查
2	接缝高低差 /mm	≤	1	用钢直尺和塞尺检查
3	接缝直线度 /mm	≤	2	拉 5m 线，不足 5m 拉通线，用钢直尺检查
4	接缝宽度偏差 /mm	≤	1	用钢直尺检查
5	湿区地面排水坡度 /‰		3 ～ 5	用钢直尺和水平仪检查
6	楼层梯段相邻踏步高度差 /mm	≤	10	钢尺检查

表 4-6　地面石材铺贴验收标准

序号	项目名称		项目参考标准	验收方法
1	表面平整度 /mm	≤	3	用 2m 靠尺和塞尺检查
2	接缝高低差 /mm	≤	2	用钢直尺和塞尺检查
3	接缝直线度 /mm	≤	2	拉 5m 线，不足 5m 拉通线，用钢直尺检查
4	接缝宽度偏差 /mm	≤	1	用钢直尺检查
5	湿区地面排水坡度 /‰		3 ～ 5	用钢直尺和水平仪检查
6	楼层梯段相邻踏步高度差 /mm	≤	10	钢尺检查

表 4-7　门槛板、窗台板、石材踏步铺贴验收标准　　单位：mm

序号	项目名称		项目参考标准	验收方法
1	门槛板离湿区地面高度	≥	10	观察和钢直尺检查
2	淋浴房挡水条安装通长水平度误差	≤	3	观察、用 2m 靠尺和塞尺检查

续表

序号	项目名称		项目参考标准	验收方法
3	石材窗台板两边延伸长度		15 ～ 40	用钢直尺检查
4	石材窗台板与窗边缝隙	≤	2	用塞尺检查
5	石材踏步相邻两步宽度差	≤	5	观察和钢直尺检查
6	石材踏步相邻两步高低差	≤	5	观察和钢直尺检查

拓展阅读

室内装饰工程中的“生态优先、绿色发展”理念

党的十九大报告指出，建设美丽中国，为人民创造良好生产生活环境，为全球生态安全做出贡献，并强调：“必须树立和践行绿水青山就是金山银山的理念。”建设生态文明是中华民族永续发展的千年大计，坚持人与自然和谐共生是新时代坚持和发展中国特色社会主义的基本方略之一。树立和践行绿水青山就是金山银山的理念，是指引建设美丽中国的理论明灯。

室内装饰装修应采用绿色装修新材料、新技术，营造居室绿色生态环境。例如，软木地板所用原料是栓皮栎的树皮，定期采剥树皮不会导致树木死亡，原料可再生，生产过程无甲醛添加，无废水和废气产生，废弃物可回收再利用，产品研发过程践行了绿色发展之路，具有广阔的市场前景；“工厂化生产，现场化装配”的装修模式提升了工程质量，节约了材料和成本，改善了施工环境，减少了环境污染，绿色环保。

笔记

项目五

墙面工程施工

知识目标

① 了解常见墙面工程材料的种类及选购方法。

② 掌握各种类型隔墙、隔断的构造，以及隔墙、隔断工程所需材料的特性。

③ 掌握木龙骨隔墙、隔断的施工工艺流程及施工要点。

④ 掌握轻钢龙骨隔墙、隔断的施工工艺流程及施工要点。

⑤ 掌握玻璃砖隔墙、隔断的施工工艺流程及施工要点。

⑥ 了解隔墙、隔断的施工质量验收标准。

技能目标

① 能够运用规范的建筑装饰施工术语对隔墙、隔断工程进行专业性介绍，并从实用性、艺术性、工艺性、技术性和经济性等方面合理地评价各种隔墙、隔断工程。

② 能进行各种隔墙、隔断工程的施工操作。

素质目标

① 培养精益求精的工匠精神。

② 培养开拓进取的创新精神。

任务一 常见墙面工程材料及选购

一、常用墙面材料

用于室内装修的墙面材料很多，墙面材料可兼顾装饰室内空间、满足使用要求和保护结构等多种功能。每个家庭都可根据自己不同的喜好，来选择墙面材料。选择时须考虑美观、耐用、环保等因素。常见的墙面装饰材料如下。

① 内墙涂料：种类很多，颜色多样，可满足不同的使用环境要求。随着涂料产品的更新换代，现在的墙漆已具有安全无毒、施工方便、干燥快、保色性及透气性好的特点。内墙涂料已被绝大多数家庭所采用，尤其是南方，空气湿度较大，墙面湿润，贴壁纸易发霉，而涂料则不存在这种情况。

② 裱糊类：指壁纸、墙布类装饰材料。其中壁纸的花色、图案种类繁多，选择余地大，装饰后效果富丽多彩，感觉强烈，且经过改良颜料配方，现在的壁纸已经解决了褪色问题。裱糊类装饰具有颜色丰富、花样繁多、可擦洗、耐污染、粘贴方便等优点。

③ 饰面石材：天然饰面石材中用于内墙装饰的是大理石。各种人造饰面板（人造大理石、预制水磨石板）也广泛用于内墙装饰，石材装饰显得高雅气派、富丽堂皇。20 世纪 90 年代中期用石材做饰面比较流行，但现在一般不用于家庭装饰，主要是担心放射性物质超标，环保达不到标准。现在用于公共装修比较多。

④ 釉面砖：常见的釉面砖有白色、彩色、印花彩色、彩色拼图及彩色壁画等多种。釉面砖表面光滑、色彩美观、易清洁、防水，可用在厨房，也可用于卫生间做墙地砖，还可用于客厅、餐厅做地砖。

⑤ 刷浆类材料：适用于内墙刷浆工程的材料有石灰浆、大白浆、色粉浆、可赛银浆等。刷浆与涂料相比，价格低廉，但装饰效果不好，且不耐用。

二、墙砖的选购

室内装饰中墙砖主要贴在厨房、卫生间、室外阳台的墙上，按规格分有 200mm×300mm、200mm×280mm、200mm×260mm、250mm×250mm 等。

选购墙砖之前，须对铺贴墙砖的房间进行仔细观察和分析，房间的结构形状、空间大小、采光程度都影响墙砖的选择。如果房间面积小、采光不好，则不适合用深色墙砖，否则会显得房间更小、更压抑，因此，宜选用浅色和冷色系的墙砖。如果卫生间面积大、采光好，就要考虑人在其中沐浴时感觉温暖舒适，宜选用暖色、色泽略深的墙砖。

选购墙砖时还应考虑与洁具的整体配套。墙砖作为卫生洁具的背景，起着衬托的作用。所以在颜色的明度、彩度方面都比洁具要低得多。适当的搭配，会使洁具有更清洁、更美丽的感觉。同时墙砖应该保持一个色调，一般地砖的颜色相对墙砖要深一些。可以将居室中所有墙砖选为同一品种，也可以在不同的房间选用不同图案的墙砖。卫生间的墙砖，应图案含蓄，颜色淡雅，不能喧宾夺主。厨房墙砖的格调应以简明活泼为主，注意与橱柜、料理台的款式和颜色协调，图案应朴素大方，使人感觉干净明朗，适当地点缀几片花砖，选择色彩对比度较大的图形，能够营造轻松宜人的氛围，但一定要把握一个原则，千万不能太零乱，无主题。

尽量选用品牌墙砖，其表面应平整，外观应无裂缝，无釉裂，色泽一致，无明显色差。有以下毛病的瓷砖千万不能选用：表面有脏物凸起，且无法洗净；表面有破口或不破口的气泡；表面有未除尽的残屑和泥渣；表面呈橘皮状、鱼鳞状且光泽稍差；表面局部没有釉而露出坯体；表面有小孔、裂纹或斑点，有磕碰印痕。

三、隔墙材料的分类

有限的居室空间，能否尽可能地满足家人的所有功能需求，这是业主和室内设计师需要共同考虑的一个问题。我国现在的住房状况不可能保障人均面积很充裕，因此，有的家庭需要在家里做些隔断，尽可能地营造出多功能空间。

一般来讲，隔墙材料有轻质量砖、玻璃砖、玻璃、木材、石膏板等，当然矮墙、柜子、鱼缸、屏风也可以用来做隔断。对于隔墙材料，须考虑防火、防潮、强度高等诸多因素。

玻璃砖一般用于做厨卫墙的隔断，防水、防火、透光，既可以抵御潮气，又可以给房间带来自然光线。如果觉得玻璃砖太贵，选用别的材料时，也要注意其防水性能，可在上面涂上防水涂料或粘贴瓷砖来加强其防水性。

目前玻璃和木框相结合、玻璃和铝合金边框相结合的隔断比较流行，主要用在客厅与餐厅之间或餐厅与厨房之间。玻璃是透明的，这样的隔断既达到了区分空间的目的，视线又没有受阻，十分通透。尤其用在厨房与餐厅之间，既有效地阻挡了油烟，又能从餐厅看到厨房。

石膏板做隔断材料，在花纹装饰上有很大的创造性，富有立体感，而且防火性能优越，价格也比其他材料便宜。消费者在选用石膏板做隔断材料时，可从设计、手工和饰面处理三方面入手。石膏板的设计可按照顾客的需要灵活定制，风格多样，但对装修工艺的要求较高，应找专业的装修队伍来施工。

在做隔断时，一定要把握这样的原则：厨卫要防水、防火；客餐厅要通透；卧室要有隔声功能；隔墙材料强度要高，否则易开裂；隔断不能影响居室的空间使用性，不能过于占用空间，隔断之后不能影响人的活动。

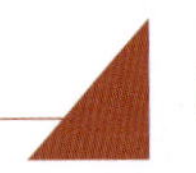

任务二 墙面工程施工工艺

一、轻钢龙骨纸面石膏板隔墙施工工艺

1. 轻钢龙骨纸面石膏板隔墙基本构造

轻钢龙骨纸面石膏板隔墙是永久性墙体，以轻钢龙骨为骨架，以纸面石膏板为基材面层组合而成，面层可进行乳胶漆、壁纸、木材等多种材料的装饰。构造做法是用沿顶、沿地与沿墙龙骨构成隔墙边框，中间设立竖龙骨，如有需要还可加贯通龙骨、横撑龙骨和加强龙骨。龙骨间距可为300mm、400mm、600mm。

2. 轻钢龙骨纸面石膏板隔墙材料及质量要求

（1）龙骨材料

由沿顶龙骨、沿地龙骨、竖向龙骨、横撑龙骨、贯通龙骨以及加强龙骨组成，按其截面形状可分为C形和U形两种，常用系列为Q50、Q75。龙骨规格的选择，应符合设计及构造要求。当墙高或荷载过大时，需选择规格大、壁厚的龙骨或采取加密龙骨、双龙骨等措施。

（2）纸面石膏板

有普通纸面石膏板、耐水纸面石膏板、耐火纸面石膏板以及吸声穿孔纸面石膏板等。石膏板的种类、规格应按设计要求选用，其外观质量、尺寸、性能等均应符合相应质量标准的要求。

（3）填充及嵌缝材料

隔墙所用的填充材料及嵌缝材料的品种、规格、性能应符合设计要求。隔墙内的填充材料应干燥、密实、均匀、无下坠。

3. 轻钢龙骨纸面石膏板隔墙施工机具

轻钢龙骨纸面石膏板隔墙施工机具见表 5-1。

表 5-1 轻钢龙骨纸面石膏板隔墙施工机具

名称	图示	说明
无齿锯		无齿锯的主体是一台电动机和一个砂轮片，可通过皮带连接或直接在电动机轴上固定。通过砂轮片的高速旋转和微粒的尖角切削物体，同时磨损的微粒掉下去，新的微粒露出来，利用砂轮自身的磨损进行切削
型材切割机		型材切割机是一种专门用于加工铝合金、PVC 等型材的切割设备。它能够将型材快速、精确地切割成所需的长度和角度，因此被广泛应用于铝门窗、太阳能、车身制造、广告牌制作等行业中 另外，型材切割机也可以用于对金属方扁管、方扁钢、工字钢、槽型钢等材料进行切割
冲击电钻		有犬牙式和滚珠式两种。滚珠式冲击电钻由动盘、定盘、钢球等组成。动盘通过螺纹与主轴相连，并带有 12 个钢球；定盘利用销钉固定在机壳上，并带有 4 个钢球。在推力作用下，12 个钢球沿 4 个钢球滚动，使硬质合金钻头产生旋转冲击运动，能在砖、砌块、混凝土等脆性材料上钻孔
电动螺丝刀		电动螺丝刀是一种利用电力驱动的装配工具，用于拧紧和松开螺栓、螺母等连接件。它由电动机、传动装置、刀具和控制开关等部分组成。电动螺丝刀的工作原理是通过电动机将电能转换为机械能，驱动刀具旋转，从而实现螺栓的拧紧或松开
射钉枪		射钉枪是一种将射钉打入建筑体的手动工具，它是现代射钉紧固技术产品，能发射射钉，属于直接固结技术，是木工、建筑施工等必备的手动工具
嵌缝枪		嵌缝枪主要用于填充石膏板吊顶上的各种拼接缝隙，以固定石膏板，保证吊顶的平整度和牢固性

4. 轻钢龙骨纸面石膏板隔墙施工工艺流程

弹线→地枕施工→安装沿地、沿顶及沿边龙骨→安装竖向龙骨→固定洞口及门窗处龙骨→安装贯通龙骨和横撑龙骨→安装电线及附墙设备管线→安装石膏板→接缝处理→墙面装饰。

5. 轻钢龙骨纸面石膏板隔墙施工要点

（1）弹线

根据设计图纸确定隔墙位置，在楼地面上弹出隔墙位置线并引至两端墙（柱）面及楼板（或梁）底面；同时将门洞口位置、竖向龙骨位置在地面和顶板上分别标出，作为基准线。

（2）地枕施工

先对地枕（踢脚台）与楼地面接触部位进行清理，然后刷素水泥浆或界面剂一道，随即用 C20 素混凝土制作地枕。地枕上表面应平整，两侧应垂直。

（3）安装沿地、沿顶及沿边龙骨

沿地、沿顶龙骨与顶棚、地面连接，边龙骨、竖向龙骨与墙、柱连接，一般可选用膨胀螺栓或射钉固定。对于砖砌体、柱体应采用金属膨胀螺栓、射钉或电钻打孔时，固定点的间距常按 900mm 布置，最大应不超过 1000mm。在龙骨与基层之间应铺橡胶条或沥青泡沫塑料条使其结合良好，有的需要在龙骨的背面粘贴两个氯丁橡胶条作为防水、隔声的一道密封。

（4）安装竖向龙骨

竖向龙骨间距按设计要求确定，当设计无要求时可按板宽确定。例如选用 1200mm 板宽时，间距可定为 300mm、400mm、600mm。

（5）固定洞口及门窗处龙骨

门窗洞口处的竖向龙骨安装，应依照图纸确定门洞的位置，采用双根并用的方式加强龙骨。如果门的尺度大且门扇较重，应在门框外的上下、左右增设斜撑。

（6）安装贯通龙骨

贯通龙骨的设置：低于 3m 的隔断墙安装一道，3 ～ 5m 的隔断墙安装两道，5m 以上的隔墙安装三道。贯通龙骨横穿各条竖向龙骨，应进行贯通冲孔；需要接长时，使用其配套的连接件。

（7）安装横撑龙骨

隔墙轻钢骨架的横向支撑除采用贯通龙骨外，有的需要设横撑龙骨。一般当隔墙骨架超过 3m 高时，或是罩面板的水平方向板端（接缝）并非落在沿顶、沿地龙骨上时，应设

横撑龙骨，加强骨架或固定板缝。

（8）安装电线及附墙设备管线

按图纸要求施工，安装电器管线时不应切断横、竖向龙骨，同时应避免沿墙下端走线。

（9）安装石膏板

安装纸面石膏板时应竖向排列，龙骨两侧的石膏板应错缝。安装第一层纸面石膏板时，其上、下端与楼板应留 6 ～ 8mm 的间隙，使用自攻螺钉把石膏板与龙骨紧密连接，其间距为：板边部分 200mm，中间部分 300mm。螺钉距离石膏板边缘距离为 10 ～ 15mm，用自攻螺钉紧固时，纸面石膏板必须与龙骨紧靠。罩面板长边接缝应落在竖向龙骨上，墙两面的接缝不能落在同一根龙骨上。安装双层纸面石膏板时，第二层纸面石膏板的安装方法与第一层相同，但第二层石膏板与第一层石膏板的接缝不能落在同一根龙骨上。

（10）接缝处理

板与墙、顶结构接缝：用嵌缝膏填缝密封，将管装的建筑嵌缝膏装入嵌缝枪内，把建筑嵌缝膏挤入预留的石膏板墙与顶板及结构墙的间隙内。板间接缝可按以下程序处理：将嵌缝腻子均匀、饱满地嵌入板缝，并在接缝处刮上白乳胶，随即贴上接缝带，用刮刀沿接缝带方向将纸带内的胶黏剂挤出接缝带，然后满刮腻子 2 ～ 3 遍。待腻子完全干燥后，用砂纸打磨。嵌完的接缝处必须平滑，中部略微凸起，向两边倾斜。

（11）墙面装饰

纸面石膏板隔墙的常见装饰方法有裱糊墙纸或裱糊织物、粘贴木纹片、涂料施工等。

二、木龙骨隔墙施工工艺

1. 木龙骨隔墙基本构造

木龙骨隔墙（隔断）一般采用木方材做骨架，采用木拼板、木条板、胶合板；纤维板、塑料板等作为饰面板。它可以代替刷浆、抹灰等湿作业施工，减轻建筑自身的重量，增强保温、隔热、隔声性能，并可降低劳动强度，加快施工进度。

2. 木龙骨隔墙材料及质量要求

（1）木龙骨

按消防要求对木龙骨做防火处理。木龙骨架由上槛、下槛、立筋、斜撑或横档构成。木料断面通常为 50mm×70mm 或 50mm×100mm，依房间的高度不同而选用。沿立筋高度方向每隔 1.5m 左右设斜撑一道，与立筋撑紧、钉牢。如表面铺钉面板，则改斜撑为水平横档。立筋与横档间距根据饰面材料规格而定，通常取300mm、400mm、600mm。

（2）罩面板

有纸面石膏板、矿棉板、胶合板、纤维板等。纸面石膏板表面应平整，边缘整齐，不应有污垢、裂缝、缺角、翘曲、起皮、色差和图案不完整等缺陷；胶合板、木质纤维板不应脱胶、变色和腐朽。

（3）防火涂料

有膨胀型防火涂料和非膨胀型防火涂料两大类。

3. 木龙骨隔墙施工机具

木龙骨隔墙施工机具见表5-2。

表5-2 木龙骨隔墙施工机具

名称	图示	说明
手电钻		主要用于在木龙骨上钻孔，以便于螺钉的固定
木工锯台		一种木工的工作台，用于固定木材并方便切割
电圆锯		一种电动工具，可以快速准确地切割木材
射钉枪		用于将射钉打入建筑体内，常用于木龙骨吊顶的安装

续表

名称	图示	说明
手推刨		一种手动刨削工具，可以将木材表面刨平
木工三角尺		一种测量工具，可以用于测量和画线，帮助精确切割木材

4. 木龙骨隔墙施工工艺流程

弹线分隔→木龙骨防火处理→拼装木龙骨→木龙骨骨架安装→罩面板安装。

5. 木龙骨隔墙施工要点

（1）弹线分隔

在地面和墙面上弹出墙体位置宽度线和高度线，找出施工的基准点和基准线，使施工有所依据。

（2）木龙骨防火处理

隔墙所用木龙骨需进行防火处理和防腐处理。

（3）拼装木龙骨

对于面积不大的墙身，可一次拼成木龙骨骨架后再安装固定在墙面上；对于面积较大的墙身，可将木龙骨骨架分片拼装，分片安装固定。

（4）木龙骨骨架安装

使用木楔铁钉将木龙骨骨架在墙上钉牢，钉距为400～500mm。

（5）罩面板安装

立筋间距应与板材规格相配合，以减少浪费。一般在立筋的一面或两面钉板。胶合板罩面安装前，对基体应进行处理，其表面采用油毡、油纸防潮时，应铺设平整，接触严密，不得有皱褶、裂缝和透孔等。用胶合板罩面时，钉长为 25 ～ 35mm，钉距为 80 ～ 150mm，钉帽应打扁，并钉入板面 0.5 ～ 1mm，钉眼应用油性腻子抹平，以防止板面空鼓、翘曲，钉帽生锈。用纤维板罩面时，如用圆钉固定，钉距为 80 ～ 120mm，钉长为 20 ～ 30mm，钉帽宜进入板内 0.5mm，钉眼用油性腻子抹平。

三、玻璃砖隔墙施工工艺

玻璃砖隔墙是指用木材、金属型材等做边框，在边框内将玻璃砖四周的凹槽灌注黏结砂浆或专用胶黏剂，把多个玻璃砖拼装到一起形成的隔墙，不但能分隔空间，还具有采光、保温、隔声和装饰的功能。玻璃隔墙一般常用于公共建筑之中，但近年来玻璃砖隔墙在家装市场中也深受消费者青睐。

1. 玻璃砖隔墙基本构造

玻璃砖隔墙在室内装饰装修的施工做法中可分为砌筑法和胶筑法两种。前者做法比较陈旧，后者做法比较先进，施工简便。

2. 玻璃砖隔墙材料及质量要求

（1）玻璃砖

由机械压制成型的玻璃对接而成，被称为“透光墙壁”，具有强度高、透明度好以及良好的隔声、绝热、耐水、防火等特点。玻璃砖按内部构造分为实心砖与空心砖两大类，按形状分有正方形、矩形及各种异型配件。在使用时各种玻璃砖的规格、尺寸、图案和质量应符合设计要求。

（2）轻金属型材或镀锌钢型材

型材的尺寸为空心玻璃砖厚度加滑动缝隙，型材深度至少应为 50mm，用于玻璃砖墙边条重叠部分的胀缝。

（3）胶结材料

强度等级为 32.5 或 42.5 的白色硅酸盐水泥或环氧树脂胶、玻璃胶黏剂。

（4）掺合料

石灰膏或石膏粉及少量胶黏剂。

（5）辅助材料

墙体水平钢筋、槽钢和玻璃丝毡或聚苯乙烯等，按设计要求备齐，质量要符合设计要求。

（6）硬质泡沫塑料

至少 10mm 厚，不吸水，用于构成胀缝。

（7）沥青纸

用于构成滑缝。

（8）硅树脂

为中性透明隔热材料。

（9）定位支架

一般为塑料制品，规格为 6 ～ 10mm。

3. 玻璃砖隔墙施工机具

玻璃砖隔墙施工机具见表 5-3。

表 5-3 玻璃砖隔墙施工机具

名称	图示	说明
电钻		主要用于在木龙骨上钻孔，以便于螺钉的固定
水平尺		主要用于检测或测量水平度和垂直度，既能用于短距离的测量，又能用于远距离的测量。它解决了水平仪在狭窄地方测量难的缺点，且测量精确、携带方便，分为普通款和数显款两种
橡胶锤		橡胶锤是一种锤子，通常由橡胶和手柄组成。它的特点是可以在不损坏被加工物表面的情况下，进行轻柔的敲打，从而修整表面微小的凹陷，而不损坏表面的光泽。在达到重击效果的同时，最大限度地保护零部件

4. 玻璃砖隔墙砌筑法施工工艺流程

固定型材→选砖排砖→安装定位支架→扎筋→砌砖→勾缝→嵌缝处理。

5. 玻璃砖隔墙砌筑法施工要点

（1）固定型材

砌筑前，应将玻璃砖墙的夹持型材固定在基面与砖墙相接的建筑物构架上，其型材选用槽钢、角钢或钢板。固定采用膨胀螺栓，螺栓最大间距为500mm。在型材的底面贴硬质泡沫塑料（用于胀缝），在型材侧面贴沥青纸（用于滑缝），泡沫塑料至少10mm厚。

（2）选砖排砖

对于玻璃砖砌体，采用十字缝立砖法。根据弹好的位置线，首先要认真核对玻璃砖墙长度尺寸是否符合排砖模数。预排时应挑选棱角整齐、规格相同、对角线基本一致、表面无裂痕和磕碰的玻璃砖进行排砖。两玻璃砖对砌，砖缝间距为5～10mm。

（3）安装定位支架

在水平或垂直接缝中，每块空心砖间用塑料卡子隔开，使缝隙均匀牢固。

（4）扎筋

室内玻璃砖隔墙的高度和长度均超过1.5m时，应在每两到三层空心玻璃砖上水平布两根直径6mm或8mm的钢筋，在垂直方向上每三个缝至少布一根钢筋（错缝砌筑时除外）。钢筋深入槽口不小于35mm，用钢筋增强的玻璃砖隔墙高度不得超过4m。

（5）砌砖

砌砖时，应按上、下层对缝的方式，自下而上砌筑，两玻璃砖之间的砖缝不得小于10mm，也不得大于30mm。玻璃砖砌筑用砂浆按白水泥∶细砂＝1∶1或白水泥∶108胶＝100∶7（质量比）的比例调制。白水泥浆有一定稠度，以不流淌为好。玻璃砖墙宜以1.5m高为一个施工段，待下部施工段胶结材料达到设计强度后再进行上部施工。当玻璃砖墙面积过大时，应增加支撑。空心玻璃砖与顶部金属型材框的幅面之间应用木楔固定。砌筑完成后将塑料卡子裸露在砖外的部分轻轻掰掉。

（6）勾缝

砌筑完成后，要及时擦去多余的砂浆，并用白水泥勾缝。

（7）嵌缝处理

4个星期之后，在空心玻璃砖墙之间的接缝及边框等可见表面用硅树脂涂覆一遍。

6. 玻璃砖隔墙胶筑法施工要点

胶筑法玻璃砖隔墙的施工流程与砌筑法大致相同，只是所用胶黏剂由水泥砂浆改为大力胶。

四、墙面石材湿贴施工工艺

1. 作业条件

① 结构经检查验收，水电、通风、设备安装等已施工完毕，并接好加工饰面板所需的电源和水源。

② 弹室内外墙面水平线，室外弹 ±0.000 线，室内弹 +500mm 线。

③ 提前搭设操作架，横竖杆离窗口或墙壁面约 200mm，架子高度应满足施工操作要求。

④ 有门窗的墙面必须把门窗框立好，位置准确，应垂直和牢固，并考虑安装大理石时尺寸有足够的留量。同时用 1∶3 水泥砂浆将缝隙塞严实。

⑤ 石材进场应堆放于室内，下部垫好方木，核对数量、规格；铺贴前应预铺、配花、编号，以备正式铺贴时按号取用。

⑥ 大面积施工前应先放出施工大样，并做好样板，经质检和监理确认合格，报业主、设计人员认可后，方可按样板组织大面积施工。

⑦ 对于进场的石材应派专人进行验收，颜色不均匀时，应进行挑选，必要时试拼选用。

2. 工艺流程

① 边长小于 400mm、厚度在 20mm 以下的小规格石材，采用粘贴方法镶贴。

a. 基层处理：将混凝土墙面的污垢、灰尘清理干净，用 10% 的碱水将墙面油污刷掉，随之用清水把碱液冲净；将凸出墙面的混凝土剔平，混凝土墙面应凿毛，并用钢丝刷满刷一遍，清理干净然后浇水冲洗；等混凝土墙面干燥后，将掺水重 20% 的建筑胶的 1∶1 水泥细砂砂浆用笤帚甩到墙上，终凝后洒水养护，使水泥砂浆有较高的强度，与混凝土墙面黏结牢固。

b. 吊垂直、规方、找规矩、贴灰饼、冲筋：用经纬仪或大线吊垂直，根据石材规格分层设点，按间距 1600mm 做灰饼，横向水平线以楼层为水平基准线交圈进行控制，竖向垂直线以大角和柱、墙垛为基准线进行控制，注意同一墙面不得有一排以上的非整块石材，并将其排放在较隐蔽的部位。阳角处要双面排直。

c. 洒水湿润基层，然后涂掺水重 10% 的建筑胶的素水泥浆一道，随刷随打底，底灰采用 1∶3 水泥砂浆，厚度约 12mm，分两遍操作，第一遍约 5mm，第二遍约 7mm，压实刮平，使表面平整，并将表面拉毛。

d. 待底灰凝固后进行分块弹线，随后将已湿润的石材涂上 2 ～ 3mm 的素水泥浆（内掺水重 20% 的建筑胶）进行镶贴，用木槌轻轻敲击，用靠尺随时找平、找直。

② 边长大于 400mm、厚度在 20mm 以上，镶贴高度超过 1m 时，采用安装方法镶贴。

a. 钻孔、剔槽：安装前先将饰面板用台钻钻孔。钻孔前先将石材预先固定在木架上，使钻头直对板材上端面，在板的上、下两个面打孔，孔的位置打在距板宽两端 1/4 处，每个面各打两个孔，孔径为 5mm，深度为 12mm，孔位（孔中心）距石板背面以 8mm 为宜。如板材宽度较大，可增加孔数。钻孔后用金刚石錾子把石板背面的孔壁轻轻剔一道槽，深 5mm 左右，连同孔眼形成牛鼻眼，以备埋卧钢丝之用。板的固定采用防锈金属丝绑扎。大规格的板材，中间必须增设锚固点，如下端拴绑金属不便，可在未镶贴饰面板的一侧，用手提轻便小薄砂轮（4 ～ 5mm），按规定在板高的 1/4 处，上、下各开一个槽（槽长 30 ～ 40mm，槽深 12mm，与饰面板背面打通，竖槽一般在中，也可偏外，但以不损坏外饰面和不致返碱为宜），将绑扎丝卧入槽内，便可拴绑，与钢筋网（ϕ6mm 钢筋）固定。

b. 放绑扎丝：将绑扎丝（铜丝或镀锌铅丝）剪成长 200mm 左右，一端用木楔子粘环氧树脂将绑扎丝楔进孔内固定牢固，另一端顺槽弯曲并卧入槽内，使石材上下端面没有绑扎丝凸出，以保证相邻石材接缝严密。

c. 绑扎钢筋网：具体做法为将墙体饰面部位清理干净，剔出预埋在墙内的钢筋头，焊接或绑扎ϕ6mm 钢筋网片，先焊接竖向钢筋，并用预埋钢筋弯压于墙面，后焊接横向钢筋，为绑扎石材所用。如果板材高度为 600mm，第一道横筋在地面以上 100mm 处与竖筋绑扎牢固，用于绑扎第一层板材的下口固定绑扎丝；第二道横筋绑扎在 500mm 水平线上 70 ～ 80mm 且比石板上口低 20 ～ 30mm 处，用于绑扎第一层石板上口固定绑扎丝，再往上每 600mm 安装一道横筋即可。

d. 试拼：饰面板材颜色一致，无明显色差，经精心预排试拼，并对进场石材颜色的深浅分别进行编号，使相邻板材颜色相近，无明显色差，纹路相对应形成图案，达到令人满意的效果。

e. 弹线：将墙面、柱面和门窗套用大线坠从上至下吊垂直。同时考虑石材的厚度、灌注砂浆的空隙和钢筋网所占的尺寸，一般石材板外皮距结构面的厚度以 50 ～ 70mm 为宜。找出垂直后，在地面上弹出石材的外廓尺寸线，此线即为第一层石材的安装基准线。对于编好号的石材，在弹好的基准线上画出就位线，每块按设计规定留出缝隙。

f. 安装固定：石材的安装固定是指按部位取石材将其就位，石板上口外仰，右手伸入石板背面，把石板下口绑扎丝绑扎在横筋上，绑扎时不要太紧，只要把绑扎丝和横筋拴牢即可。把石板竖起，便可绑石板上口绑扎丝，并用木楔垫稳，石板与基层间的间隙一般为 30 ～ 50mm（灌浆厚度）。用靠尺检查调整木楔，达到质量要求后再拴紧绑扎丝，如此依次向下进行。柱面按顺时针方向安装，一般先从正面开始。第一层安装固定完毕，再用靠尺板找垂直，水平尺找平整，方尺找阴阳角方正。在安装石板时如发现石板规格不准确或石板之间缝隙不符，应用铅皮固定，使石板之间缝隙一致，并保持第一层石板的上口平直。找完垂直、平整、方正后，调制熟石膏，并将调成粥状的石膏贴在石板上下之间，使这两层石板黏结成一个整体。木楔处也可黏结石膏，再用靠尺检查有无变形，待石膏硬化后方可灌浆。

g. 灌浆：石材板墙面防空鼓是关键。施工时应充分湿润基层，砂浆按 1∶2.5 配制，稠度控制在 80 ～ 120mm，用铁簸箕舀浆徐徐倒入，注意不要碰撞石材板，边灌边用橡胶锤轻轻敲击石板面或用短钢筋轻捣，使浇入的砂浆排气。灌浆应分层、分批进行，第一层浇筑高度为 150mm，不能超过石板高度 1/3；第一层灌浆很重要，既要锚固石板的下口绑扎丝，又要固定石板，所以必须轻轻地小心操作，防止碰撞和猛灌。如发现石板外移错位，应立即拆除，重新安装。第一层灌浆后待 1 ～ 2h，等砂浆初凝后应检查一下是否有移动，确定无误后，进行第二层灌浆，第二层灌浆高度为 200 ～ 300mm，待初凝后再灌第三层，第三层灌至低于板上口 50 ～ 100mm 处为止。但必须注意防止临时固定石板的石膏块掉入砂浆内，避免因石膏膨胀导致外墙面泛白、泛浆。

h. 擦缝：板材安装前宜在板材背面刮一道掺水泥重 5% 的建筑胶的素水泥浆，这样可在板材背面形成一道防水层，防止雨水渗入板内。石板安装完毕，缝隙必须在擦缝前清理干净，尤其注意固定石材的石膏渣不得留在缝隙内。然后调制与板色相同颜色的纯水泥浆进行擦缝，使缝隙密实、干净、颜色一致。也可在缝隙两边的板面上先粘贴一层胶带纸，用密封胶嵌板缝隙，扯掉胶带纸后形成一道凸出板面 1mm 的密封胶线缝，使缝隙既美观又防水。

i. 柱子贴面：安装柱面石材板，其基层处理、弹线、钻眼、绑扎钢筋和安装等施工工序流程与镶贴墙面方法相同。但应注意灌浆前用木方钉成槽形木卡子，双面卡住石板，以防灌浆时石板外胀。

j. 清理墙面：石材板安装完要及时进行清理，由于板面有许多肉眼看不见的小孔，如果水泥砂浆污染表面，时间一长则不易清理掉，会形成色斑，应用酸液洗去后再用清水充分冲洗干净，以达到美观的效果。

3. 质量标准

（1）主控项目

① 材料的品种、规格、颜色、图案必须符合设计要求，满足现行的质量标准。

② 饰面板镶贴或安装必须牢固、方正，棱角整齐，不得有空鼓、裂缝等缺陷。

（2）一般项目

① 表面平整、洁净、颜色一致，图案清晰、协调。

② 接缝嵌填密实、平直，宽窄一致，颜色一致，阴阳角处板的压向正确，非整板的使用部位适宜。

③ 整板套割吻合，边缘整齐；贴面、墙裙等处上口平顺、凸出墙面厚薄一致。

五、墙面干挂石材施工工艺

1. 作业条件

① 结构经检查和验收，隐检、预检手续已办理，水电、通风、设备安装施工完毕。

② 石板按设计图纸的规格、品种、质量标准、物理力学性能、数量备料，并进行表面处理工作。

③ 外门窗已安装完毕，经检验符合规定的质量标准。

④ 已备好不锈钢锚固件、嵌固胶、密封胶、胶枪、泡沫塑料条及手持电动工具等。

⑤ 对施工操作者进行技术交底，应强调技术措施、质量标准和成品保护。

⑥ 先做样板，经质检部门自检，报业主和设计人员鉴定合格后，方可组织人员进行大面积施工。

2. 工艺流程

（1）验收石材

验收石材要专人负责管理，要按设计要求认真检查石材规格、型号是否正确，与料单是否相符，如发现颜色明显不一致的要单独码放，以便退还厂家。

（2）搭设脚手架

采用钢管扣件搭设双排脚手架，要求立杆距墙面净距不小于 500mm，短横杆距墙面净距不小于 300mm，架体与主体结构连接锚固牢靠，架子上下满铺跳板，外侧设置安全防护网。

（3）测量放线

先将要干挂石材的墙面、柱面、门窗套用特制大线坠或经纬仪，从上至下找出垂直，同时应该考虑石材厚度及石材内皮距结构表面的间距，一般以 60 ～ 80mm 为宜。根据石材的高度，用水准仪测定水平线并标注在墙上，一般板缝为 6 ～ 10mm。弹线要从外墙饰面中心向两侧及上下分格，误差要匀开。

（4）钻孔开槽

安装石板前先测量准确的位置，然后进行钻孔开槽。对于钢筋混凝土或砖墙面，先在石板的两端距孔中心 80 ～ 100mm 处开槽钻孔，孔深 20 ～ 25mm，然后在墙面相对于石板开槽钻孔的位置钻直径 8 ～ 10mm 的孔，将不锈钢膨胀螺栓一端插入孔中固定，另一端挂好锚固件。对于钢筋混凝土柱梁，由于构件配筋率高，钢筋面积较大，在有些部位很难钻孔开槽，因此在测量弹线时，应该先在柱或墙面上避开钢筋位置，准确标出钻孔位置，待钻孔及固定好膨胀螺栓锚固件后，再在石板的相应位置钻孔开槽。

（5）底层石板安装

对于底层石板，应根据固定在墙面上的不锈钢锚固件位置进行安装，具体操作是将石板孔槽和锚固件固定销对位安装好，利用锚固件的长方形螺栓孔，调节石板的平整，用方尺找阴阳角方正，拉通线找石板上口平直，然后用锚固件将石板固定牢靠，用嵌固胶将锚固件填堵固定。

（6）上一行石板安装

先往下一行石板的插销孔内注入嵌固胶，擦净残余胶液后，将上一行石板按照安装底层石板的操作方法就位。检查安装质量，符合设计及规范要求后进行固定。对于檐口等石板上边不易固定的部位，可用同样方法对石板的两侧进行固定。

（7）密封填缝

待石板挂贴完毕，进行表面清洁和清除缝隙中的灰尘。先用直径 8 ～ 10mm 的泡沫塑料条填板的内侧，留 5 ～ 6mm 深的缝，在缝两侧的石板上，靠缝粘贴 10 ～ 15mm 的宽塑料胶带，以防打胶嵌缝时污染板面，然后用打胶枪填满密封胶，若密封胶污染板面，必须立即擦净。最后揭掉胶带，清洁石板表面，打蜡抛光，达到质量标准后，拆除脚手架。

3. 施工方法

（1）石材准备

用比色法对石材的颜色进行挑选分类，安装在同一面的石材颜色应一致，按设计图纸及分块顺序将石材编号。

（2）基层准备

清理预做饰面石材的结构表面，同时进行结构套方，找规矩，弹出垂直线和水平线，并根据设计图纸和实际需要弹出安装石材的位置线和分块线。

（3）挂线

根据设计图纸要求，石材安装前要事先用经纬仪打出大角两个面的竖向控制线，最好弹在离大角 20cm 的位置上，以便随时检查垂直挂线的准确性，保证顺利安装，并在控制线的上下做出标记。

（4）支底层饰面板托架

把预先安排好的支托按上平线支在将要安装的底层石板上面。支托要支承牢固，相互之间要连接好，也可和架子接在一起。支架安好后，顺支托方向钉铺通长的 50mm 厚木板，木板上口要在同一个水平面上，以保证石材上下面处在同一水平面上。

（5）固定连接铁件

用设计规定的不锈钢螺栓固定角钢和平钢板。调整平钢板的位置，使平钢板的小孔正好与石板的插入孔对上，固定平钢板，用扳子拧紧。

（6）底层石板安装

把侧面的连接铁件安好，便可把底层面板靠角上的一块就位。

（7）调整固定

面板暂时固定后，调整水平度，如板面上口不平，可在板底一端下口的连接平钢板上垫一个相应的双股铜丝垫。调整垂直度，并调整面板上口不锈钢连接件的距墙空隙，直至面板垂直。

（8）顶部面板安装

顶部最后一层面板除了按一般石板安装要求安装调整好外，还应在结构与石板的缝隙里吊一个通长的20mm厚木条，木条上平为石板上口下去250mm，吊点可设在连接铁件上。可用彩铝丝吊木条，木条吊好后，即在石板与墙面之间的空隙里放填充物，且填塞严实，防止灌浆时漏浆。

（9）清理大理石、花岗石表面

把大理石、花岗石表面的防污条掀掉，用棉丝把石板擦净。

4. 成品保护

① 科学地安排施工顺序，对水、电、暖、通风、设备安装等施工应提前做好，以防止损坏、污染外挂石材饰面板。

② 要及时认真地擦干净残留在门窗框、玻璃和金属饰面板上的密封胶、尘土、胶黏剂、油污、手印、水等杂物；宜粘贴保护膜，预防污染、锈蚀。

③ 在拆架子或上料时，严禁碰撞干挂石板饰面。

④ 饰面完活后，易破损部分的棱角处要用木板做成护角保护，其他配合工种操作时，严防划伤石板。

⑤ 在室外刷罩面剂未干燥时，严禁往下倒垃圾、渣土或翻脚手板等。

⑥ 对于已完工的外挂石材饰面，应派专人看管，以防出现在饰面板上乱写乱画等危害成品的行为。

5. 施工注意事项

① 颜色不一：为了防止出现外饰面石材颜色不一致，施工时应事先对石材板进行认真挑选和试拼。

② 线角不直、缝格不匀：为防止线角不顺直，缝格不匀不直，施工前应认真按设计图纸尺寸核对结构施工实际尺寸，分段分块弹线要精确细致，并经常拉水平线和吊垂直线检查校正。

六、木质护墙板施工工艺

木质护墙板包括实木板、胶合板、细木工板、微薄木贴面板、硬质纤维板、硬木格条、圆竹、劈竹等，其基本构造做法如下。

① 在墙体中预埋木砖或预埋铁件。

② 刷热沥青或粘贴油毡防潮层。

③ 固定木骨架或金属骨架。

④ 在骨架上钉面板（或钉垫层板再做饰面材料）。

⑤ 粘贴各种饰面板。

⑥ 清漆罩面。

1. 施工准备及材料要求

① 木质护墙板施工机具见表 5-4。

表 5-4 木质护墙板施工机具

名称	图示	说明
电钻		主要用于在木龙骨上钻孔，以便于螺钉的固定
木工锯台		一种木工的工作台，用于固定木材并方便切割
手推刨		一种手动刨削工具，可以将木材表面刨平
木锯		主要用于切割木材。可以根据需要选择不同的锯片，如直锯片、曲线锯片、框锯片等。另外，木锯也可以用于修理一些初步切割后不满意的部分，直至达到预期的效果

续表

名称	图示	说明
斧子		斧子的主要功能是砍削木材，将木材表面砍削至所需的平整度。它也可以用于进一步加工木材，如在木板上砍出特定的形状或者在木板上砍出沟槽等
锤子		锤子是一种敲打物体使其移动或变形的工具，主要用于敲钉子，矫正或是将物件敲开。它有各式各样的形式，一般由把手和顶部组成，顶部的一面是平坦的，以便敲击，另一面是锤头。锤头的形状可以是羊角形或楔形，另外也有圆头形的锤头
平铲		平铲主要用于平整木制护墙板的表面。它可以将墙板表面多余的木块、木屑和其他杂质铲掉，使墙板表面更加平整和光滑。此外，平铲还可以用于调整墙板的平整度和厚度
螺丝刀		螺丝刀是一种用于拧转螺钉以使其就位的常用工具，通常有一个薄楔形头，可插入螺钉钉头的槽缝或凹口内
直角尺		直角尺是一种专业量具，简称为角尺。它按照材质可分为铸铁直角尺、镁铝直角尺和花岗石直角尺。这种工具主要用于检测工件的垂直度以及工件相对位置的垂直度，有时也用于画线。它适用于机床、机械设备及零部件的垂直度检验，安装加工定位，画线等
墨斗		墨斗用于水路的定位和画线，确定两个点后进行弹线，是进行精确开槽定位的工具
靠尺		靠尺是一种检测工具，主要用于检测物体的垂直度、平整度和水平度的偏差

续表

名称	图示	说明
线锤		线锤是一种用于测量垂直度和水平度的工具，在建筑和装修领域中有多种用途 在木工领域中，线锤可以用于辅助切割、定位和安装木材。在线锤的帮助下，木工可以更精确地确定木材的位置和角度，以确保加工的准确性 除此之外，线锤还可以用于检验砌筑墙体和物体的垂直度。通过将线锤悬挂在合适的位置，可以观察线锤的垂线是否与木板平行，从而判断墙体或物体是否垂直

② 对于未进行饰面处理的半成品实木护墙板及其配套的细木装饰制品（如装饰线脚、木雕图案镶板、横档冒头及边框或压条等），应预先涂刷一遍干性底油，以防止受潮变形，影响装饰施工质量。

③ 检查结构墙面质量，其强度、稳定性及表面的垂直度、平整度应符合装饰面的要求。有防潮要求的墙面，应按设计要求进行防潮处理。

④ 根据设计要求，安装护墙板骨架需要预埋防腐木砖时，应事先埋入墙体；当工程需要有其他后置埋件时，也应准确到位。埋件的位置、数量，应符合木龙骨布置的要求；对于采用木楔进行安装的工程，应按设计要求弹出标高和竖向控制线、分隔线，打孔埋入木楔，木楔的埋入深度一般应≥ 50mm，并应做防腐处理。

2. 施工材料准备及质量要求

① 木龙骨，也叫墙筋，一般使用杉木或红、白松制作，木龙骨骨架间距为 400mm、600mm，具体间距根据面板规格而定。骨架断面尺寸为（20 ～ 45）mm×（40 ～ 50）mm，高度及模料长度按设计要求确定，大面刨平、刨光。木料的含水率不得大于 10%。

② 饰面板：饰面板的品种、规格和性能应符合设计要求，表面平整洁净，无裂缝等缺陷。

③ 木装饰线：木装饰线的品种、规格、外形应符合设计要求。从材质上分为硬杂木条、白木条、水曲柳木条、核桃木线、柚木线、桐木线等，长度 2 ～ 5m。

④ 胶黏剂：有白乳胶、脲醛树脂胶或骨胶等。

⑤ 所用木龙骨骨架以及人造木板的板背面，均应涂刷防火涂料（防火涂料一般也应具有防潮性能），按具体产品的使用说明确定涂刷方法。

3. 木质护墙板的安装施工

木质护墙板安装施工工艺流程为：弹线分隔→检查预埋件→拼装木龙骨→墙面防潮→固定木龙骨→铺钉罩面板→钉收口条→安装踢脚板→磨光→油漆。

（1）弹线分隔

根据设计图在墙上弹出木龙骨的分档、分隔线。竖向木龙骨的间距应与胶合板等块材的宽度相适应，板缝应在竖向木龙骨上。

（2）检查预埋件

在墙上加木楔或预先砌入木砖（或木楔），位置应符合木龙骨分档尺寸。木砖的间距，横竖一般不大于400mm，如木砖位置不适用，可补设木楔。如果不采用预埋木砖而采用木楔圆钉、水泥钢钉及射钉等方式固定木龙骨，就要求建筑墙体基面层必须具有足够的刚性和强度，否则应采取必要的补强措施。

（3）拼装木龙骨

通常使用25mm×30mm的木方，按分档加工出凹槽榫，在地面进行拼装，制成木龙骨架。在开槽榫之前应先刷防火及防腐涂料，待防火及防腐涂料干后再加工凹槽榫。拼装木龙骨方格网的规格通常是300mm×300mm或400mm×400mm。

（4）墙面防潮

在木龙骨与墙之间要刷一道热沥青，并干铺一层油毡，或用水性高分子防水涂料处理，以防止湿气进入而使木墙裙、木墙面变形。

（5）固定木龙骨

墙面有预埋防腐木砖的，即将木龙骨钉固于木砖部位，并且要钉平、钉牢，使其立筋（竖向木龙骨）保证垂直。木龙骨间距应符合设计要求，一般竖向木龙骨间距为400mm，横向木龙骨间距为300mm。

采用木楔圆钉法固定木龙骨时，可用16～20mm的冲击钻头在墙面上钻孔，钻孔深度最小应等于40mm。钻孔位置按事先所做的木龙骨布置弹线确定，在孔内打入防腐木楔，再将木龙骨与木楔用圆钉固定。

在木龙骨安装操作过程中，要随时校正骨架的垂直度及水平度，并检查木龙骨与基层表面的靠平情况，然后再将木龙骨钉牢。

（6）铺钉罩面板

应对罩面板进行挑选，使其颜色、木纹自然协调、基本一致；对于有木纹拼花要求的罩面板，应按设计规定的图案分块试排，按照预排编号上墙就位铺装。为确保罩面板接缝落在木龙骨上，罩面板铺装前可在木龙骨上弹好中心控制线，板块就位安装时其边缘应与控制线吻合，并保持接缝平整、顺直。板材罩面板固定一般用射钉与木龙骨钉牢，封钉前应调整好每块板的拼缝，拼缝要平直，木纹要对齐。要求布钉均匀，钉距 100 ～ 150mm。当采用胶黏剂固定饰面板时，应按照胶黏剂产品的使用要求进行操作。

在曲面墙或弧形造型墙体上固定胶合板时（一般选用材质优良的三夹板），应先进行试铺。如果胶合板弯曲有困难或设计要求采用较厚的板块（如五夹板），可在胶合板背面用刀划割竖向的卸力槽，等距离划割，槽深 1mm。再在木龙骨表面涂胶，将胶合板横向（整幅板的长边方向）围住龙骨骨架进行包覆粘贴，而后用圆钉或钉枪从一侧开始向另一侧顺序铺钉。圆柱体罩面铺装时，圆曲面的包覆应准确交圈。

采用木质企口装饰板罩面时，可根据产品配套材料及其应用技术要求进行安装，使用异型板卡或带槽口的压条（上下横板、压顶条、冒头板条）等对板块进行嵌装固定。对于硬木压条或横向设置的腰带，应先钻透眼，然后再用钉固定。

（7）钉收口条

安装封边收口条时，收口条的规格尺寸要一致，将木纹、颜色近似的收口条钉在一起。钉的位置应在线条的凹槽处或背视线的一侧，以保证其装饰的美观。

（8）安装踢脚板

踢脚板的处理方式主要有外凸式与内凹式两种。当护墙板与墙之间距离较大时，一般宜采用内凹式处理，踢脚板与地面之间宜平接。

（9）磨光和油漆

罩面板安装完毕后，应进行全面扩平及严格的质量检查，并对木墙裙进行打磨、批填腻子、刷底漆、磨光滑、涂刷清漆处理或其他的二次饰面处理。

七、金属饰面板施工工艺

1. 金属饰面板施工基本步骤

金属饰面板做室内墙体饰面，具有质轻、坚硬、色彩丰富、装饰效果好等特点。其施工基本步骤为：在墙体中打膨胀螺栓（混凝土构件中预埋铁件）；固定型钢连接板；固定金属骨架（钢管、铝管等）；固定金属薄板；缝隙处理。

（1）施工准备及材料要求

金属饰面板施工机具见表 5-5。

表 5-5 金属饰面板施工机具

名称	图示	说明
手电钻		主要用于在木龙骨上钻孔，以便于螺钉的固定
冲击钻		冲击钻是一种打孔的工具，是依靠旋转和冲击来工作的。工作时钻头在电动机的带动下不断冲击墙壁打出圆孔
直角尺		直角尺是一种专业量具，简称为角尺。它按照材质可分为铸铁直角尺、镁铝直角尺和花岗石直角尺。这种工具主要用于检测工件的垂直度以及工件相对位置的垂直度，有时也用于画线。它适用于机床、机械设备及零部件的垂直度检验，安装加工定位，画线等
锤子		锤子是一种敲打物体使其移动或变形的工具，主要用于敲钉子，矫正或是将物件敲开。它有各式各样的形式，一般由把手和顶部组成，顶部的一面是平坦的，以便敲击，另一面是锤头，锤头的形状可以是羊角形或楔形，另外也有圆头形的锤头
锯子		可以切割金属饰面板材
切割机		切割机的重量大、切割精度高，切割金属切口平直细腻
靠尺		靠尺是一种检测工具，主要用于检测物体的垂直度、平整度和水平度的偏差

续表

名称	图示	说明
线锤		线锤是一种用于测量垂直度和水平度的工具，在建筑和装修领域中有多种用途 在木工领域中，线锤可以用于辅助切割、定位和安装木材。在线锤的帮助下，木工可以更精确地确定木材的位置和角度，以确保加工的准确性 除此之外，线锤还可以用于检验砌筑墙体和物体的垂直度。通过将线锤悬挂在合适的位置，可以观察线锤的垂线是否与木板平行，从而判断墙体或物体是否垂直

（2）施工材料准备及质量要求

① 施工前应检查所选用的金属饰面板材料及型材是否符合设计要求，规格是否齐全，表面有无划痕，有无弯曲现象。选用的材料最好一次进货（同批），这样可保证规格型号统一、色彩一致。

② 饰面板应分类堆放，防止碰坏变形。检查产品合格证书、性能检测报告和进场验收记录。

③ 骨架材料是由横竖杆件拼成的，主要材质为铝合金型材或型钢等。因型钢较便宜、强度高、安装方便，所以多数工程采用角钢或槽钢。但骨架应预先进行防腐处理。

④ 固定骨架的连接件主要是膨胀螺栓、铁垫板、垫圈、螺母及与骨架固定的各种设计和安装所需要的连接件，其质量必须符合要求。

2. 铝合金墙板饰面安装施工

铝合金墙板安装的工艺流程：放线→固定骨架的连接件→固定骨架→骨架安装检查→安装铝合金板→收口处理。

（1）放线

铝合金板墙面的骨架由横竖杆件拼成，可以是铝合金型材，也可以是型钢。为了保证骨架的施工质量和准确性，首先要将骨架的位置弹到基层上。放线时，应以土建单位提供的中心线为依据。

（2）固定骨架的连接件

骨架的横竖杆件通过连接件与结构固定。连接件与结构之间，可以通过结构预埋件焊牢，也可在墙上打膨胀螺栓。无论用哪一种固定方法，都要尽量减少骨架杆件尺寸的误差，保证其位置的准确性。

（3）固定骨架

骨架在安装前均应进行防腐处理，固定位置要准确，骨架安装要牢固。

（4）骨架安装检查

骨架安装质量决定铝合金板的安装质量，因此安装完毕后应对中心线、表面标高等影响铝合金板安装的因素做全面的检查。有些高层建筑的大面积外墙板，甚至用经纬仪对横竖杆件进行贯通，从而进一步保证其安装精度。要特别注意变形缝、沉降缝、变截面的处理，使之满足使用要求。

（5）安装铝合金板

铝合金墙板的安装顺序是从每面墙的边部竖向第一排下部第一块板开始，自下而上安装。安装完该面的第一排再安装第二排。每安装铺设 10 排墙板后，应吊线检查一次，以便及时消除误差。为了保证墙面外观质量，螺栓位置必须准确。根据板的截面类型，可以将螺钉拧到骨架上，也可将板卡在特制的龙骨上。安装时要认真，保证安全、牢固。板与板之间一般留出一段距离，常用的间隙为 10 ～ 20mm。至于缝的处理，有的用橡胶条锁住，有的注入硅密封胶。铝合金板安装完毕后，在易于污染或易于碰撞的部位应加强保护。为防止被污染，多用塑料薄膜进行覆盖，而对易于划破、碰撞的部位，则设一些安全保护栏杆。

（6）收口处理

各种材料饰面，都有一个如何收口的问题，如水平部位的压顶、端部的收口、伸缩缝的处理、两种不同材料的交接处理等。收口处理不仅关系到装饰效果，而且对使用功能也有较大影响。在铝合金墙板中，多用特制的铝合金型板进行收口处理。

3. 彩色涂层钢板饰面安装施工

① 按照设计节点详图，检查墙筋的位置，计算板材及缝隙宽度，进行排板、画线定位，然后进行安装。

② 在窗口和墙转角处应使用异型板，以简化施工，增加防水效果。

③ 墙板与墙筋用铁钉、螺钉及木卡条连接。其连接原则是：按节点连接做法沿一个方向顺序安装，安装方向相反则不易施工。如墙筋或墙板过长，可用切割机切割。

④ 尽管彩色涂层钢板在加工时对于其形状已考虑了防水性能，但若遇到材料弯曲、接缝处高低不平，其防水功能可能失去作用，在边角部位这种情况尤为明显，因此在一些板缝中填防水材料也是必要的。

4. 彩色压型钢板饰面安装施工

① 复合板安装是用吊挂件把板材挂在墙身骨架条上，再把吊挂件与骨架焊牢，对于小型板材也可用钩形螺栓固定。

② 板与板之间的连接。水平缝为搭接缝，竖缝为企口缝，所有接缝处，除用超细玻璃棉塞严外，还用自攻螺钉钉牢固，钉距为 200mm。

③ 门窗孔洞、管道穿墙及墙面端头处，墙板均为异型板。外墙顶部和门窗周围均设防

雨泛水板，泛水板与墙板的接缝处用防水油膏嵌缝。压型板墙转角处均用槽形转角板进行外包角和内包角，转角板用螺栓固定。

④ 安装墙板时可采用脚手架或利用檐口挑梁加设临时单轨，操作人员在吊篮上安装和焊接。对于板的起吊，可在墙的顶部设滑轮，然后用小型卷扬机或人力吊装。

⑤ 墙板的安装顺序是从墙边部竖向第一排下部第一块板开始，自下而上安装。安装完第一排再安装第二排。每安装铺设 10 排墙板后，用吊线锤检查一次，以便及时消除误差。

⑥ 为了保证墙面的外观质量，须在螺栓位置画线，按线开孔，采用单面施工的钩形螺栓固定，使螺栓的位置横平竖直。

⑦ 墙板的内外包角、钢窗周围的泛水板，以及须在施工现场加工的异型件等，应参考图样。对安装好的墙面进行实测，确定其形状尺寸，使其加工准确，便于安装。

任务三 工程质量要求及验收标准

相关验收标准见表 5-6 ～表 5-13。

一、龙骨隔墙质量标准

① 骨架隔墙所用龙骨、配件、隔墙板、填充材料，及嵌缝材料的品种、规格、性能和木材的含水率应符合设计要求。有隔声、隔热、阻燃、防潮等特殊要求的工程，其材料应有相应性能等级的检测报告。

② 骨架隔墙工程边框龙骨必须与基体结构连接牢固，并应平整、垂直、位置正确。

③ 骨架隔墙中龙骨间的构造连接方法应符合设计要求。骨架内设备管线的安装、门窗洞口等部位加强龙骨应安装牢固、位置正确，填充材料的设计应符合要求。

④ 木龙骨及木墙面板的防火和防腐必须符合设计要求。

⑤ 骨架隔墙的墙面板应安装牢固，无脱层、翘曲、折裂及缺损。

⑥ 墙面板所用接缝材料的接缝方法应符合设计要求。

⑦ 一般项目如下。

a. 骨架隔墙表面应平整光滑，色泽一致，无裂缝，接缝应均匀、顺直。

b. 骨架隔墙上的孔洞、槽、盒应位置正确，套割吻合，边缘整齐。

c. 骨架隔墙金属吊杆、龙骨的接缝应均匀一致，角缝应吻合，表面应平整，无翘曲、锤痕。木质吊杆、龙骨应顺直，无劈裂、变形。

d. 骨架隔墙内的填充材料应干燥，填充密实、均匀，无下坠。

e. 骨架隔墙安装的允许偏差及检验方法应符合表5-6和表5-7的要求。

二、玻璃隔墙施工验收标准

1. 主控项目

① 玻璃隔墙工程所用材料品种、规格、性能、图案和颜色应符合设计要求。
② 玻璃砖隔墙的砌筑或玻璃板隔墙的安装方法应符合设计要求。
③ 玻璃砖隔墙中埋设的拉筋必须与基体结构连接牢固，并应位置正确。
④ 玻璃板隔墙的安装必须牢固，玻璃板隔墙胶垫的安装应正确。

2. 一般项目

① 玻璃隔墙表面应颜色一致、平整、洁净、美观。
② 玻璃隔墙接缝应横平竖直，玻璃应无裂痕、缺损和划痕。
③ 玻璃板隔墙嵌缝及玻璃砖隔墙勾缝应密实严密、均匀顺直、深浅一致。
④ 玻璃隔墙安装的允许偏差和检验方法应符合表5-12的规定。

三、饰面板安装标准

1. 主控项目

① 饰面板的品种、规格、颜色和性能应符合设计要求。木龙骨、木饰面板和塑料面板的燃烧性能等级应符合设计要求。所用骨架、配件、饰面板、填充材料及嵌缝材料的品种、规格、性能，以及木材的含水率、饰面板的颜色等应符合设计要求。有隔声、隔热、阻燃、防潮等特殊要求的工程，其材料应有相应性能等级的检测报告。

② 骨架必须与基体连接牢固，并应平整、垂直、位置正确。骨架间距和构造连接方法应符合设计要求。骨架内设备管线的安装、门窗洞口等部位加强龙骨应安装牢固、位置正确，填充材料的设置应符合设计要求。骨架隔墙的墙柱面板应安装牢固，无脱层、曲翘、折裂或缺损。

③ 饰面板安装工程的预埋件（或后置埋件）、连接件的数量、规格、位置、连接方法和防腐处理必须符合设计要求。后置埋件的现场拉拔强度必须符合设计要求。饰面板安装必须牢固。

④ 饰面板孔槽的数量、位置和尺寸应符合设计要求。所需预埋件、连接件的位置、数量及连接方法应符合设计要求。

⑤ 贴板类墙柱面板材安装必须牢固。贴板类墙柱面板材所用接缝材料的品种及接缝方法应符合设计要求。

2. 一般项目

① 饰面板表面应平整、洁净、色泽一致，无裂纹和缺损。石材表面应无返碱等。

② 采用湿作业法施工的饰面板工程，其石材应进行防碱背涂处理。饰面板与基体之间的灌注材料应饱满、密实。

③ 饰面板嵌缝应密实、平直，宽度和深度应符合设计要求，嵌填材料色泽应一致。

④ 饰面板上的孔洞、槽、盒位置正确、套割吻合，边缘应整齐。

⑤ 饰面板安装的允许偏差和检验方法应符合表 5-11 的规定。

表 5-6　隔墙轻钢龙骨安装验收标准　单位：mm

序号	项目名称		项目参考标准	检验方法
1	湿区竖向龙骨间距	≤	400	用钢尺检查
2	干区竖向龙骨间距	≤	400	用钢尺检查

表 5-7　隔墙木龙骨安装验收标准　单位：mm

项目名称		项目参考标准	检验方法
竖向龙骨间距	≤	400	用钢尺检查

表 5-8　墙面木基层制安装验收标准　单位：mm

序号	项目名称		项目参考标准	检验方法
1	离地完成面		5 ～ 7	塞尺检查
2	平整度	≤	2	用 2m 靠尺和塞尺检查
3	垂直度	≤	3	用 2m 垂直检测尺检查
4	阴阳角方正	≤	2	用直角检测尺检查

表 5-9　墙面砖粘贴验收标准　单位：mm

序号	项目名称		项目参考标准	验收方法
1	表面平整度	≤	2	用 2m 靠尺和塞尺检查
2	立面垂直度	≤	3	用 2m 垂直检测尺检查
3	阴阳角方正	≤	3	用直角检测尺检查
4	接缝高低差	≤	0.5	用钢直尺和塞尺检查
5	接缝直线度	≤	2	拉 5m 线，不足 5m 拉通线，用钢直尺检查
6	接缝宽度偏差	≤	1	用钢直尺检查

表 5-10　墙面石材安装验收标准　单位：mm

序号	项目名称		项目参考标准	验收方法
1	表面平整度	≤	2	用 2m 靠尺和塞尺检查
2	立面垂直度	≤	2	用 2m 垂直检测尺检查
3	阴阳角方正	≤	2	用直角检测尺检查
4	接缝高低差	≤	0.5	用钢直尺和塞尺检查
5	接缝直线度	≤	2	拉 5m 线，不足 5m 拉通线，用钢直尺检查
6	接缝宽度偏差	≤	1	用钢直尺检查

表 5-11 饰面板材安装验收标准

单位：mm

序号	项目	允许偏差							检验方法
		石材			瓷板	木材	塑料	金属	
		光面	剁斧石	蘑菇石					
1	立面垂直度	2	3	3	2	1.5	2	2	用 2m 垂直检测尺检查
2	表面平整度	2	3	—	1.5	1	3	3	用 2m 靠尺和塞尺检查
3	阴阳角方正	2	4	4	2	1.5	3	3	用直角检测尺检查
4	接缝直线度	2	4	4	2	1	1	1	拉 5m 线，不足 5m 拉通线，用钢直尺检查
5	墙裙、勒脚上口直线度	2	3	3	2	2	2	2	拉 5m 线，不足 5m 拉通线，用钢直尺检查
6	接缝高低差	—	3	—	0.5	0.5	1	1	用钢直尺和塞尺检查
7	接缝宽度	1	2	2	1	1	1	1	用钢直尺检查

表 5-12 玻璃隔墙安装的允许偏差和检验方法

单位：mm

项次	项目	允许偏差		检验方法
		玻璃砖	玻璃板	
1	立面垂直度	3	2	用 2m 垂直检测尺检查
2	表面平整度	3	—	用 2m 靠尺和塞尺检查
3	阴阳角方正	—	2	用直角检测尺检查
4	接缝直线度	—	2	拉 5m 线或通线，用钢直尺检查
5	接缝高低差	3	2	用钢直尺和塞尺检查
6	接缝宽度差	—	1	用钢直尺检查

表 5-13 软包工程的允许偏差和检验方法

单位：mm

页沙	项目	允许偏差	检验方法
1	垂直度	3	用 1m 垂直检测尺检查
2	边框宽度、高度	0；-2	用钢尺检查
3	对角线长度差	3	用钢尺检查
4	裁口、线条接缝高低差	1	用钢直尺和塞检查

拓展阅读

室内装饰中的文化自信

装饰装修风格是室内环境整体表现出的艺术特色和个性，也是装饰工程项目的内在追求，风格虽然表现于造型、颜色、肌理、陈设等形式要素，但能体现出艺术、文化、社会发展等深刻内涵。

新中式风格是借助现代设计语言，将中国传统文化和现代材料等设计元素通过提炼并加以丰富，融入现代生活环境和审美习惯中的一种装修风格，是中国传统文化意义在当前时代背景下的创新演绎，越来越受到人们的青睐。新中式风格蕴含中国优秀传统文化精髓，让人们在享受现代物质文明的同时感受中国传统文化的魅力，在东方古韵与现代时尚简约的交融碰撞中体会浓厚的中华人文底蕴，增强文化自信。

G20 杭州峰会、厦门金砖峰会等场馆的装饰装修设计就大量运用了新中式风格。人们在领略中国传统文化底蕴与现代创新设计完美结合的同时，体会大国文化形象，培养爱国情怀。

项目六

吊顶工程施工

知识目标

① 了解吊顶工程的常用材料及选购方法。
② 掌握各种类型吊顶工程的构造以及吊顶工程所需材料的特性。
③ 掌握木龙骨吊顶的施工工艺流程及施工要点。
④ 掌握轻钢龙骨吊顶的施工工艺流程及施工要点。
⑤ 掌握T形龙骨和金属装饰板吊顶的施工工艺流程及施工要点。
⑥ 了解吊顶工程的施工质量验收标准。

技能目标

① 能够运用规范的建筑装饰施工术语对吊顶工程进行专业性介绍，并从实用性、艺术性、工艺性、技术性和经济性等方面合理地评价各种吊顶工程。
② 能进行各种吊顶工程的施工操作。

素质目标

① 培养精益求精的工匠精神。
② 培养团队合作精神。

任务一 常见吊顶工程材料及选购

一、石膏板的种类

石膏板广泛地应用于家庭装饰中，基本有以下几种：装饰石膏板、纸面石膏板、嵌装式装饰石膏板、耐火纸面石膏板、耐水纸面石膏板、吸声用穿孔石膏板。

1. 装饰石膏板

装饰石膏板是以建筑石膏为主要原料，掺入适量增强纤维、胶黏剂、改性剂等，经过搅拌、成型、烘干等工艺而制成的新型顶棚材料。它具有重量轻、强度高、防潮、防火等性能，可适用于顶棚和墙面装饰。装饰石膏板又可分为普通板和防潮板两种，普通板和防潮板都有平板、孔板、浮雕板三种规格。

2. 纸面石膏板

它是以建筑石膏板为主要原料，掺入适量的纤维与添加剂制成板芯，与特制的护面纸牢固粘连而成的轻质吸声板。它具有重量轻、强度高、耐火、隔声、抗震、便于加工等特点，适用于室内顶棚，也可作为内墙隔断、护墙板。纸面石膏板的棱边形状有矩形、45°倒角形、楔形、半圆形和圆形。

3. 嵌装式装饰石膏板

它是以建筑石膏为主要原料，掺入适量的纤维增强材料和外加剂，与水一起搅拌成均匀的料浆，经浇注成型、干燥而成的不带护面纸的板材。板材背面四边加厚，并带有嵌装企口，板材正面为平面，带孔或带浮雕图案。

4. 耐火纸面石膏板

它是以建筑石膏为主要原料，掺入适量无机耐火纤维增强材料构成耐火芯材，并与护面纸牢固地粘连在一起的耐火建筑板材。耐火纸面石膏板的棱边形状有矩形、45°倒角形、楔形、半圆形和圆形。

5. 耐水纸面石膏板

它是以建筑石膏为原材料，掺入适量耐水外加剂构成耐水芯材，并与耐水的护面纸牢固地粘连在一起的建筑板材。耐水纸面石膏板的棱边形状有矩形、45°倒角形、楔形、半圆形和圆形。

6. 吸声用穿孔石膏板

它是以装饰石膏板和纸面石膏板为基础板材，并有贯通于石膏板正面和背面的圆柱形孔眼，在石膏板背面粘贴具有透气性的背覆材料和能吸收入射声能的吸声材料等组合而成的。吸声用穿孔石膏板的棱边形状有直角形和倒角形。

二、石膏板的选购

石膏板种类繁多，用途广泛，作为消费者，在选购时要学会鉴别石膏板的质量。一般有以下几种方式。

1. 目测

进行外观检查时应在 0.5m 远处光照明亮的条件下，对板材正面进行目测检查。先看表面，表面应平整光滑，不能有气孔、污痕、裂纹、缺角、色彩不均和图案不完整等问题。纸面石膏板上下两层牛皮纸需结实，可预防开裂，而且可以确保打螺钉时不至于将石膏板打裂。再看石膏板侧面的石膏质地是否密实，有没有空鼓现象，越密实的石膏板越耐用。

2. 用手敲击

用手敲击石膏板，若发出很实的声音，说明石膏板结实耐用；如发出很空的声音，则说明板内有空鼓现象，且质地不好。用手掂分量也可以衡量石膏板的优劣。

3. 尺寸允许偏差、平面度和直角偏离度

装饰石膏板的尺寸允许偏差、平面度和直角偏离度要符合合格标准，如偏差过大，会使装饰表面拼缝不整齐，整个表面凹凸不平，对装饰效果会有很大的影响。

4. 看标志

在每个包装箱上，都应有产品的名称、商标、质量等级、制造厂名、生产日期以及防潮、小心轻放和产品标记等标志。购买时应重点查看质量等级标志。装饰石膏板的质量等级是根据尺寸允许偏差、平面度和直角偏离度划分的。

三、石膏线的选购

石膏线是家庭装修中广为流行的装饰材料之一，其价格低廉，具有防火、防潮、保温、隔声、隔热等功能，并具有豪华气派的装饰效果。

目前，材料市场上出售的石膏线所用石膏质量参差不齐。优质的石膏线洁白细腻，光亮度高，手感平滑，干燥结实，背面平整，用手指弹击有清脆的金属声。而劣质石膏线是用石膏粉加增白剂制成的，颜色发青，还有用含水量大并且没有完全干透的石膏制成的石膏线。这些石膏线的硬度、强度大打折扣，使用后会发生扭曲变形，甚至断裂。

成品石膏线内要铺数层纤维网，石膏附着在纤维网上，就可增加石膏线的强度。所以纤维网的层数和质量与石膏线的质量有密切关系。劣质石膏线内铺网的质量差，不满铺或层数少，甚至以草、布代替，这样都会减弱石膏线的附着力，影响石膏线质量。使用这样的石膏线，容易出现边角破裂，甚至整体断裂。检验石膏线内部结构时，应把石膏线断开，看其断面及其内部网质和层数，检验其内部质量。

选购石膏线时还应看其厚薄，石膏是气密性胶凝材料，石膏线必须具有相应的厚度，才能保证其分子间的亲和力达到最佳程度，从而保证一定的使用年限和在使用期内的完整、安全。如果石膏线过薄，不仅使用年限短，还会影响安全。

还可看其价格高低，与优质石膏线的价格相比，劣质的石膏线的价格要便宜（1/3）～（1/2）。低廉的价格虽对用户具有吸引力，但往往在安装使用后便明显露出缺陷，造成遗憾，因此不要采购。

四、吊顶材料的选购

吊顶材料有石膏板、铝扣板、铝塑板、PVC 塑料扣板、夹板、防火板等。

选购吊顶材料时首先要注重功能，形式要服从功能，如厨卫吊顶材料不能与房间里的造型吊顶材料一样。

在家庭装修中，通常除厨房、卫生间以外的房间都可使用石膏板吊顶。石膏板质轻、强度高、防潮、防火、裁切方便，便于施工，被广泛应用于顶棚装饰。还可使用夹板吊顶，但因木质夹板受室内温度、湿度影响，容易变形、扭曲、起翘、开裂，而石膏板稳定性要超过木质夹板，所以石膏板吊顶成为主流。

对于厨房、卫生间，要选用具有防潮和防火功能的吊顶材料，但要注意镂空的吊顶材料最好不用在厨房，因为难以清洁卫生。对于卫生间，做完遮盖管线的吊顶之后离地面高度往往较矮，如用平板材料，洗澡时水蒸气无处流通，会在身上凝结成水珠滴，使人感觉不太舒适。

五、厨卫吊顶材料的种类

厨卫吊顶材料主要有 PVC 塑料扣板、铝扣板和铝塑板三种。

（1）PVC 塑料扣板

其耐水、耐擦洗性能很强，成本相对较低；重量轻，安装简便，防水，防蛀虫，表面的花色图案变化也非常多，并且耐污染，易清洗，有隔声、隔热的良好性能，特别是新工艺中加入阻燃材料，使其能够离火即灭，使用更为安全。不足之处是与金属材质的吊顶材料相比，使用寿命相对较短。PVC 塑料扣板若发生损坏，更换十分方便，只要将一端的压条取下，将板逐块从压条中抽出，用新板更换破损板，再重新安装好压条即可。更换时应该注意尽量减少色差。

（2）铝扣板

铝扣板与传统的吊顶材料相比，质感和装饰感方面更优。铝扣板分为吸声板和装饰板两种。吸声板的孔型有圆孔、方孔、长圆孔、长方孔、三角孔、大小组合孔等，其特点是具有良好的防腐、防震、防水、防火、吸声性能，表面光滑，底板大都是白色或铝灰色。装饰板特别注重装饰性，线条简洁流畅，按颜色分有古铜、黄金、红、蓝、奶白等。按形状分有条形、方形、格栅形等，但不建议将格栅形板用于厨房、卫生间吊顶。长方形板的最大规格为 600mm×300mm，一般居室的宽度约 5m，较大居室的装饰选用长方形板时整体感更强，对小房间的装饰一般可选用的规格为 300mm×300mm。由于铝扣板的绝热性能较差，为了获得一定的吸声、绝热功能，在选择其进行吊顶装饰时，可以利用内加玻璃棉、岩棉等保温、吸声材质的办法达到绝热、吸声的效果。

（3）铝塑板

铝塑板由铝材与塑料合制而成，具有防水、防火、防腐蚀等特点，为长 2.44m、宽 1.22m 的整块板材，可以整块吊顶，也可以根据自己的需要随意裁切它的大小，在一些异型吊顶中应用比较灵活。

这三种材料中，铝扣板价格最贵，PVC 塑料扣板价格最便宜。

六、PVC 塑料扣板的选购

PVC 塑料扣板已广泛地应用于千家万户。它是以聚氯乙烯树脂为基料，加入一定量的抗老化剂、改性剂等助剂，经混炼、压延、真空吸塑等工艺而制成的。

PVC 塑料扣板的图案品种较多，可供选择的颜色有乳白、米黄、湖蓝等；图案有昙花、蟠桃、熊竹、云龙、格花、拼花等。

选购 PVC 塑料扣板时，首先要求外表美观、平整；其次要闻闻板材，如带有强烈刺激性气味，则对身体有害，应选择无味的产品。可要求生产或经销单位出示其检验报告，而且应特别注意氧指标是否合格，氧指标合格者才有利于防火。

选择 PVC 塑料扣板颜色时要注意与居室整体效果配套，顶面的颜色应浅于地面颜色，可与墙面颜色相同或比墙面颜色浅，这样可以让人从视觉上感觉空间有所拉升变高；再根据安装地点、个人爱好及整体环境协调等因素，来挑选适合自己居室装饰的花色图案。

七、铝扣板的选购

铝扣板与传统的吊顶材料相比，在质感和装饰感方面更优。铝扣板按形状分有条形、方形、格栅三种。其中方形铝扣板又分为平板和镂空两种。

目前条形铝扣板主要有喷涂、滚涂和覆膜等几种类型。一般适用于走道等地方，在设计上有助于减弱通道长的感觉。宽度规格为 100mm 或 120mm，长度可根据房间的大小任意裁切。目前家庭装饰中条形铝扣板用得较多。

方形铝扣板分为 300mm×300mm、600mm×600mm 两种规格。前者适用于厨房、卫生间等容易脏污的地方，而后者一般用于办公室等公共场所，是目前的主流产品。方形铝扣板又分为镂空和平板两种。镂空铝扣板最主要的优点是其可通潮气，在洗澡时，尤其是冬天，水蒸气向周围扩散，如果空间很狭窄，人很快会感觉憋闷，甚至身体不好的人会发生危险，用排风扇使空气流通又会太冷。而用镂空铝扣板吊顶可使潮气通过孔隙进入顶部，避免了在板面形成水珠掉在人身上的不适感觉。而对于厨房则建议选用平板铝扣板，如选用镂空铝扣板，油烟从微孔渗入顶面，清洁卫生就是件烦心的事了。

格栅铝扣板适用于商业空间，以及阳台和过道的装饰，显得高雅大方，空间通透。规格为 100mm×100mm。

选购铝扣板时，最主要是查看其铝质厚度。一般 300mm×300mm 的铝扣板需要 0.6mm 厚度，而 600mm×600mm 的铝扣板需要 0.8mm 厚度。选择时要注意商家是否通过加厚烤漆层来增加整体厚度，不要购买这种铝扣板。

选购铝扣板时，还要检查材质的真实度，以防不法厂商用不锈铁假冒铝材。是纯铝材还是不纯铝材或者不锈铁，可以使用磁铁来验证：纯铝材不吸磁，而次质铝材或假铝材能吸磁。

任务二 吊顶工程施工工艺

一、轻钢龙骨石膏板吊顶施工工艺

1. 施工准备

① 吊顶施工应在上道工序完成后进行。对于原有孔洞应填补完整，无裂、漏现象。

② 对上道工序安装的管线应进行工艺质量验收；所预留出口、风口高度应符合吊顶设计标高。

2. 工艺流程

施工配合→弹线→吊点→主龙骨安装→边龙骨安装→次龙骨安装→石膏板安装。

3. 主要施工技术措施

（1）施工配合

在吊顶施工中，顶棚上的电器配管、布线、位线、空调、消防管道、供水管道、暖管道、报警线路等都须同步安装就位，并达到基本调试完毕的要求。

（2）弹线

① 包括地坪基准线、标高线、顶棚标高线、顶棚弧形位置线、吊顶布局线、大中型壁灯吊灯位置线等。

② 放标高线时，先定地面与地坪基准线，如原地需贴石材、瓷砖等饰面，则需根据饰面的厚度来定地坪基准线，将定出的地平基准线弹在墙边上，也可以500mm线为准，上下计算地面和顶棚的高低尺寸，在该面弹出高低尺寸线。

（3）吊点

主龙骨吊点必须保证每平方米内有1根吊筋，吊点位置离墙不大于300mm。有跌级造型的天花板，应在跌级交界处布置吊点。对于上人的大面积吊顶，应选用直径10mm的钢筋作为吊筋，其他可选用直径8mm的钢筋。钢筋必须经过拉直处理，同时刷防锈漆三遍。吊筋和膨胀螺栓的连接必须牢固可靠，无松动。

（4）主龙骨安装（图6-1）

① 将主龙骨用专用吊挂件连接吊杆，拧紧螺母并卡牢，主龙骨使用专用接插件进行接长。

② 主龙骨安装完毕后进行调平，可用木方将主龙骨卡住，临时固定，在主龙骨下面拉线打平，拧动吊杆螺母使主龙骨升降，并考虑顶棚起拱高度不大于房间短向跨度的1/200。固定石膏板的龙骨应平整，无弯棱凸鼓现象。

③ 大面积房间吊顶，每隔10～20m，在主龙骨上部焊接横卧主龙骨一道，以加强主龙骨稳定性及吊顶的整体性。

④ 吊顶从一端依次安装到另一端，有高低跨安装时应先高后低。主龙骨间距900mm，离墙第一根主龙骨距离不超过300mm，排到最后距离如超过300mm，应增加一根。

图 6-1　主龙骨安装

（5）边龙骨安装（图 6-2）

边龙骨安装时用水泥钉固定，固定间距在 300mm 左右。

图 6-2　边龙骨安装

（6）次龙骨安装

次龙骨安装间距一般为 400mm，横撑龙骨间距一般为 600mm。

（7）石膏板安装

① 顶棚的轻钢龙骨和顶棚板的排列分隔，从房间中部向两边依次安装，做到对称，使

顶棚布置美观整齐。

② 板与龙骨用镀锌自攻螺钉拧紧，自攻螺钉中距不得大于 200mm。它与石膏板边距离：面纸包封的板边以 10 ～ 15mm 为宜；切割的板边以 15 ～ 20mm 为宜。螺钉应与板面垂直。

③ 石膏板接缝时应留适当缝口嵌腻子，在板缝处用刮刀将嵌缝腻子嵌密实，晾干后再刮厚 3mm、宽 50 ～ 60mm 的腻子，随即贴上进口防裂带，用刮刀顺着纸带方向刮压，使腻子均匀地挤出纸带，接缝处应清理干净，使其平滑。

④ 安装双层石膏板时，面层板与基层板的接缝应错开，不得在同一根龙骨上接缝，如图 6-3 所示。

图 6-3 双层石膏板接缝

⑤ 对角接缝处、与砖墙等接驳处应做特殊处理，如图 6-4 和图 6-5 所示。

图 6-4 石膏板覆面延伸工艺防开裂

图 6-5　石膏板对角接缝防开裂

4. 质量要求

① 纸面石膏板吊顶要表面平整、洁净、无污染。边缘切割整齐一致，无划伤和缺棱掉角。

② 注意龙骨与龙骨架的强度与刚度。龙骨的接头处、吊挂处是受力的集中点，施工时应注意加固。如在龙骨上悬吊设备，必须在龙骨上增加吊点。

③ 所有连接件、吊挂件都要固定牢固，龙骨不能松动，既要有上劲，也要有下劲，上下都不能有松动。

④ 控制吊顶的平整度：应从标高线水平度、吊点分布与固定、龙骨的刚度等几方面来考虑。为保证标高线水平度准确，首先要保证标高基准点和尺寸准确，吊顶面的水平控制线应拉通线，线要拉直，最好采用尼龙线。对于跨度较大的吊顶，在中间位置加设标高控制点。吊点分布合理，安装牢固，吊杆安装后不松动，不产生变形，龙骨要有足够的刚度。

⑤ 要处理好吊顶表面与吊顶设备的关系：吊顶表面装有灯槽盘、空调出风、消防烟雾报警器和喷淋头等，这些设备与顶面的关系处理不好，会破坏吊顶的完整性，影响美观，故安装灯盘与灯槽时，一定要从吊顶平面的整体性着手，不能把灯盘和灯槽装得高低不平，与顶面衔接不吻合。安装自动喷淋头、烟雾器时，必须安装在吊顶平面上，自动喷淋头必须通过吊顶平面与自动喷淋系统的水管相接。水管不能预留太短，否则自动喷淋头不能在吊顶面与水管连接。另外，喷淋头边不能有遮挡物。

⑥ 吊筋应符合设计要求，吊筋顺直与吊挂件连接应符合安装规范及有关要求，使用前应进行除锈，涂刷防锈漆要均匀，表面光洁。

5. 成品保护

① 吊顶施工：待吊顶内管线、设备施工安装完毕，办理好交接后，再调整龙骨，封罩面板，做好吊顶内管线、设备的保护，并配合各专业对灯具、喷淋头、烟感、回风、送风口等用纸胶带、塑料布进行粘贴、扣绑保护。

② 骨架、饰面板及其他吊顶材料在进场、存放、使用过程中应严格管理，保证不变形、不受潮、不生锈。施工部位已安装的门窗、地面、墙面、窗台等应注意保护，防止损坏。

③ 已装好的轻骨架上不得上人踩踏，其他工种的吊挂件不得吊于轻骨架上。

④ 一切结构未经设计人员审核，不能乱打乱凿。

⑤ 饰面板安装后，应采取保护措施，防止损坏、污染。

6. 控制要点

① 轻钢龙骨顶棚骨架施工，先高后低。

② 主龙骨和次龙骨要求达到平直。为了消除顶棚由于自重下沉产生挠度和目视的视差，可在每个房间的中间部位，用吊杆螺栓进行上下调节，预先给予一定的起拱量，短向起拱为1/200，待平整度全部调好后，再逐个拧紧吊杆螺母。如顶棚需要开孔，先在开孔部位划出开孔的位置，将龙骨加固好，再用钢锯切断龙骨和石膏板，保持稳固牢靠。

③ 施工顶棚轻钢龙骨时，不能一开始就将所有卡夹都夹紧，以免校正主龙骨时，左右一敲，夹子松动，且不易再紧，影响牢固。正确的方法是：安装时先将次龙骨临时固定在主龙骨上，每根次龙骨用两个卡夹固定，校正主龙骨平正后再将所有卡夹一次全部夹紧，顶棚骨架就不会松动，减少变形。遇到大面积房间采用轻钢龙骨吊顶时，需每隔12m在主龙骨上部焊接横卧主龙骨一道，以加强主龙骨侧向稳定及吊顶整体性。

④ 在吊顶施工中应注意工程之间的配合，避免返工拆装而损坏龙骨及板材。吊顶上的风口、灯具、烟感探头、喷淋洒头等可在吊顶板就位后安装，也可预留周围吊顶板，待上述设备安装后再行安装。遇初次施工，宜先做一个标准样板间，总结经验，经过设计人员及使用单位验收认可后，再大面积施工。

⑤ 表面平整，无凸状；四边与墙连接部位的标高、平整度达到要求。

⑥ 吊顶板与灯周边接合得平整、严密、美观。

⑦ 上下阳角对齐，整体目测美观，纵向阳角平直、方正，纵向阴角方正、通顺，小立面平整，无高低弯曲现象。

7. 工程质量通病及预防措施

① 各种外露的铁件必须做防锈处理。

② 吊顶内的一切空调、消防、用电、电信设备以及人行走道，必须自行独立架设。

③ 所有焊接部分必须焊缝饱满；吊扣、挂件必须拧夹牢固。

④ 控制吊顶不平，施工中应拉通线检查，做到标高位置正确、大面平整。

二、木龙骨吊顶施工工艺

木龙骨吊顶为传统的悬吊式顶棚做法，是以木质龙骨为基本骨架，以木质胶合板、纸面石膏板作为饰面板组合而成的吊顶体系。木龙骨吊顶适用于面积较小、造型复杂的吊顶工程。其施工工艺简单，施工速度快，但防火性能差，常用于家庭装饰装修工程。

1. 施工准备

（1）木龙骨

木龙骨吊顶骨架的截面尺寸通常为25mm×25mm、30mm×30mm、40mm×40mm三种。

（2）饰面板

饰面板的品种、规格、图案应满足设计要求，材质应按有关材料标准和产品说明书进行验收。饰面板表面应平整，边缘应整齐，颜色应一致。常用的饰面板有胶合板和纸面石膏板。

① 胶合板：一般作为基层板使用，多用于隔墙、吊顶、造型、家具的结构层。胶合板的常用规格为1220mm×2440mm。胶合板柔软，有弹性，有连续性，易加工，能与龙骨很好地连接，因此可以做出各种顶棚的造型。

② 纸面石膏板：是以建筑石膏为主要原料，掺入纤维和外加剂构成芯材，并与特制的护面纸牢固结合在一起的建筑板材。从板材的性能上可分为普通、防火、防潮三类。纸面石膏板具有重量轻、隔热、隔声、可加工性好、防火抗震等优点。纸面石膏板常做室内吊顶、隔墙用材，常用规格为3000mm×1200mm×9.5mm和2440mm×1200mm×9.5mm，与木龙骨可直接用自攻螺钉连接。

（3）木龙骨吊顶施工机具

电动冲击钻、手电钻、电动修边机、电动或气动打钉枪、木刨、槽刨、锯、锤、斧、螺丝刀、卷尺、水平尺、墨线斗等。

2. 工艺流程

施工准备→弹线定位→木龙骨拼装→安装吊点、吊筋→固定沿墙龙骨→木龙骨吊装固定→安装饰面板。

3. 木龙骨吊顶施工要点

（1）施工准备

在吊顶工程施工前，顶棚上部的电器布线、空调管道、消防管道、报警线路等均应安装到位并调试完成；自顶棚至墙体的各开关和插座的有关线路铺设也应已经就绪；施工机具、材料和脚手架等已经准备完毕；顶棚基层和吊顶空间全部清理无误之后方可开始施工。

（2）弹线定位

弹线定位是吊顶施工的标准。弹线的内容主要包括：标高线、造型位置线、吊点布置线、大中型灯位线等。放线的作用：一方面使施工有了基准线，便于下一道工序确定施工位置；另一方面能检查吊顶以上部位的管道等对标高位置的影响。

① 确定标高线：首先定出地面基准线，如果原地坪无饰面要求，则原地坪线为基准线；如果原地坪有饰面要求，则饰面后的地坪线为基准线。以地坪基准线为起点，根据设计要求在墙（柱）面上量出吊顶的高度，并在该点画出高度线（作为吊顶的底标高）。

② 确定造型位置线：对于规则的建筑空间，应根据设计的要求，先在一个墙面上量出吊顶造型位置距离，并按该距离画出平行于墙面的直线，再在另外三个墙面用同样的方法画出直线，便可得到造型位置外框线，再根据外框线逐步画出造型的各个局部的位置。

对于不规则的建筑空间，可根据施工图纸测出造型边缘与墙面的距离，运用同样的方法，找出吊顶造型边框的有关基本点，将各点连线形成吊顶造型线。

③ 确定吊点布置线：在一般情况下，吊点按每平方米一个均匀布置，灯位处、承载部位、龙骨与龙骨相接处及跌级吊顶的跌级处应增设吊点。超过3kg的灯具、电扇及其他设备应设置独立吊挂结构。

对建筑装饰工程中所用的木龙骨材料要进行筛选并进行防腐与防火处理。一般将防火涂料涂刷或喷涂于木材表面，也可以将木材放在防火涂料槽内浸渍。

（3）木龙骨拼装

木龙骨架在吊装前应先在地面上进行拼装，拼装的面积一般控制在10 ㎡以内，否则不便吊装。拼装时先拼装大片的木龙骨架，再拼装小片的局部骨架。拼装的方法常采用咬口（半榫扣接）方式，具体做法为：槽深与槽宽约为木龙骨深和宽的一半，凹槽咬合后用钉子固定，槽之间的距离应符合有关规定。

（4）安装吊点、吊筋

吊点安装常采用膨胀螺栓、射钉、预埋铁件等。

① 用冲击钻在建筑结构面上打孔，然后放入膨胀螺栓。用射钉将角铁等固定在建筑结构底面。

② 当在装配式预制空心楼板顶棚底面采用膨胀螺栓或射钉固定吊点时，其吊点必须设

置在已灌实的楼板板缝处。

吊筋常采用钢筋、角钢、扁铁或方木，其规格应满足承载要求。吊筋与吊点的连接可采用焊接、钩挂、螺栓或螺钉连接等方法。吊筋安装时，应做防腐、防火处理。

（5）固定沿墙龙骨

沿吊顶标高线固定沿墙龙骨，一般用冲击钻在标高线以上 10mm 处墙面打孔，孔径 12mm，孔距 400mm，孔内塞入木楔。将沿墙龙骨钉在墙内木楔上，沿墙龙骨与吊顶次龙骨的尺寸一样。沿墙龙骨固定后，其底边与其他次龙骨底边标高一致。

（6）木龙骨吊装固定

木龙骨吊顶的龙骨架有两种形式，即单层网格式木龙骨架和双层木龙骨架。

① 单层网格式木龙骨架吊装固定。具体施工要点如下。

a. 分片吊装：单层网格式木龙骨架吊装一般先从一个墙角开始，将拼装好的木龙骨架托起至标高位置，对于高度低于 3.2m 的吊顶龙骨架，可在高度定位杆上做临时支撑。吊顶高度超过 3.2m 时，可用铁丝在吊点上做临时固定。根据吊顶标高线拉出纵横水平基准线，作为吊顶的平面基准。将吊顶龙骨架略做移位，使之与基准线平齐。待正片龙骨架调正、调平后，将其靠墙部分与边龙骨钉接。

b. 木龙骨架与吊筋固定：木龙骨架与吊筋的固定方法有多种，视选用的吊杆材料和构造而定，常采用绑扎、钩挂、木螺钉固定等方法。

c. 木龙骨架分片连接：木龙骨架分片吊装在同一平面后，要进行分片连接形成整体。其方法是：将端头对正，用短方木进行连接，短方木钉于木龙骨架对接处的侧面或顶面。对于一些重要部位的龙骨连接，可采用铁件进行连接加固。

d. 跌级吊顶木龙骨架连接：对于跌级吊顶，一般从最高平面（相对可接地面）吊装，其高低面的衔接，常用做法是先以一条方木斜向将上下平面木龙骨架定位，然后用垂直的方木把上下两个平面木龙骨架连接固定。

e. 木龙骨架调平与起拱：各个分片连接加固后，在整个吊顶面下拉出十字交叉的标高线来检查并调整吊顶平整度，使得误差在规定的范围内。对一些面积较大的木龙骨架，可采用起拱的方法来平衡吊顶的下坠。一般情况下，跨度在 7 ～ 10m 间起拱量为 3/1000，跨度在 10 ～ 15m 间起拱量为 5/1000。

② 双层木龙骨架吊装固定。具体施工要点如下。

a. 主龙骨架的吊装固定：按照设计要求的主龙骨间距（通常为 1000 ～ 1200mm）布置主龙骨（通常沿房间的短向布置）并与已固定好的吊杆间距一致。连接时先将主龙骨搁置在沿墙龙骨（标高线木方）上，调平主龙骨，然后与吊杆连接并与沿墙龙骨钉接或用木楔将主龙骨与墙体楔紧。

b. 次龙骨架的吊装固定：次龙骨即采用小木方通过咬口拼接而成的木龙骨网格，其规格、要求及吊装方法与单层网格式木龙骨吊顶相同。将次龙骨吊装至主龙骨底部并调平后，用短木方将主、次龙骨连接牢固。

（7）安装饰面板

① 饰面板预排：为了保证饰面装饰效果及方便施工，饰面板安装前要进行预排。胶合板罩面多为无缝罩面，即最终不留板缝。排板的形式有两种：一是将整板铺大面，分割板安排在边缘部位；二是整板居中，分割板布置在两侧。排板时，要根据设计图纸要求，留出顶面设备的安装位置，也可以将各种设备的洞口先在罩面板上画出，待板面铺装完毕，安装设备时再将板面取下来。排板完毕应将板编号堆放，安装时按号就位。

② 胶合板铺钉：用 16 ～ 20mm 长的小钉铺钉胶合板，钉固前先将钉帽砸扁。铺钉时将胶合板正面朝下托举到预定的位置，紧贴木龙骨架，从板的中间向四周展开钉固。钉子的间距控制在 150mm 左右，钉头要钉入 1 ～ 1.5mm，钉眼要用油性腻子抹平。胶合板全部安装完毕后，检查平整度，并对板缝做防开裂处理。最后板面满刮腻子 2 ～ 4 遍，打磨平整，喷涂面漆或裱糊壁纸。

三、T 形龙骨矿棉板吊顶施工工艺

1. 施工准备

① T 形龙骨施工时，吊顶以上部分的设备与管线必须安装完毕。通过墙面伸下来的电器线管应设置到位。

② 对进场的 T 形龙骨进行选材校正。

③ 施工需用的机具基本备齐，必要的架子已搭好。

2. 弹线定位

根据设计图纸平顶标高、造型要求弹出平顶标高线和龙骨布置定位线。按照所弹标高线固定角铝，角铝的底面与标高线平齐。角铝用钢钉直接钉在墙柱面上，其固定间距为 200mm。龙骨分隔两中心线间距的尺寸一般要比饰面板大 2mm，左右平顶吊点的间距为 1m。

3. 固定吊杆

用ϕ8mm 内胀栓根据所弹吊点位置固定吊杆，固定必须牢固。

4. 安装龙骨

① 先将各条主龙骨吊起，在稍高于标高线的位置上临时固定，拉线调整起拱高度，然后在主龙骨之间安装横撑龙骨。截取横撑龙骨时应使用做好的模具来测量长度，安装时也应用模具来测量龙骨间的间距。

② 主龙骨与横撑龙骨、次龙骨依次连接；在分段截开的次龙骨上用铁皮剪刀剪出连接

耳，在连接耳上打ϕ4.2mm 的小孔。安装时将连接耳弯成 90° 角，在主龙骨上打出相同直径的小孔，再用铝抽芯铆钉将次龙骨固定在主龙骨上。安装时次龙骨的长度必须与分隔尺寸一致，两条次龙骨的间隔应用模规来控制。

5. 安装矿棉板

① 安装矿棉板之前，必须通知甲方和质监部门进行隐蔽工程验收，合格后方可进行。

② 选择没有破损、凹痕、擦伤的矿棉板，将其完整地安装到已校正的龙骨架上。

四、铝扣板吊顶施工工艺

1. 施工准备

① 轻钢龙骨铝扣板吊顶的施工方法与普通龙骨的安装有许多相同之处，应根据铝扣板的造型特点予以调整。施工时，吊顶以上部分的设备与管道必须安装完毕，通过墙面伸下来的电器线管应设置到位。

② 对进场的金属龙骨进行选材校正。

③ 施工需用的机具基本备齐，必要的架子已搭好。

2. 工艺流程

弹线→固定吊杆→安装龙骨→调平龙骨→固定角铝→安装板条→细部调整与处理→表面清洁→分项验收。

3. 主要施工技术措施

（1）弹线

弹线主要指弹标高线和龙骨布置线。弹线要根据设计图纸进行。由于龙骨都是与成品装饰板配合使用的，所以在设计时应先确定龙骨的标准尺寸，然后根据吊顶面积对分隔位置进行布置。

① 弹标高线：根据设计标高，将标高线弹至墙面或柱面上。标高线是角铝固定的依据线，也是调平龙骨的依据。

② 弹龙骨布置线：根据确定的天棚尺寸，将龙骨位置弹到楼板上，作为固定龙骨的依据。如果天棚有不同标高，那么应将变截面的位置弹到楼板上。龙骨的间距一般不宜超过 1.2m，吊点宜控制在 900mm 之内。

（2）固定吊杆

吊杆布置的要点是考虑吊顶平整度的需要。吊杆的间距不宜过大，应控制在

0.8 ~ 1.2m。吊杆的上部不允许固定在设备管道上，以免管道变形或局部维修使棚面变形，影响吊顶的平整美观，如图 6-6 所示。

图 6-6 安装吊杆

（3）安装与调平龙骨

这是本工艺中比较麻烦的一道工序，一般龙骨调平与安装同时进行，方法是根据标高线，拉纵横标高控制线。从一端开始，一边安装，一边调整，最后再精调一遍。龙骨间距必须相等，龙骨下面必须平整，否则将造成面板嵌装困难。龙骨弯曲变形者不得使用，龙骨安装后，应拉通线检查各龙骨每道卡口是否处在同一直线上。

（4）固定角铝

目前角铝有两种形式，即直角形和 U 形。U 形是直角形的改进型，它更适用于墙面平整度稍有误差的情况，而且四周留下一个凹槽，使天棚有立体感。角铝采用高强水泥钉或射钉进行固定。

（5）安装板条

板条有卡口固定式和螺钉固定式两种。

① 卡口固定式：龙骨本身兼作卡具，在安装板条时，只要将板条轻轻用力压一下，板条便会卡在龙骨上。由于板条比较薄，有一定的弹性，所以扩张较容易。

② 螺钉固定式：有的板条用自攻螺钉固定在龙骨上。自攻螺钉的间距不能超过 200mm（1mm 厚板），以确保铝合金板条与龙骨连接密封（螺钉的间距还要视铝合金板的厚薄而定，对于厚的铝合金板间距可稍大些）。

③ 板缝处理：板缝大致有密封和离缝两种形式。安装时要根据设计确定的形式进行，以保证设计风格。

铝扣板安装效果如图 6-7 和图 6-8 所示。

图 6-7　铝扣板安装效果（一）

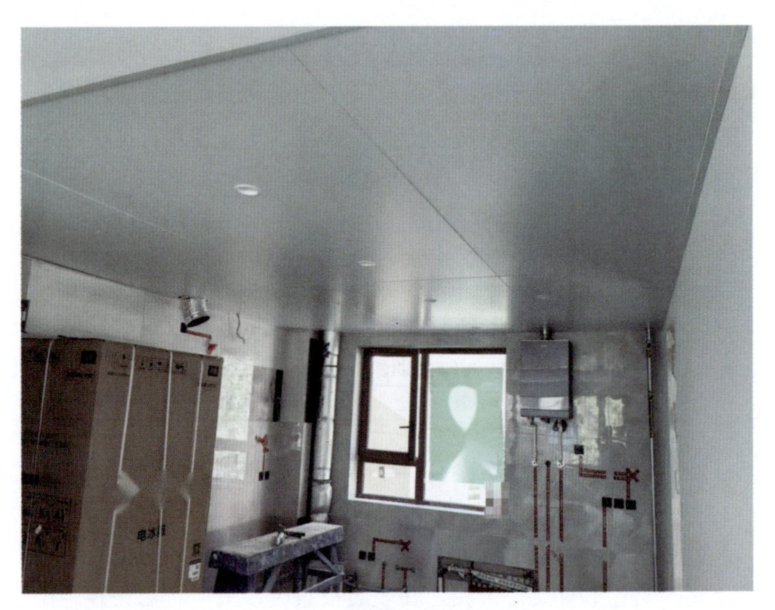

图 6-8　铝扣板安装效果（二）

（6）细部调整与处理

① 灯饰、风口箅子与天棚的配合：大型灯饰或风口箅子的悬吊系统与轻质的铝扣板天棚宜分开。特别是龙骨兼卡具的天棚，两者更不能合在一起，因为铝扣板天棚一般只考虑承担天棚自重。

② 自动喷淋、烟感器、风口等设备与天棚表面要衔接得体，安装吻合，不能与天棚脱开一段距离。若预留部分太短则无法接驳，用力拧将造成天棚局部凹进去。因此，安装前

要仔细检查，若发现问题，要请有关专业安装单位及时改正。

③ 检查孔、通风口与墙面或柱面交接部位，板条要做好封口处理，不得露白。一般常用的办法是用相同色彩的角铝封口。检查孔部位，因牵涉两面收口，所以用两根角铝背靠背拉铆固定，然后按预留口的尺寸围成框。

五、软膜天花吊棚施工工艺

1. 软膜天花的组成及安装

① 软性的可适合任何造型的 PVC 龙骨。一条简单的龙骨，就可把传统的 2D 造型转变成各种立体形状的 3D 造型，而不需任何其他附件，线条优美、流畅，施工简单、快捷，边角可见度只有 2mm。

② 硬性的可装饰不同颜色和材质的 PVC 龙骨。可以随意地变换上楣的颜色，以配合天花板的色调，亦可装饰金色或银色等。

③ 硬性的铝合金扣边龙骨适合各种简单造型

以上所有的龙骨都可直接安装在墙壁、木方和钢结构上，十分方便。安装完成后，天花板边缘的边角可见度只有 2mm 宽。

软膜天花可以任意降低或提升房间天花的高度。

龙骨可做任意平面和立体造型，如穹状、半圆形、多边形、小拱形、喇叭形等。

软膜天花并不附属在固有的屋顶上，而是与屋顶形成一个夹空层，在此空间内可以安装消防管道、空调管、电源线管等设备。它对周边所有的结构均能适合。

2. 软膜

软膜色彩匀称，或光滑如缎，或漆光质地，或新颖离奇。

（1）规格

宽 1.47m，长 100m/ 卷。

（2）种类

① 光面：有很强的光感，能产生类似镜面的反射效果。

② 透光膜：本品呈乳白色，半透明。在封闭的空间内透光效果可达 75% 以上。能产生完美、独特的灯光装饰效果。

③ 亚光面：光感仅次于光面，整体效果较纯净、高档。

④ 鲸皮面：表面呈绒状，有优异的吸声性能，很容易营造出温馨的室内效果。

⑤ 孔状面：有ϕ1mm、ϕ4mm、ϕ10mm 等多种孔径供选择。透气性能好，有助于室内空

气流通。并且小孔可按要求排列成所需的图案，具有很强的展示效果。

⑥ 金属面：具有强烈的金属质感和强烈的观赏效果，并能产生类似金属的光感。

3. 软膜天花的功能与特性

（1）防火功能

软膜天花符合很多国家的防火标准。简单地说，一般建材（如木材、石膏板甚至金属天花）当受到高温或燃烧后都会将火和热蔓延至其他位置。而软膜天花燃烧后，只会自身熔穿，并且于数秒之内自行收缩，直至离开火源，然后自动停止，并且不会放出有害气体或滴下液体伤及人体或财物。

（2）节能功能

首先，软膜光面天花的表面是依照电影银幕而制造的，如细看其表面可发现有无数凹凸纹，而这目的正是将灯光折射度加强，适宜安装壁灯或倒射灯加强效果，此方法可减少灯源数量。其次，软膜天花本质是用 PVC 材料做成的，能大大提高绝缘功能，更能大量降低室内温度流失，尤其是经常需要开启空调的地方。

（3）防菌功能

因为软膜天花在出厂前已预先混合一种称为 BIO-PRUF 的抗菌剂，经此特别处理后的材料能够抵抗及防止微生物（如一般发霉菌）生长于物体表面上，给用户提供一种额外的保障，尤其是小孩睡房及浴室等。

（4）防水功能

软膜天花是用 PVC 材质做成的软膜，安装结构上采用封闭式设计，所以当遇到漏水情况时，能暂时承托污水，让业主及时做出处理。

（5）丰富的色彩

软膜天花有 95 种颜色、8 种类型可供选择，如亚光面、光面、绒面、金属面、孔面和透光面等，各种面料都有自己的特色。其中孔面的直径有 1mm、2mm、3mm、4mm、10mm 等多种类型供设计师选择。

（6）无限的创造性

因为软膜天花是一种软性材料，可以根据龙骨的形状来确定它的形状，所以造型比较随意、多样，让设计师具有更广阔的创意空间，是天花的一种革命。

（7）方便安装

可直接安装在墙壁、木方、钢结构、石膏间墙和木间墙上，适合各种建筑结构。软膜的龙骨只需用螺钉按一定距离均匀固定即可，安装十分方便。在整个安装过程中，不会有溶剂挥发，不落尘，不对本空间内的其他结构产生影响，甚至可以在正常的生产和生活过程中进行安装。

（8）优异的抗老化性能

天花的软膜和扣边经过特殊老化处理，龙骨为铝合金制成，使用寿命均在20年以上。

（9）安全环保

软膜天花在环保方面有突出的优势，它完全符合欧洲及国内各项检测标准。软膜全部由环保性原料制成，不含镉等有害物质，可100%回收。在制造、运输、安装、使用、回收过程中，不会对环境产生任何影响，完全符合当今社会的环保主题。

（10）理想的声学效果

软膜天花能有效地改进室内声学效果。其中的几种材质能有效隔声，是理想的隔声装饰材料。

（11）和灯光结合的美妙效果

软膜天花中的透光膜能有机地同各种灯光系统（如荧光灯、霓虹灯）结合，展现完美的室内装饰效果，同时摒除了玻璃或有机玻璃笨重、危险、小块拼装的缺点，已逐渐成为新的装饰亮点。

4. 软膜天花日常护理与破损修补

（1）日常护理及清洁

软膜天花是一种新型的环保性天花产品。天花本身具有防静电功能，所以其表面不会沾染尘埃，护理时只需定期用清水轻抹即可（一般每月一次）。如有人为弄脏，如油烟、污水渍，可以用一般中性清洁剂清洗，再用毛巾抹干即可；如不慎沾染油漆，可以使用汽油清洗。注意：请勿喷洒浓酸、浓碱等强腐性液体。

（2）破损修补及紧急处理方法

软膜天花的软膜自然产生裂缝和剥落的可能性不大，如果人为原因导致破损，应马上用优质透明胶带将裂缝粘牢，以免裂缝扩大。大致处理方法：将破损软膜拆下，在软膜的背面用同种型号的软膜，配专用的软膜胶水小心补牢。经过修补的软膜表面会留下细微裂缝痕迹。

六、吊顶工程其他注意事项

1. 吊顶出现裂缝

房屋装修完后，若吊顶出现裂缝，一是影响居室美观，二是影响入住体验。住户花钱请了正规公司装修，但最后的质量却不能令人满意。

容易出现裂缝的地方有：吊顶部位板与板的交接处，板与墙面的结合处。施工中的各道工序不符合规范都会导致吊顶开裂。

出现裂缝的原因如下。

① 石膏板与石膏板交接处，自攻螺钉拧得不紧或数量用得少，导致石膏板松动。

② 位于板与板交接处的木龙骨钉得不牢固。

③ 由于墙体不平整，木龙骨不能完全贴紧墙体，也会引起板与墙交接处开裂。

④ 电工在挖灯槽时，破坏了木龙骨，导致板与板之间的松动，也会引起裂缝。

⑤ 油漆方面，在缝隙处理上，石膏板上的纸边没有削掉，使用填充物时，没有填充到位，贴的的确良布不够宽或粘得不平、不牢固。

⑥ 在施工程序上，上道工序没有干透就进行下道工序施工，也会引起开裂。

2. 吊顶跨度太大并且原顶棚不能破坏时吊顶结构的处理方法

原顶棚不能破坏，也就是不能向上往顶棚上打膨胀螺钉，不能往上方固定龙骨，只能将龙骨固定在墙体上。主龙骨采用 8cm×10cm 的杉木做成三脚架，把杉木两端固定在墙体上，再把次龙骨固定在主龙骨上。次龙骨与主龙骨之间用 2cm×4cm 的木方做吊筋，用圆钉固定。吊筋尽量多打一些，以保证吊顶安全。

3. 厨卫扣板吊顶的施工注意事项

先测定吊顶位置的水平点，再确定吊顶的高度，墙面四周用线条收边。为防止漏水，不能破坏上层防水，不能向顶棚上打膨胀螺钉，所以主龙骨只能固定在墙壁上。主龙骨用 4cm×6cm 的木方固定在墙体上，间距为 500 ～ 800cm ，两端尽量靠边，再把次龙骨以 300 ～ 500mm 的间距固定在主龙骨上，校正次龙骨的水平度，再上扣板。这样才能保证厨房、卫生间扣板吊顶平整。

4. 木龙骨吊顶的施工注意事项

要考虑木龙骨吊顶的防腐、防火、防虫。在选材上，用 2cm×4cm 的木方，检查木方的方直度。制作木龙骨架时，依照设计，定好标高，把木方的树皮削掉，涂上防虫剂，然后做成 300mm×300mm 的网架。固定木龙骨架时，在已测好的水平线位置，用电锤打孔，钉入木楔，固定在木龙骨架边框上，再在吊顶的两端拉一条水平线。控制木龙骨架的水平度，宽度大于 600mm 或面积大于 2m^2 时，用膨胀螺栓固定水泥顶棚，再用 2cm×4cm 的木方做吊筋，一端固定在木龙骨架上，另一端固定在顶棚上，用圆钉固定。对于宽度大于4cm的吊顶，为保证视觉效果，一般采取向上起拱的方法施工，起拱弧度为宽度的1/200。

任务三 工程质量要求及验收标准

吊顶工程必须符合设计要求，施工用材必须符合有关标准。吊顶的龙骨材料必须做防腐、防火、防虫处理，如有金属件，吊顶必须做防锈处理。吊顶的龙骨上有超过2kg的悬挂物时，必须用膨胀螺钉加固，吊顶的面积大于$2m^2$或宽度超过600mm时，也必须用膨胀螺钉加固，再用20mm×40mm的木方吊筋与龙骨相连接。连接时必须用圆钉，钉圆钉的位置不得开裂。吊顶内的电线安装必须使用套管。对于厨房、卫生间吊顶，严禁在天顶上打膨胀螺钉。吊顶饰面材料表面必须洁净、色泽一致，不得有翘曲、裂缝及破损，面板与面板的结合处必须留缝倒边，并做防裂处理。

检查表面平整度：石膏板不得超过3mm，金属板不得超过2mm，木板不得超过2mm。检查均用2m靠尺和塞尺。

检查接缝直线度：石膏板不得超过3mm，金属板不得超过1.5mm，木板不得超过3mm。检查均用5m线，拉通线检查。

检查接缝高低差：石膏板不得超过1mm，金属板不得超过1mm，木板不得超过1mm。用钢直尺和塞尺检查。

相关验收规范和参考标准见表6-1～表6-3。

表6-1 吊顶轻钢龙骨安装验收规范

序号	项目名称		参考值	检验方法
1	短向起拱率/‰	≤	3	用钢尺、水平仪检查
2	吊杆间距/mm	≤	1200	用钢尺检查
3	单层龙骨间距/mm	≤	600	用钢尺检查
4	双层龙骨系统主龙骨间距/mm	≤	1200	用钢尺检查
5	双层龙骨系统次龙骨间距/mm	≤	400	用钢尺检查
6	主龙骨端头离吊件悬挑/mm	≤	300	用钢尺检查
7	主龙骨端头离墙或挂板悬挑/mm	≤	100	用钢尺检查

表 6-2 吊顶木龙骨安装验收规范 单位：mm

序号	项目名称		项目参考规范	检验方法
1	木龙骨吊杆间距	≤	400	用钢尺检查
2	悬臂式木龙骨挑出长度	≤	150	用钢尺检查

表 6-3 石膏板吊顶参考标准 单位：mm

序号	项目名称		项目参考标准	检验方法
1	反光灯槽平直度误差	≤	3	用 2m 靠尺和塞尺检查
2	直线跌级顶平直度误差	≤	3	用 2m 靠尺和塞尺检查
3	自攻螺钉间距		150 ～ 200	观察、钢直尺检查
4	自攻螺钉与原边间距		10 ～ 15	钢直尺检查
5	自攻螺钉与切割边间距		15 ～ 20	钢直尺检查
6	自攻螺钉嵌入石膏板面		0.5 ～ 1.0	钢直尺检查
7	表面平整度	≤	3	用 2m 靠尺和塞尺检查
8	接缝直线度	≤	3	拉 5m 线，不足 5m 拉通线，用钢直尺检查
9	接缝高低差	≤	1	用钢直尺和塞尺检查

拓展阅读

室内装饰行业发展中的创新精神

我国建筑装饰行业起步于 20 世纪 80 年代初，在经历了萌芽期、初步形成期与快速发展期后，已步入稳定发展阶段。住宅装饰装修伴随着我国住房制度改革以及人民生活水平提高而不断发展壮大。目前，建筑装饰行业新材料、新技术、新模式层出不穷，如无醛木质装饰材料、整体厨房及卫浴、装修部品标准化设计、工厂化生产、装配式施工、智能家居、“互联网 +”背景下的装修产业服务链以及智能生产等，极大地提升了我国建筑装饰装修行业水平。随着行业的快速发展，企业对施工技术、管理及质量的追求也越来越高，行业也向着品牌化、标准化、专业化的方向不断走向成熟。

室内装饰施工与管理课程的理论知识与行业发展结合紧密。学习行业最新技术和发展趋势的同时，要充分挖掘新材料、新技术或新模式背后的科学思维、创新过程以及绿色发展理念，深入理解创新和绿色发展是助推装饰装修行业前行的根本动力，增强专业自豪感，激发创新激情。

项目七

防水工程施工

知识目标

① 了解防水的含义、分类及常用的名词术语。

② 了解常见的防水材料及选购方法。

③ 掌握防水工程的施工工艺流程及施工要点。

④ 了解防水工程的质量验收标准及检验方法。

技能目标

① 能够运用规范的建筑装饰施工术语对防水工程进行专业性介绍，并从实用性、艺术性、工艺性和经济性等方面合理地评价各种防水工程。

② 能进行防水工程施工操作。

素质目标

① 培养精益求精的工匠精神。

② 培养诚实守信的职业道德。

任务一 常见防水材料及选购

一、防水涂料性能介绍

1. 聚氨酯防水涂料（油性——柔性防水）

（1）双组分

工程中较多使用，家庭中很少使用。

（2）单组分

① 施工条件：施工温度为 5 ～ 35℃，大风及雨雪天禁止施工。

② 应在通风的环境下施工，低端的聚氨酯挥发后的气体有毒性，高端的聚氨酯挥发后的气体比空气的密度大，在密闭的空间里容易造成窒息。

③ 材料性能：干燥后拉伸强度大，弹性好，耐水性强，憎水性强，自流平，低温不断裂，高温不熔化。

④ 施工基层要求：基层要求坚实平整，干净，无灰尘，无水汽。

2. 丙烯酸卫生间防水涂料（水性——柔性防水）

① 施工条件：施工温度为 5 ～ 35℃，大风及雨雪天禁止施工。

② 材料性能：这种材料最大的特点是可以用水进行稀释，为水溶材料，并且无色无味，但结膜之后却是异常致密的防水材料。基层要求坚实平整，干净，无灰尘，无明水。可以在彩钢瓦金属屋面上外露使用，也可以修复热塑性聚烯烃（TPO）防水卷材开口裂缝处，对基层要求中等，材料价格较高，属于柔性防水。

3. JS 聚合物水泥防水涂料（水性——柔性防水）

① 施工条件：施工温度为 5 ～ 35℃，大风及雨雪天禁止施工。

② 材料性能：南方和北方通用，环境适应性强，成膜后长期泡水无溶胀，耐水性强，拉伸强度大，粘接强度大，基层要求坚实平整，干净，无明水可施工。卫生间维修墙面、地面慎用，长期泡水的非常潮湿的环境慎用。涂料在非常潮湿的环境下容易存在不干的情况，对基层要求中等，材料价格适中，经济性好，属于柔性防水。

4. 水泥砂浆防水涂料（水性——刚性防水）

① 施工条件：施工温度为 5 ～ 35℃，大风及雨雪天禁止施工。

② 材料性能：它作为新兴防水材料之一，很受消费者的青睐，其实它就是一种特种黏合剂（有点像特种胶水），掺和微细水泥和砂灰粉尘，固化后强度大，但是对基层收缩开裂变形的适应性差。

防水涂料性能对比见表 7-1。

表 7-1 防水涂料性能对比

施工要求	聚氨酯	丙烯酸	JS 聚合物水泥	水泥砂浆
基层要求	高	中	中	低
材料特性	柔性	柔性	柔性	刚性
经济性	中	高	中	低

5. 丙烯酸防水涂料（水性——柔性防水）

对于外露维修材料的选择，一定要区别于常规的建筑防水材料。长期暴露在户外，昼夜温差大，冬夏温差大，积雨积雪等自然条件对屋面的影响大，所以防水处理必须符合建筑物的特性。防水材料应具备以下性能：

① 要具有良好的弹性和拉伸强度，以适应各种震动和位移；

② 低温柔性，以保证低温状态下的产品性能；

③ 要有能够适应各种气候的特性，适用的温度范围较大，以保证产品在高温和低温下的性能；

④ 要有良好的耐候性，抗紫外线老化；

⑤ 要有良好的透气性和呼吸性；

⑥ 对各种异型部位要能做到无缝处理；

⑦ 安全环保。

由于丙烯酸防水涂料具有耐紫外线、超柔等特性，具备超强附着力，可与混凝土、玻璃、钢铁、木材、防水卷材进行直接粘接，所以丙烯酸防水涂料的应用范围非常广泛。

二、防水卷材性能介绍

常见的防水卷材有改性沥青防水卷材（SBS）、自粘防水卷材、丙纶布防水卷材、TPO

防水卷材等类型，适用于工业和民用建筑的屋面、地下室，以及桥梁、蓄水池等。施工工法可采用湿铺、胶粘、机械固定、自粘、热熔等。

1. 改性沥青防水卷材

具有良好的耐高温性能，可以在 −25 ～ 100℃的温度范围内使用，有较高的弹性和耐疲劳性，以及高达 1500% 的伸长率和较强的耐穿刺能力和耐撕裂能力。适合寒冷地区，以及变形和震动较大的工业与民用建筑的防水工程。

改性沥青防水卷材于常温施工，操作简便，具有高温不流淌、低温不脆裂、韧性强、弹性好、耐腐蚀、耐老化等特点。适用于各种建筑物的屋面、墙体、地下室、冷库，以及桥梁、水池等工程的防水、防渗、防潮、隔气等，特别适用于高温或有强烈太阳辐射地区的建筑物防水。

改性沥青防水卷材是以苯乙烯 - 丁二烯 - 苯乙烯（SBS）热塑性弹性体做改性剂，沥青做浸渍和涂盖材料，上表面覆以聚乙烯膜、细砂、矿物片（粒）料或铝箔、铜箔等隔离材料所制成的可以卷曲的片状防水材料。按胎基不同，分为聚酯胎和玻璃纤维胎。不同胎基卷材的适用范围如下。

① 聚酯胎卷材，适用于防水等级为Ⅰ、Ⅱ级的屋面工程和地下工程。

② 玻璃纤维胎卷材，适用于结构稳定的一般屋面和地下工程。

2. 自粘防水卷材

自粘防水卷材是一种以 SBS 等合成橡胶、增黏剂及优质道路石油沥青等配制成的自粘橡胶沥青为基料，以强韧的高密度聚乙烯膜或铝箔为上表面材料，以可剥离的涂硅隔离膜或涂硅隔离纸为下表面防粘隔离材料制成的防水材料。它是一种极具发展前景的新型防水材料，具有低温柔性、自愈性及粘接性能好的特点，可常温施工，施工速度快，符合环保要求。

产品特点：

① 不用黏结剂，也不需加热烤至熔化，施工方便且施工速度极快；

② 具有橡胶的弹性，延伸率极佳，可以很好地适应基层的变形和开裂；

③ 具有优异的对基层的粘接力，粘接力往往大于其剪切力；

④ 极具特色的“自愈功能”，能自行愈合较小的穿刺破损；

⑤ 施工安全，不污染环境，施工简便干净，容易做到现场文明施工；

⑥ 耐腐蚀，在各种环境中具有优良的耐老化性能。

3. 丙纶布防水卷材

（1）优点

① 施工方便快捷。

② 拉伸强度大，抗渗能力强。

③ 湿铺工艺简单，与水泥浆粘接效果非常好。
④ 防水施工完成后可直接铺贴瓷砖。
⑤ 适用场景广阔，无污染，绿色环保。

（2）缺点

丙纶布并没有完全被市场淘汰，但是已被部分地区限制和禁用，原因是产品耐老化性能差，防水功能差。

4.TPO 防水卷材

（1）分类

TPO 防水卷材包括均质型、纤维复合型和加筋型三个品种。

（2）特性

① 绿色环保，无毒，无害，无污染。
② 具有长久的可塑性，能够回收利用。
③ 机械强度高，物理性能优越，尺寸和颜色稳定。
④ 延伸率大，变形能力强。
⑤ 耐候性好，抗紫外线及耐热、耐老化性能非常优越。
⑥ 更耐低温，-40℃时无裂纹。
⑦ 具有离火自熄性。
⑧ 能有效抵抗有害化学物质和工业污染物的侵蚀，耐磨损，抗穿刺。
⑨ 反射率高，抗紫外线，符合节能和冷屋面标准。
⑩ 接缝通过热风焊接形成一体，牢固可靠，具有长期可焊性。
TPO 防水卷材可以应用在种植屋面、地下人防、堤坝、垃圾填埋场、地铁、隧道、桥梁、机场、粮库以及大型场馆。

5. 封堵材料

一般防水补漏都会处理管根、孔洞等，采用的防水材料有柔性的麻丝、膨胀止水条，刚性的堵漏宝、水不漏等。家庭类的防水补漏常见施工材料就是堵漏宝、水不漏等。

（1）堵漏宝

堵漏宝是一种单组分、灰色、粉状、无机刚性防水材料，分为缓凝型和速凝型。缓凝型凝结时间为 30 ～ 90min，特别为大面积、无明水潮湿面的防潮防渗研制而成。速凝型凝结时间为 3 ～ 5min，特别为渗水面、漏水口的带水作业快速堵漏研制而成。堵漏宝的材料特性如下。

① 堵漏宝无毒，无味，无害，不燃，不污染环境。

② 堵漏宝施工简单、快捷、安全，适用范围广，工期短，成本低，加水搅拌即可使用。

③ 适合大面积、无明水潮湿面的防潮防渗。

④ 适合渗水面、漏水口的带水作业，快速堵漏。

⑤ 可在迎背水面、潮湿基面上直接施工。

⑥ 含有特殊活性剂，可渗透到基体内形成渗透防水层。

⑦ 能与砖石、混凝土、水泥砂浆等多种材质结合，使基体与防水层结合成牢固的整体，粘接力强，抗渗透压高。

⑧ 耐老化，耐腐蚀，防水性能好。

⑨ 耐高温，100℃无开裂、起皮、剥落；耐低温，-40℃无变化。

⑩ 凝结时间可自由调节，当加水多、温度低、湿度大、通风差时，凝结时间变长；反之凝结时间变短。

（2）堵漏材料

堵漏材料就是经常使用的注浆材料，起封堵裂缝空隙作用的为聚氨酯发泡剂，起再造防水层作用的为水固化和丙烯酸盐注浆料。

① 水固化。其特性如下。

a. 初凝时间为 1 ～ 2min。

b. AB 料可兑水 40kg。

c. 高渗漏性（可渗透到细小的混凝土裂缝处）。

d. 弹性高，粘接力超强。

e. 固化时可吸收缝隙里面的水分。

② 丙烯酸盐注浆料。其特性如下。

a. 瞬间止水，凝结性强。

b. 高渗漏性（可渗透到细小的混凝土裂缝处）。

c. 弹性高，韧性强。

d. 拉伸强度大，耐久性好。

e. 固化时可吸收缝隙里面的水分。

③ 聚氨酯发泡剂。其特性如下。

a. 遇水发泡量大，膨胀系数高。

b. 性能稳定。

c. 耐腐蚀性好。

d. 水性和油性材料可以混合，效果佳。

e. 粘接力强。

任务二 防水工程施工工艺

一、涂料型防水工程施工工艺

1. 主要施工部位

卫生间等。

2. 施工方法及使用材料（卷材）

（1）材料要求

① 规格：厚度 2.0 ～ 3.0mm；宽度 1.0m；长度 100.0m。

② 主要技术性能：拉伸断裂强度≥ 7MPa；断裂伸长率＞ 450%；低温冷脆温度在 -40℃以下；不透水性＞ 0.3MPa×30min。

③ 聚氨酯底胶：用于做基层处理剂（相当于涂刷冷底子油），材料分甲、乙两组分，甲组分为黄褐色胶体，乙组分为黑色胶体。

④ 801 胶：用于卷材与基层粘贴，为黄色浑浊胶体。

⑤ 丁基胶黏剂：用于卷材接缝，分 A、B 两组分，A 组分为黄色浑浊胶体，B 组分为黑色胶体。使用时按 1∶1 的比例混合，搅拌均匀后使用。

⑥ 聚氨酯涂膜材料：用于处理接缝增补密封，材料分甲、乙两组分，甲组分为褐色胶体，乙组分为黑色胶体。

⑦ 聚氨酯嵌缝膏：用于卷材收头处密封。

⑧ 其他材料：二甲苯，用于浸（洗）刷工具；乙酸乙酯，用于擦（洗）手。

（2）主要用具

① 基层处理用具：高压吹风机、平铲、钢丝刷、笤帚。

② 材料容器：大小铁桶。

③ 弹线用具：量尺、小线、色粉袋。

④ 裁剪卷材用具：剪刀。

⑤ 涂刷用具：滚刷、油刷、压辊、刮板。

（3）作业条件

① 铺贴防水层的基层表面应平整光滑，必须将基层表面的异物、砂浆疙瘩和其他尘土杂物清除干净，不得有空鼓、开裂及起砂、脱皮等缺陷。

② 基层应保持干燥，含水率应不大于 9%，阴阳角处应做成圆弧形。

③ 防水层所用材料多属易燃品，存放和操作应隔绝火源，做好防火工作。

（4）主要施工技术措施

工艺流程如下。

基层清理→聚氨酯底胶配制→涂刷聚氨酯底胶→特殊部位增补处理→铺贴高分子卷材防水层→制作保护层。

① 基层清理：施工前将基层上的杂物、尘土清扫干净。

② 聚氨酯底胶配制：聚氨酯材料按甲∶乙 =1∶3（质量比）的比例配合，搅拌均匀即可进行涂刷施工。

③ 涂刷聚氨酯底胶：在大面积涂刷施工前，先在阴角、管根等复杂部位均匀涂刷一遍；然后用长把滚刷大面积顺序涂刷，涂刷底胶厚度要均匀一致，不得有露底现象。涂刷的底胶经 4h 干燥，手摸不粘时，即可进行下道工序。

④ 特殊部位增补处理。具体措施如下。

a. 增补剂涂膜：聚氨酯涂膜防水材料分甲、乙两组分，按甲∶乙 =1∶1.5 的质量比配合搅拌均匀，即可在地面、墙体的管根、伸缩缝、阴阳角等部位，均匀涂刷一层聚氨酯涂膜，作为特殊防水薄弱部位的附加层。涂膜固化后即可进行下道工序。

b. 附加层施工：按设计要求，对于特殊部位，如阴阳角、管根，可用高分子卷材铺贴一层处理。

⑤ 铺贴高分子卷材防水层。具体措施如下。

a. 铺贴前在基层面上排尺弹线，作为掌握铺贴的标准线，使其铺设平直。

b. 卷材粘贴面涂胶：将卷材铺展在干净的基层上，用长把滚刷蘸 801 胶涂匀，应留出搭接部位不涂胶。晾胶至胶基本干燥，不粘手。

c. 基层表面涂胶：底胶干燥后，在清理干净的基层面上，用长把滚刷蘸 801 胶均匀涂刷，涂刷面不宜过大，然后晾胶。

d. 卷材粘贴：在基层面及卷材粘贴面已涂刷好 801 胶的前提下，将卷材用ϕ30mm、长 1.5m 的圆心棒（圆木或塑料管）卷好，由两人抬至铺设端头，注意用线控制，位置要正确，粘接固定端头，然后沿弹好的标准线向另一端铺贴。操作时卷材不要拉太紧，并注意方向，沿标准线进行，以保证卷材搭接宽度。

ⓐ 卷材不得在阴阳角处接头，接头处应间隔错开。

ⓑ 操作中排气：每铺完一张卷材，应立即用干净的滚刷从卷材的一端开始横向用力滚压一遍，以便将空气排出。

ⓒ 滚压：排除空气后，为使卷材粘接牢固，应用外包橡胶的铁辊滚压一遍。

ⓓ 接头处理：卷材搭接的长边与端头的短边 100mm 范围内，用丁基胶黏剂粘接；将

甲、乙组分料，按 1∶1 的质量比配合搅拌均匀，用毛刷蘸丁基胶黏剂，涂于搭接卷材的两个面，待其干燥 15～30min 即可进行压合，挤出空气，不许有皱褶，然后用铁辊滚压一遍。

凡遇有卷材重叠三层的部位，必须用聚氯酯嵌缝膏填密封严。

ⓔ 收头处理：防水层周边用聚氨酯嵌缝，并在其上涂刷一层聚氨酯涂膜。

⑥ 制作保护层：防水层做完后，应按设计要求做好保护层，一般平面为水泥砂浆或细石混凝土保护层；立面为砌筑保护墙或抹水泥砂浆保护层，外做防水层的可贴有一定厚度的板块保护层。

抹砂浆的保护层应在卷材铺贴时，表面涂刷聚氨酯涂膜，稀撒石渣，以利保护砂浆层黏结。

防水层施工不得在雨、风天气进行，施工的环境温度不得低于 5℃。

3. 质量要求

（1）保证项目

① 卷材与胶结材料必须符合设计和施工及验收规范的规定。检查产品出厂合格证、试验资料的技术性能指标，现场取样试验。

② 卷材防水层及变形缝、预埋管根等特殊部位细部做法，必须经工程验收，使其符合设计要求和施工及验收规范的规定。

（2）基本项目

① 卷材防水层的基层应牢固、平整，阴阳角处呈圆弧形或钝角，表面洁净；底胶涂刷均匀，无漏涂、透底。检查隐蔽工程验收记录。

② 卷材防水层的铺贴构造和搭接、收头粘贴应牢固、严密，无损伤、空鼓等缺陷。

③ 卷材防水层的保护层应符合设计要求的做法。

4. 成品保护

① 已铺贴好的卷材防水层，应加强保护措施，从管理上保证不受损坏。

② 穿过墙体的管根，施工中不得碰撞变位。

③ 防水层施工完成后，应及时做好保护层、保护墙。

5. 质量通病及控制要点

① 接头处卷材搭接不良：长边、短边的搭接宽度偏小，接头处的黏结不密实、空鼓、接茬损坏；操作应按程序，弹标准线，使其与卷材规格相符，施工中齐线铺贴，使卷材搭接长边不小于 100mm，短边不小于 150mm。

② 空鼓：铺贴卷材的基层潮湿，不平整，不洁净，易产生基层与卷材间空鼓；卷材铺设时空气排除不彻底，也可使卷材间空鼓。注意施工时基层应充分干燥，卷材铺设层间不能窝住空气。

刮大风时不宜施工，因为在晾胶时易粘上沙尘而造成空鼓。

③ 管根处防水层粘贴不良：在这种部位施工时应仔细操作，清理应干净，铺贴卷材不得有张嘴、翘边、褶皱等问题。

④ 转角处渗漏水：转角处不易操作，面积较大，施工时注意留茬位置，保护好留茬卷材，使搭接满足规定的宽度要求。

6. 应具备以下质量记录

① 防水卷材应有产品合格证及现场取样复试资料。

② 胶结材料应有出厂产品合格证及使用配合比资料。

③ 应具备隐蔽工程检查验收资料及质量检验评定资料。

二、丙纶布防水施工工艺

验收并清扫基层（找平层）→配制胶黏剂（随用随配制）→处理复杂部位（阴阳角、檐口、落水口、管道孔等部位）附加层→施工防水层→防水层检验→保护层施工后验收。

① 铺贴防水卷材的基层（找平层）必须打扫干净，并洒水保证基层湿润［注：屋面防水找平层应符合《屋面工程质量验收规范》（GB 50207—2012）的规定，地下防水找平层应符合《地下防水工程质量验收规范》（GB 50208—2011）的规定］。

② 用含水泥重 5% ～ 15% 的聚乙烯醇胶液制备水泥素浆粘接剂，搅拌必须均匀，无沉淀、无凝块、无离析现象即可使用。

③ 屋面主防水层施工前，应先对排水集中及结构复杂的细部节点进行密封处理和附加层粘贴。

④ 密封材料采用聚醚型聚氨酯，如选用其他密封材料，应不含矿物油、凡士林等影响聚乙烯性能的产品。

⑤ 转角处均应加铺附加层；阴阳角等处均做成 R=20mm 的圆弧形。

⑥ 防水卷材铺贴应采用满铺法，胶黏剂涂刷在基层面上应均匀，不露底，不堆积；胶黏剂涂刷后应随即铺贴卷材，防止时间过长影响粘接质量。

⑦ 铺贴防水卷材不得起褶皱，不得用力拉伸卷材。边铺贴边排除卷材下面的空气和多余的胶黏剂，保证卷材与基层面以及各层卷材之间粘接密实。

⑧ 铺贴防水卷材的搭接宽度不得小于 100mm。

⑨ 上下两层和相邻两幅卷材接缝应错开 1/3 幅宽。

⑩ 丙纶布防水的施工温度为常温，可以直接使用水泥以及水泥胶将需要的复合卷材与其他的基层相连。这种施工工艺更为方便、快捷，可以有效减小劳动强度，而且对环境的污染会大大降低，工作效率也会有所增加。

⑪ 丙纶布防水使用了条粘法的施工工艺，这样完成铺设的复合卷材即使发生变形也不会有太大的影响。在一些比较细小的构造中，它的防水方法是使用水泥胶进行黏结，可以让其连接程度得到很大的提高。

⑫ 丙纶布防水的防水层施工非常简便，它不会因为季节的变化而发生改变，而且对环境没有污染，材料还具有很好的稳定性。

⑬ 使用丙纶布进行防水时，在一些特殊部位需要使用特殊的制作工艺，在复合卷材的收头位置要特别注意，如果处理不当，很可能会造成张口、脱落等现象。

⑭ 丙纶布防水在阴阳角处的施工必须仔细，必须对它的附加层进行加强，需要进行多次施工和检查。

丙纶布防水的工艺是非常复杂的，因为在进行施工的时候要配一些胶黏剂，还需要清扫一下室内的基层。在进行施工的时候，要保证基层是湿润的。丙纶布是一种非常高档的防水材料，这种防水材料也是比较贵的，施工时不要太用力去拉伸。在安装这种防水材料的时候，一定要先确定好尺寸大小，而且胶黏剂的涂抹一定要均匀，否则就会出现凹凸不平的现象。

任务三 工程质量要求及验收标准

一、普通防水验收

① 防水施工宜采用涂膜防水材料。

② 防水材料性能应符合国家现行有关标准的规定，并应有产品合格证书。

③ 基层表面应平整，不得有空鼓、起砂、开裂等缺陷。基层含水率应符合防水材料的施工要求。防水层应从地面延伸到墙面，高出地面 250mm。浴室墙面的防水层高度不得低于 1800mm。

④ 防水水泥砂浆找平层与基础结合密实，无空鼓，表面平整光洁，无裂缝、起砂，阴阳角做成圆弧形。

⑤ 涂膜防水层涂刷均匀，厚度满足产品技术规定的要求，一般厚度不小于 1.5mm，不露底。

⑥ 使用施工接茬应顺流水方向搭接，搭接宽度不小于 100mm；使用两层以上玻璃纤维布上下搭接时应错开幅宽的 1/2。

⑦ 涂膜表面不起泡，不流淌，平整无凹凸，与管件、洁具地脚、地漏、排水口接缝严密，收头圆滑，不渗漏。

⑧ 保护层水泥砂浆厚度、强度必须符合设计要求，操作时严禁破坏防水层；根据设计要求做好地面泛水坡度，排水要畅通，不得有积水倒坡现象。

⑨ 防水工程完工后，必须做 24h 蓄水试验。

二、二次防水验收标准

二次防水一般指有沉箱的卫生间，在沉箱做一次防水后，安装好管道，然后回填好，再做一次防水。如果是一次重复做两遍防水，一般称为二道防水。

二次防水制作与验收标准如下。

1. 地面二次防水制作、试水要求与验收标准

先将原地面清理干净，用水泥＋防水剂进行地面扫平。地面光滑后，设置二次排水地漏及排水口。

用水泥∶砂∶陶粒（或轻质材料）按 1∶2∶4 的比例喷水，进行回填至二次排水地漏口。要求设置二次排水时，周边水泥找平层一定要高出二次排水地漏 30mm 以上。

在二次排水口设置好后，进行防水制作。在防水干透后，堵好出水口，进行第一次试水，时间为 72h。第一次试水是二次排水表面防水处理验收的重要标准。

在第一次试水无渗水现象后，用水泥∶砂∶陶粒（或轻质材料）按 1∶2∶4 的比例进行填平，直到地面表皮层，并找平（留表皮层 30 ～ 50mm 作为地面铺砖层），然后进行地面二次防水制作（与上面工艺要求一样）。

在进行地面铺砖前，需对找平的地面进行防水处理，做好标识进行试水，时间为 72h。第二次试水是验收表面防水处理的重要标准。

两次试水均要做好标识，并在试水结束前，一定要进行标识确认以及现场查看（最好在物业单位协助下，到楼下查看有无渗水迹象），在确认无渗水后，方可进行表面瓷砖铺贴。

2. 墙面防水工程及验收标准

先对施工面进行检查，在将平整、空鼓、砂眼、开裂等现象处理好后，用防水剂＋水泥调成稀糊状粉刷一遍，再用纯防水剂粉刷一遍。

在防水干透后，用水浇表皮层，使表皮层水呈珠状向下流动。若墙面无潮湿现象，则表明防水达到要求。

3. 二次防水验收注意事项

地漏、套管、卫生洁具根部、阴阳角等部位，应先做防水附加层。地面防水层应从地面延伸到墙面，高出地面 300mm 以上。厨房、卫生间墙面防水层高度不得低于 1800mm。

设置二次排水表皮层与地漏时，需低于铺砖位表皮层 250mm 以上，并呈锅状设置。

三、给排水验收标准

① 给排水管材、管件的质量必须符合标准要求，排水管应采用硬质聚氯乙烯排水管

材、管件。

② 施工前需检查原有的管道是否畅通，然后进行施工，施工后再检查管道是否畅通。隐蔽的给水管道应进行通水检查，新装的给水管道必须按有关规定进行加压试验，应无渗漏。检查合格后方可进入下道工序施工。

③ 对于排水管道，应在施工前对原有管道临时封口，避免杂物进入管道。

④ 对于管外径在25mm以下的给水管安装，管道在转角、水表、水龙头或角阀及管道终端的100mm处应设管卡，管卡安装必须牢固。管道采用螺纹连接，在其连接处应有外露螺纹，安装完毕应及时用管卡固定，管材与管件或阀门之间不得有松动。

⑤ 安装的各种阀门位置应符合设计要求，以便于使用及维修。

⑥ 所有接头、阀门与管道连接处都应严密，不得有渗漏现象，管道坡度应符合要求。

⑦ 各种管道不得改变其原有性质。

⑧ 管道应使用专用工具安装，在装接时管口处必须用标准绞刀在铝塑管上做开坡口处理，防止损坏铜接头内部双层护圈，不得出现渗漏。

⑨ 管道与管道、管道与阀门连接处应严密，管道采用螺纹连接，在连接处应有外露螺纹，安装完毕应及时用管卡固定，不得有渗漏现象。

⑩ 阀门、水龙头安装位置宜端正，使用灵活方便，出水畅通无阻，水表运转正常。在满足使用要求的前提下，阀门、水表等可处于相对隐蔽的位置或适当进行表面装饰。

拓展阅读

室内装饰工程项目中的工程伦理

在从事装修设计、施工、管理、验收等活动时应树立工程伦理意识，充分认识到装饰工程项目体现出的自然、社会和生态价值，自觉遵循伦理规范来约束装修实践活动。

装饰工程不能以浪费资源为代价进行过度装修，要重视绿色装饰材料的使用，从源头上把好室内环境污染的第一关。施工和验收时要严格执行相关标准，把好施工质量关。室内装饰行业从业者应树立诚信意识，履行应尽责任，绝不能唯利是图，违背职业道德和操守。这种理念和意识是工程伦理的核心。装饰工程项目是具有特定目标的一次性任务，容不得半点疏忽与纰漏，否则无法圆满达到预期目标。在执行这种一次性的、具有约束条件（限定目标、资源、时间）的项目时要树立极强的社会责任意识和家国情怀，增强使命担当，不能损害国家和社会利益。

笔记

项目八

门窗工程施工

知识目标

① 通过本章内容的学习，了解门窗的材料、类型、构造及选购方法。

② 熟悉木门窗、金属门窗、塑料门窗、特种门及玻璃安装工程的质量验收要求。

③ 掌握木门窗、金属门窗、塑料门窗、特种门及玻璃安装的工艺流程与技术要求。

技能目标

① 通过本章内容的学习，能够进行木门窗、铝合金门窗的制作，及木门窗、金属门窗、塑料门窗、特种门的安装。

② 能依据设计要求和施工质量检验标准，对门窗工程施工质量进行检验、控制和验收。

素质目标

① 培养精益求精的工匠精神。

② 培养诚实守信的职业道德。

③ 培养开拓进取的创新精神。

任务一

常见门窗材料及选购

一、门的作用

1. 通行与疏散作用

门是人们进出建筑物和房间的重要通道口，供人们通行，联系室内外和各房间。如遇事故发生，可供人们进行紧急疏散。

2. 围护作用

在北方寒冷地区，外门起到保温和防雨作用；门关闭后还能起到一定的隔声作用。此外，门还起到防风沙的作用。

3. 美化作用

作为建筑内外墙重要组成部分的门，其造型、质地、形状、位置、构造方式等，对建筑的立面及室内装修效果影响很大。

门除了具有以上作用外，根据用户需要和设计要求，还可以具有防水、防火、保温等方面的作用。另外，还能利用门来调节室内的空气温度和湿度。

二、窗的作用

1. 采光作用

各类房间都必须满足一定的照度要求。一般情况下，窗口采光面积是否恰当，是以窗口面积与房间地面净面积之比来确定的，各类建筑的使用要求不同，采光标准也不同。

2. 通风作用

为确保室内外空气流通，使室内保持空气新鲜，在确定窗的位置、面积大小及开启方式时，应尽量考虑窗的通风功能。

窗除了具有以上作用外，根据用户需要和设计要求，还可以具有防水、防火、防风沙、隔声、保温等方面的作用。另外，还能利用窗调节室内的空气温度和湿度等。

三、门窗的分类

1. 按不同材质分类

门窗按不同材质分为木质门窗、铝合金门窗、钢门窗、塑料门窗、全玻璃门窗、特殊门窗等。钢门窗又有普通钢门窗、彩板钢门窗和渗铝钢门窗三种。

2. 按不同功能分类

门窗按不同功能分为普通门窗、保温门窗、隔声门窗、防火门窗、防盗门窗、装饰门窗、安全门窗等。

3. 按不同结构分类

门窗按不同结构分为推拉门窗、平开门窗、弹簧门窗、旋转门窗、卷帘门窗、自动门窗等。

4. 按不同镶嵌材料分类

窗按不同镶嵌材料分为玻璃窗、纱窗、百叶窗、保温窗、防风纱窗等。玻璃窗能满足采光的功能要求，纱窗在保证通风的同时可以防止蚊蝇进入室内，百叶窗用于只需通风而不需要采光的房间。

四、门窗的构造组成

1. 门的构造组成

门一般由门框（门樘）、门扇、五金零件及其他附件组成。门框一般由边框和上框组成，当其高度大于2400mm时，在上部可增加亮子（需增加中横框）。当门宽度大于2100mm时，需增设一根中竖框。有保温、防水、防风沙和隔声要求的门应设下槛。门扇一般由中头、中冒头、下冒头、边梃、门芯板、玻璃、百叶等组成。

2. 窗的构造组成

窗由窗框（窗樘）、窗扇、五金零件等组成。窗框由边框、上框、中横框、中竖框等组成，窗扇由上冒头、下冒头、边梃、窗芯子、玻璃等组成。

五、门窗的制作与安装要求

1. 门窗的制作

门窗制作的关键在于掌握好门窗框和扇的制作，应当把握好以下两方面。

（1）下料原则

对于矩形门窗，要掌握纵向通长、横向截断的原则；对于其他形状门窗，一般需要放大样，所有杆件应留足加工余量。

（2）组装要点

保证各杆件在一个平面内，矩形对角线相等，其他形状应与大样重合。要确保各杆件的连接强度，留好扇与框之间的配合余量和框与洞的间隙余量。

2. 门窗的安装

门窗安装是其能否正常发挥作用的关键，也是对门窗制作质量的检验，是门窗施工的重点。因此，门窗安装必须把握下列要点。

① 门窗所有构件都要确保在一个平面内安装，而且同一立面上的门窗也必须在同一平面内，特别是外立面，如果不在同一个平面内，则会导致出进不一致，颜色也不一致，使立面失去美感。

② 确保连接要求。框与洞口墙体之间的连接必须牢固，且框不得产生变形，这也是密封的保证。框与扇之间的连接必须保证开启灵活、密封，搭接量不小于设计的80%。

3. 防水处理

门窗的防水处理，应先加强缝隙的密封，然后打防水胶防水，阻断渗水的通路；同时做好排水通路，以防在长期静水的渗透压力作用下破坏密封防水材料。门窗框与墙体是两种不同材料的连接，必须做好缓冲防变形的处理，以免产生裂缝而渗水。一般要在门窗框与墙体之间填充缓冲材料，对于材料要做好防腐蚀处理。

4. 注意事项

① 在门窗安装前，应根据设计和厂方提供的门窗节点图、结构图进行全面检查。主要

是核对门窗的品种、规格与开启形式是否符合设计要求，零件、附件、组合杆件是否齐全，所有部件是否都有出厂合格证书等。

② 门窗在运输和存放时，底部均需垫200mm×200mm的方枕木，其间距为500mm，同时枕木应保持水平、表面光洁，并应有可靠的刚性支撑，以保证门窗在运输和存放过程中不受损伤和变形。

③ 金属门窗的存放处不得有酸、碱等腐蚀性物质，特别不得有易挥发性的酸，如盐酸、硝酸等，并要求有良好的通风条件，以防止门窗被酸、碱等物质腐蚀。

④ 塑料门窗在运输和存放时，不能平堆码放，应竖直排放，樘与樘之间用非金属软质材料（如玻璃丝毡片、粗麻编织物、泡沫塑料等）隔开，并固定牢靠。由于塑料门窗是由聚氯乙烯塑料型材组装而成的，属于高分子热塑性材料，所以存放处应远离热源，以防止产生变形。塑料门窗型材是中空的，在组装成门窗时虽然插装轻钢骨架，但这些骨架未经铆固或焊接，其整体刚性比较差，不能经受外力的强烈碰撞和挤压。

⑤ 门窗在设计和生产时，由于未考虑作为受力构件使用，仅考虑了门窗本身和使用过程中的承载能力，如果在门窗框和扇上安放脚手架或悬挂重物，轻者引起门窗的变形，重者可能引起门窗的损坏。因此，金属门窗与塑料门窗在安装过程中，都不得作为受力构件使用，不得在门窗框和扇上安放脚手架或悬挂重物。

⑥ 要切实注意保护铝合金门窗和涂色镀锌钢板门窗的表面。铝合金表面的氧化膜、彩色镀锌钢板表面的涂膜，都有保护金属不受腐蚀的作用，一旦薄膜被破坏，就失去了保护作用，使金属产生锈蚀，不仅影响门窗的装饰效果，而且影响门窗的使用寿命。

⑦ 塑料门窗成品表面平整光滑，具有较好的装饰效果，如果在施工中不加以保护，很容易磨损或擦伤其表面，而影响门窗的美观。为保护门窗不受损伤，塑料门窗在搬、吊、运时，应用非金属软质材料衬垫和非金属绳索捆绑。

⑧ 为了保证门窗的安装质量和使用效果，对金属门窗和塑料门窗的安装，必须采用预留洞口后安装的方法，严禁采用边安装边砌洞口或先安装后砌洞口的做法。金属门窗表面都有一层保护装饰膜或防锈涂层，如果这层薄膜被磨损，是很难修复的。防锈层磨损后不及时修补，也会失去防锈的作用。

⑨ 门窗固定可以采用焊接、膨胀螺栓或射钉等方式。但对于砖墙不能用射钉，因砖受到冲击力后易碎。在门窗的固定中，普遍对地脚的固定重视不够，而是将门窗直接卡在洞口内，用砂浆挤压密实就算固定，这种做法非常错误、十分危险。门窗安装固定工作十分重要，是关系使用安全的大问题，必须要有安装隐蔽工程记录，并应进行手扳检查，以确保安装质量。

六、门的选择方法

人们常为这种现象烦恼：厨房、卫生间的门套发霉，原本美丽的木纹饰面上长了白色的霉点，门套也因潮湿而发黑；因空间不足，门不能充分打开……这些都是因为没有为自己的居室选择合适的门。

选择门时首先要从功能出发，形式要服从功能：居室是用来给人居住的，那么居室中的一切都要为人服务，进出口处设置防盗门，室内的门须开关自如，行走畅通，保温避尘……卧室是人休息的地方，需要安静的环境，同时又是私密性非常强的地方；书房的门则要求隔声效果好，一般选择实木门；阳台与客厅联系着外界与室内，则要求防尘、隔声、隔热、采光，用塑料玻璃推拉门、木框玻璃推拉门较多；厨房、卫生间、阳台湿气重，油烟、灰尘多，为防止发霉，尽量不使用木门、木门套，可用塑钢门、铝合金门等防水、防火、易清洁的门；主卫生间一般面积不大，且只供主人使用，可用塑钢推拉门，既防潮又可节省空间。

从功能出发确定门的材质后，便可以选择门的造型。门的造型很多，选择时还要综合考虑空间、经济、文化等方面的因素。如空间因素考虑不周，会导致门不能完全打开，或者门打开后人要绕着行走，形成人的行动路线交叉。另外还要考虑经济因素，门的档次须与自己的收入水平挂钩，不可选择质量太差的门，也没必要选择非常豪华、高档的门。门的造型要与整个居室文化气息相映衬，如中式的设计风格不可装上几扇欧式的门，而现代的设计风格装上几扇中式的门也显得不伦不类。因此，门的选择与业主的文化底蕴也不无关系，可以多花点心思选择合适的门，为自己的居室添上几处亮点。

七、塑钢门的用途

塑钢门是以聚氯乙烯、树脂等主要原料，根据一定的设计要求，按照国家有关标准，在型材腔体内填放衬钢（衬钢一般采用 1.25mm 厚的镀锌冷轧钢），用专用机器进行切割、焊接、安装而成的。它具有铝合金门、钢门、木门不可替代的性能，与之相比塑钢门具备以下优势。

① 塑钢门的材料具有绝火性，不自燃，不助燃，能自熄。

② 热导率比木材、金属低得多，隔热效果比铝材好得多。

③ 在 −30 ～ 70℃之间，以及烈日、暴雨、干燥、潮湿的环境中不变形，不变色，不脆化，也耐酸碱药物及废气盐分的侵蚀，更不受灰尘、水泥、胶黏剂的影响。

④ 精心设计的门结构，配以排水槽，接缝严密，能将雨水完全隔绝，并具有一定隔声性能。

⑤ 使用清洁剂清洗后光亮如新，使用寿命一般可达 30 年以上。

在家庭装修中，厨房、卫生间等处都是比较潮湿且油烟、灰尘较多的地方。这些地方的门需要具有防火隔热、防水防潮、易于清洁等性能。由于塑钢门具备以上优势，因此被人们广泛地用作厨房门、卫生间门等。

八、塑钢门的质量检查

塑钢门因其优异的绝火、隔热、不变形、不变色、不脆化、耐腐蚀等功能而成为铝合金门、钢门、木门的理想替代产品。在市场上选购塑钢门时，怎样检查塑钢门的质量呢？

① 看表面：门的表面应光洁，无气泡和裂纹，色泽均匀，焊接平整，覆膜完整，不得有明显伤痕、杂质等缺陷。

② 看密封条：密封条是否密封、齐备，用手推拉是否紧凑；装配应均匀，接口严密，无脱槽现象。

③ 看压条：压条装配应牢固，转角部位对应处的间隙应不大于1mm，不得在同一边使用两根或两根以上压条。

④ 看五金配件：五金配件是不是正规产品，安装位置是否齐全，安装是否牢固，开启是否灵活，都是必查项目。

⑤ 量尺寸：将塑钢门的偏差严格控制在国家行业标准允许偏差范围内。

⑥ 检查门窗厂家有无建委颁发的生产许可证，不要贪图便宜购买没有售后服务保障的产品，因小失大。

⑦ 向商家索取检测报告：正规厂家产品出厂时都会有检测报告。

九、塑钢窗的挑选方法

目前塑钢窗以其优异的性能和漂亮的外观逐渐受消费者青睐，成为装饰新宠。塑钢窗在国外已应用很久，但在我国家庭装饰中还是“新宠”，因此，应掌握为自己挑选优质塑钢窗的技巧。

1. 看 UPVC 型材

UPVC 型材的好坏决定塑钢窗的质量和档次。高档的 UPVC 型材颜色应该是白中泛青，这样的颜色耐老化性好，在室外风吹日晒三五十年都不会老化、变色、变形。而中低档的型材是白中泛黄，这种颜色的产品防晒能力差，使用几年后会变黄直至老化、变形、脆裂，原因就是型材配方中含钙太多。

2. 看塑钢窗所选用的五金件

高档塑钢窗的五金件都是用金属制造的，其内在强度、外观、使用性都直接影响门窗的性能。许多中低档塑钢窗选用的是塑料五金件，其质量及寿命都存在着极大的隐患。另外，还要看五金件是否齐备。

3. 看塑钢窗的组装质量

主要是看外观是否光洁无损，焊角是否整齐，五金件是否配齐，有无钢衬等。如选推拉窗，用手推拉测试是否紧凑，开窗和关闭是否灵活。

4. 看生产厂家是否正规

检查塑钢窗厂家有无建委颁发的生产许可证，能否出示检测报告。不可贪图便宜选用“街头作坊”生产的塑钢窗，其质量与信誉都是无法保证的。

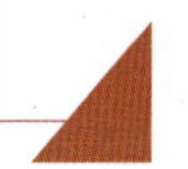

任务二 门窗工程施工工艺

一、成品木门施工工艺

1. 材料产品要求

① 木门：由木材加工厂供应的木门框和扇必须是经检验合格的产品，并具有出厂合格证，进场前应对型号、数量及门扇的加工质量全面进行检查（其中包括缝的大小、接缝平整度、几何尺寸及门的平整度等）。门框制作前的木材含水率不得超过 12%，生产厂家应严格控制。

② 防腐剂：氟硅酸钠，其纯度不应小于 95%，含水率不大于 1%，细度要求应全部通过 1600 孔 /cm^2 的筛。用稀释的冷底子油涂刷木材与墙体接触部位进行防腐处理。

③ 钉子、木螺钉、合页、拉手、门锁等按门图表所列的小五金型号、种类及其配件准备。

④ 对于不同轻质墙体预埋设的木砖及预埋件等，应符合设计要求。

2. 主要机具

一般应备有粗刨、细刨、裁口刨、单线刨、锯、锤子、斧子、改锥、线勒子、扁铲、塞尺、线坠、红线包、墨汁、木钻、小电锯、担子板、扫帚等。

3. 作业条件

① 门框和扇安装前应先检查有无窜角、翘扭、弯曲、劈裂，如有以上情况应先进行修理。

② 门框靠砖墙、靠地的一面应刷防腐涂料，其他各面均应涂刷清油一道。刷油后分类码放平整，底层应垫平、垫高。每层框与框、扇与扇间垫木板条通风。如露天堆放，需用苫布盖好，不准日晒雨淋。

③ 门框的安装应依据图纸尺寸经核实后进行，并按图纸开启方向要求，安装时注意裁口方向。安装高度按室内 50cm 平线控制。

④ 门框安装应在抹灰前进行。门扇的安装宜在抹灰完成后进行。

4. 工艺流程及要点

成品木门施工工艺流程及要点如下。

找规矩弹线→门框安装→木门扇安装→成品保护。

（1）找规矩弹线

结构工程经过核验合格后，即可从顶层开始用大线坠吊垂直，检查门口位置的准确度，并在墙上弹出墨线，门洞口结构凸出窗框线时进行剔凿处理。门框应根据图纸位置和标高安装，并根据门的高度合理设置木砖数量，且每块木砖应钉 2 个 10cm 长的钉子，并应将钉帽砸扁钉入木砖内，使门框安装牢固。轻质隔墙应预设带木砖的混凝土块，以保证其门安装的牢固性。

（2）门框安装

门框安装应在地面工程施工前完成。门框安装应保证牢固，门框应用钉子与木砖钉牢，一般每边不少于 2 点固定，间距不大于 1.2m。若隔墙为加气混凝土条板，应按要求间距预留孔径 45mm 的孔，孔深 7 ～ 10cm，并在孔内预埋木楔子（木楔子直径应大于孔径 1mm 以使其打入牢固），表面涂刷界面剂，后在孔中填入泥浆，待其凝固后再安装门框。

（3）木门扇安装

① 先确定门的开启方向及小五金型号和安装位置，以及对开门扇扇口的裁口位置及开启方向（一般右扇为盖口扇）。

② 检查门口尺寸是否正确，边角是否方正，有无窜角；检查门口高度时应量门的两侧；检查门口宽度时应量门口的上、中、下三点，并在门扇的相应部位定点画线。

③ 将门扇靠在框上画出相应的尺寸线，如果扇大，则应根据框的尺寸将大出的部分刨去；若扇小，应绑小木条，用胶和钉子钉牢，钉帽要砸扁，并钉入木材内 1 ～ 2mm。

④ 第一修刨后的门扇应以能塞入口内为宜，塞好后用木楔顶住临时固定。按门扇与口边缝宽的合适尺寸，画第二次修刨线，标上合页槽的位置（距门扇的上、下端 1/10，且避开上、下冒头），同时应注意口与扇安装的平整。

⑤ 门扇二次修刨，缝隙尺寸合适后即安装合页。应先用线勒子勒出合页的宽度，根据上、下冒头 1/10 的要求，钉出合页安装边线，分别从上、下边线往里量出合页长度，剔合页槽时应留线，不应剔得过大、过深。

⑥ 合页槽剔好后，即安装上、下合页。安装时应先拧一个螺钉，然后关上门检查缝隙是否合适，口与扇是否平整，无问题后方可将螺钉全部拧上并拧紧。木螺钉应钉入全长 1/3，拧入 2/3。如果门窗为黄花松或其他硬木，安装前应先打眼。眼的孔径为木螺钉直径的 0.9 倍，眼深为螺线长的 2/3，打眼后再拧木螺钉，以防安装劈裂或木螺钉拧断。

⑦ 安装对开扇：将门扇的宽度用尺量好后再确定中间对口缝的裁口深度。如果采用企口榫，对口缝的裁口深度及裁口方向应满足装锁的要求，然后对四周修刨到准确尺寸。

⑧ 五金安装应按设计图纸要求，不得遗漏。一般门锁、碰珠、拉手等距地高度为

95～100cm。插销应在拉手下面，对开门扇装暗插销时，安装工艺同自由门。不宜在中冒头与立梃的结合处安装门锁。

⑨ 安装玻璃门时，一般玻璃裁口在走廊内，厨房、厕所玻璃裁口在室内。

⑩ 门扇开启后易碰墙，为固定门扇位置应安装定门器，对有特殊要求的门应安装门扇开启器。其安装方法参照产品安装说明书。

（4）成品保护

① 一般木门框安装后应用铁皮保护，其高度以手推车轴为中心，应采取措施防止木门框碰撞或移位变形。对于高级硬木门框宜用 1cm 厚木板条钉设保护，防止砸碰，破坏裁口，影响安装。

② 修刨门窗时应用木卡具将其垫起卡牢，以免损坏门边。

③ 门窗框扇进场后要妥善保管，应入库存放，门窗存放架下面应垫起，离开地面 20～40cm，并垫平，按使用先后顺序将其码放整齐。若露天临时存放，上面应用苫布盖好，防止雨淋。

④ 进场的木门窗框靠墙的一面应刷木材防腐剂，钢门窗应及时刷好防锈漆，防止生锈。

⑤ 安装门扇时应轻拿轻放，防止损坏成品；整修门窗时不得硬撬，以免损坏扇料和五金件。

⑥ 安装门扇时注意防止碰撞抹灰角和其他装饰好的成品。

⑦ 安装好的门扇如不能及时安装五金件，应派专人负责管理，防止刮风时损坏门及玻璃。

⑧ 五金件安装应符合图纸要求，安装后应注意成品的保护，喷浆时应遮盖保护，以防污染。

⑨ 门扇安好后不得在室内再使用手推车，防止砸碰。

（5）应注意的质量问题

① 有贴脸的门框安装后与抹灰面不平：主要原因是立口时没掌握好抹灰层的厚度。

② 门窗洞口预留尺寸不准：安装门窗框后四周的缝过大或过小；砌筑时门窗洞口尺寸不准，所留余量大小不均；导致砌筑上下左右缝隙时，拉线找规矩偏位较多。一般情况下，安装门窗框上皮时应低于窗过梁 10～15mm，窗框下皮应比窗台上皮高 5mm。

③ 门框安装不牢：预埋的木砖数量少或木砖不牢；砌半砖墙时没设置带木砖的预制混凝土块，而是直接使用木砖，干燥后收缩松动。预制混凝土隔板，应在预制时埋设木砖，使其牢固，以保证门框的安装牢固。木砖的设置一定要满足数量和间距的要求。

④ 合页不平，螺钉松动，螺母斜露，缺少螺钉，合页槽深浅不一：安装时螺钉钉入太长或倾斜拧入。要求安装时螺钉应钉入 1/3，拧入 2/3，拧时不能倾斜。安装时如遇木节，应在木节处钻眼，重新塞入木塞后再拧螺钉，同时应注意不要遗漏螺钉。

二、钢门窗施工工艺

建筑装饰工程中应用较多的钢门窗主要为薄壁空腹钢门窗和实腹钢门窗。钢门窗在工厂加工制作后整体运到现场进行安装。

1. 钢门窗安装材料要求

① 钢门窗：钢门窗厂生产合格的钢门窗，其型号和品种均应符合设计要求。

② 水泥、砂：水泥强度等级在 42.5 级及以上，砂为中砂或粗砂。

③ 玻璃、油灰：符合设计要求的玻璃和油灰。

④ 焊条：符合要求的电焊条。

进场前应先对钢门窗进行验收，不合格的不准进场。运到现场的钢门窗应分类堆放，不能挤压，以免变形。堆放场地应干燥，并有防雨、排水措施。搬运时轻拿轻放，严禁扔摔。

2. 工艺流程及要点

（1）画线定位

按照设计图纸要求，在门窗洞口上弹出水平和垂直控制线，以确定钢门窗的安装位置、尺寸、标高。水平线：应从 +50cm 水平线上量出门窗框下皮标高并拉通线。垂直线：应从顶层楼门窗边线向下垂吊至底层，以控制每层边线，并做好标志，确保各楼层的门窗上下、左右整齐统一。

（2）钢门窗就位

钢门窗安装前，首先应按设计图纸要求核对钢门窗的型号、规格、数量是否符合要求；拼樘构件、五金零件、安装铁脚和紧固零件的品种、规格、数量是否正确和齐全。然后应进行逐樘检查，如发现钢门窗框变形或窗角、窗梃、窗心有脱焊、松动等现象，应校正修复后方可进行安装。最后应检查门窗洞口内的预留孔洞和预埋铁件的位置、尺寸、数量是否符合钢门窗安装的要求，如发现问题应进行修整或补凿洞口。

安装钢门窗时，必须按建筑平面图分清门窗的开启方向是内开还是外开，单扇门是左手开启还是右手开启。然后按图纸的规格、型号将钢门窗樘运到安装洞口处，并要靠放稳当。在搬运钢门窗时，不可用棍棒等工具穿入窗心或窗梃起吊或杠抬，严禁抛、摔，起吊时要选择平稳牢固的着力点。将钢门窗立于图纸要求的安装位置，用木楔临时固定，将其铁脚插入预留孔中，然后根据门窗边线、水平线及距外墙皮的尺寸进行支垫，并用托线板靠吊垂直。

钢门窗就位时，应保证钢门窗上框距过梁有 20mm 的缝隙，框左右缝宽一致，距外墙皮尺寸符合图纸要求。

（3）钢门窗固定

钢门窗就位后，校正其水平度和正、侧面垂直度，然后将上框铁脚与过梁预埋件焊牢，将框两侧铁脚插入预留孔内，用水把预留孔内湿润，用1∶2的较硬的水泥砂浆或C20细石混凝土将其填实后抹平，终凝前不得碰动框扇。3天后取出四周木楔，用1∶2的水泥砂浆把框与墙之间的缝隙填实，与框同平面抹平。若为钢大门，应将合页焊到墙的预埋件上。要求每侧预埋件必须在同一垂直线上，两侧对应的预埋件必须在同一水平位置上。

（4）安装五金件

钢门窗的五金件安装宜在内外墙面装饰施工结束后进行；对于高层建筑，应在安装玻璃前将机螺钉拧在门窗框上，待油漆工程完成后再安装五金件。安装五金件之前，要检查钢门窗在洞口内是否牢固；门窗框与墙体之间的缝隙是否已嵌填密实；窗扇轻轻关拢后，其上面密合，下面略有缝隙，看启闭是否灵活，里框下端吊角等是否符合要求（一般双扇窗吊角应整齐一致，平开窗吊高为2～4mm，邻窗间玻璃中心应平齐一致），如有缺陷，须经调整后方可安装零配件。所用五金件应按生产厂家提供的装配图经试装合格后，方可全面进行安装。各类五金件的转动和滑动配合处应灵活，无卡阻现象。装配螺钉拧紧后不得松动，埋头螺钉不得高出零件表面。

（5）安装橡胶密封条

将氯丁海绵橡胶密封条通过胶带贴在门窗框的大面内侧。密封条有两种：一种是K型，适用于25A空腹钢门窗；另一种是S型，适用于32mm实腹钢门窗的密闭。胶带是由细纱布双面涂胶，用聚乙烯薄膜作隔离层。粘贴时，首先将胶带粘贴于门窗框大面内侧，然后剥除隔离层，再将密封条粘在胶带上。

（6）安装纱门窗

先对纱门和纱窗扇进行检查，若有变形应及时校正。高、宽大于1400mm的纱扇，装纱前要在纱扇中部用木条做临时支撑，以防纱扇凹陷，影响使用。在检查压纱条和纱扇配套后，将纱裁割且比实际尺寸长出50mm即可绷纱。绷纱时，先用机螺钉拧入上下压纱条，再装两侧压纱条，切除多余纱头，将机螺钉的丝扣剔平并用钢板锉锉平。待纱门窗扇装纱完成后，于交工前再将纱门窗扇安装在钢门窗框上。最后，在纱门上安装护纱条和拉手。

三、铝合金门窗施工工艺

铝合金门窗是经过表面处理的型材，通过下料、打孔、铣槽等工序制作成门窗框料构件，然后与连接件、密封件、开闭五金件一起组合装配而成。

1. 铝合金门窗的特点、类型与性能

（1）铝合金门窗的特点

① 重量轻：铝合金是一种重量较轻、强度较高的材料。在保证使用强度的要求下，门窗框料可制成空腹薄壁组合断面，减轻了铝合金型材的重量。一般铝合金门窗重量与木门窗差不多，比钢门窗轻50%左右。

② 密封性好：密封性是评判门窗质量的重要指标，铝合金门窗和普通钢、木门窗相比，其气密性、水密性和隔声性均比较好。推拉门窗比平开门窗的密封性稍差，因此推拉门窗在构造上加设尼龙毛条，以增加其密封性。

③ 变形性小：铝合金门窗的变形性小，一是因为铝合金型材的刚度好，二是由于制作过程中采用冷连接。横、竖杆件之间及五金件的安装均采用螺钉、螺栓或铝钉。通过角铝或其他类型的连接件使框、扇杆件连成一个整体。冷连接与钢门窗的电焊连接相比，可以避免在焊接过程中因受热不均而产生的变形现象，从而能确保制作的精度。

④ 表面美观：一是造型比较美观，门窗面积大，使建筑物立面效果简洁明亮，并增加了虚实对比，富有较强的层次感；二是色调比较美观，其门窗框料经过氧化着色处理，可具有银白色、金黄色、青铜色、古铜色、黑黄色等色调或带色的花纹，外观华丽雅致，不需要再涂漆或进行表面装饰。

⑤ 耐腐蚀性好：铝合金材料具有很高的耐蚀性，不仅可以抵抗一般酸碱盐的腐蚀，而且在使用中不需要涂漆，表面不褪色、不脱落，不必要进行维修。

⑥ 使用价值高：铝合金材料具有刚度好、强度高、耐腐蚀、美观大方、坚固耐用、开启轻便、无噪声等优异性能，特别是对于高层建筑和高档的装饰工程，无论从装饰效果、正常运行、年久维修，还是从施工工艺、施工速度、工程造价等方面综合权衡，铝合金门窗的总体使用价值都优于其他种类的门窗。

⑦ 实现工业化：铝合金门窗框料型材加工，配套零件制作，均可在工厂内进行大批量的工业化生产，有利于实现门窗设计标准化、产品系列化和零配件通用化，也能有力推动门窗产品的商业化。

（2）铝合金门窗的类型

根据结构与开启形式的不同，铝合金门窗可分为推拉门、推拉窗、平开门、平开窗、固定窗、悬挂窗、回转门、回转窗等。按门窗型材截面宽度尺寸的不同，常用的有25、40、45、50、55、60、65、70、80、90、100、135、140、155、170系列等。

铝合金门窗的断面几何尺寸目前虽然已经系列化，但对门窗料的壁厚还没有硬性规定，而门窗的壁厚对门窗的耐久性及工程造价影响较大。如果门窗料的板壁太薄，尽管是组合断面，也会因板壁太薄而使表面易受损或变形，影响门窗抗风压能力。如果门窗的壁厚太厚，虽然对抗变形和抗风压有利，但投资效益会受到影响。因此，铝合金门窗的板壁厚度应当合理，过厚和过薄都是不妥的。一般建筑装饰所用的窗料板壁厚度不宜小于1.6mm，门壁厚度不宜小于2.0mm。

（3）铝合金门窗的性能

铝合金门窗的性能主要包括气密性、水密性、抗风压性能、保温性能和隔声性能等。

① 气密性：气密性也称空气渗透性能，指空气透过处于关闭状态下门窗的能力。与门窗气密性有关的气候因素主要是室外的风速和温度。在没有机械通风的条件下，门窗的渗透换气量起着重要的作用。不同地区气候条件不同，以及建筑物内部热压阻力和楼层层数不同，都会使门窗受到的风压相差很大。

② 水密性：水密性也称雨水渗透性，指在风雨同时作用下，雨水透过处于关闭状态下门窗的能力。我国大部分地区对水密性要求不十分严格，对水密性要求较高的地区主要是以台风地区为主。

③ 抗风压性能：抗风压性能是指门窗抵抗风压的能力。门窗是一种围护构件，因此既需要考虑长期使用过程中，在平均风压作用下保证其正常功能不受影响，又必须保证其在台风袭击下不遭受破坏，以免产生安全事故。

④ 保温性能：保温性能是指窗户两侧在空气存在温差条件下，从高温一侧向低温一侧传热的能力。保温性能高的门窗，其传热的速度应当非常缓慢。

⑤ 隔声性能：隔声性能是指隔绝空气中声波的能力。这是评价门窗质量好坏的重要指标之一，优良的门窗其隔声性能也是良好的。

2. 铝合金窗的组成材料、施工机具与施工准备

装饰工程中，使用铝型材制作窗较为普遍。目前，常用的有 90 系列推拉窗铝型材和 38 系列平开窗铝型材。

（1）组成材料

铝合金窗主要分为推拉窗和平开窗两类。所使用的铝型材规格完全不同，所用的五金件也完全不同。

① 推拉窗的组成材料：窗框、窗扇、五金件、连接件、玻璃和密封材料。

a. 窗框由上滑道、下滑道和两侧边封所组成，这三部分均为铝型材。

b. 窗扇由上横、下横、边框和带钩的边框组成，这四部分均为铝型材，另外在密封边上有毛条。

c. 五金件主要包括装于窗扇下横之中的导轨滚轮，装于窗扇边框上的窗扇钩锁。

d. 连接件主要用于窗框与窗扇的连接，有厚度 2mm 的角铝型材及 M4×15 的自攻螺钉。

e. 玻璃通常用 5mm 厚的茶色玻璃、普通透明玻璃等。一般古铜色铝型材配茶色玻璃，银白色铝型材配透明玻璃、宝石蓝或海水绿玻璃。

f. 窗扇与玻璃的密封材料有塔形橡胶封条和玻璃胶两种。

② 平开窗的组成材料与推拉窗大同小异。

a. 窗框：用于窗框四周的框边铝型材，用于窗框中间的工字形窗料型材。

b. 窗扇：有窗扇框料、玻璃压条以及密封玻璃用的橡胶压条。

c. 五金件：平开窗常用的五金件主要有窗扇拉手、风撑和窗扇扣紧件。

d. 连接件：窗框与窗扇的连接件有 2mm 厚的角铝型材，以及 M4×15 的自攻螺钉。

e. 玻璃：窗扇通常采用 5mm 厚的玻璃。

（2）施工机具

铝合金窗制作与安装所用的施工机具主要有：铝合金切割机、手电钻、ϕ8mm 圆锉刀、R20mm 半圆锉刀、十字螺丝刀、划针、铁脚圆规、钢尺和铁角尺等。

（3）施工准备

铝合金窗施工前的主要准备工作如下。

① 检查复核窗的尺寸、样式和数量：对照施工图纸，检查有无不符合之处，有无安装问题，有无与电器、水暖卫生、消防等设备相矛盾的问题。

② 检查铝型材的规格与数量：在制作之前，要检查铝型材的规格尺寸，主要是检查铝型材相互结合的尺寸。

③ 检查铝合金窗五金件的规格与数量：在制作前要检查五金件与所制作的铝合金窗是否配套，同时，还要检查各种附件是否配套，如各种封边毛条、橡胶边封条和碰口垫等，能否正好与铝型材衔接安装。

3. 推拉窗的制作与安装

推拉窗有带上窗和不带上窗之分。下面以带上窗的铝合金推拉窗为例，介绍其制作方法。

（1）按图下料

下料是铝合金窗制作的第一道工序，也是最重要、最关键的工序。下料不准确会造成尺寸误差、组装困难，甚至会因无法安装而成为废品。下料应按照施工图纸进行，尺寸必须准确，误差值应控制在 2mm 范围内。

（2）连接组装

① 上窗连接组装：上窗部分的扁方管型材，通常采用铝角码和自攻螺钉进行连接。采用这种方法进行连接组装的优点是：可隐蔽连接件，不影响外表美观，连接牢固，简单实用等。

铝角码多采用 2mm 厚的直角铝角条，每个角码按需要切割其长度，长度最好能同扁方管内宽相符，以免发生接口松动现象。

在用铝角码固定连接时，应先用一小截同规格的扁方管做模子，长 20mm 左右。在横向扁方管上要衔接的部位用模子定好位，将角码放在模子内并用手捏紧，用手电钻将角码与横向扁方管一并钻孔，再用自攻螺钉或抽芯铝铆钉固定。然后取下模子，再将另一条竖向扁方管放到模子的位置上，在角码的另一个方向打孔，固定便成。对于一般的角码，每个面打两个孔即可。

上窗的铝型材在四个角处衔接固定后，再用截面尺寸为12mm×12mm的铝槽做固定玻璃的压条。安装压条前，先在扁方管的宽度上画出中心线，再按上窗内侧长度切割四条铝槽。按上窗内侧高度减去两条铝槽截高的尺寸，切割四条铝槽。安装压条时，先用自攻螺钉把槽条紧固在中线外侧，然后在大于玻璃厚度0.5mm处安装内侧铝槽。自攻螺钉不能拧紧，最后装上玻璃时再紧固。

② 窗框连接：首先测量出上滑道上面两条固紧槽孔距侧边的距离和高低位置尺寸，然后按这个尺寸在窗框边封上部衔接处画线打孔，孔径为5mm左右。钻好孔后，用专用的碰口胶垫放在边封的槽口内，再将M4×35mm的自攻螺钉穿过边封上打出的孔和碰口胶垫上的孔，旋进下滑道下面的固紧槽孔内。

按同样的方法先测量出下滑道下面的固紧槽孔距、侧边距离和其距上边的高低位置尺寸，然后按这三个尺寸在窗框边封下部衔接处画线打孔，孔径为5mm左右。钻好孔后，将专用的碰口胶垫放在边封的槽口内，再将M4×35mm的自攻螺钉穿过边封上打出的孔和碰口胶垫上的孔，旋进下滑道下面的固紧槽孔内。

窗框的四个角衔接起来后，用直角尺测量并校正一下窗框的直角度，最后拧紧各角上的衔接自攻螺钉。将校正并紧固好的窗框立放在墙边，以防碰撞损坏。

③ 窗扇的连接：窗扇的连接分为五个步骤。

第一步，在连接装拼窗扇前，要先在窗框的边框和带钩边框上、下两端处进行切口处理，以便将上、下横档插入其切口内进行固定。上端开切长51mm，下端开切长76.5mm。

第二步是在下横档的底槽中安装滑轮，每条下横档的两端各装一个滑轮。安装方法如下：把铝窗滑轮放进下横档一端的底槽中，使滑轮框上有调节螺钉的一面向外，该面与下横档端头边齐平，在下横档底槽板上画线定位，按画线位置在下横档底槽板上打两个直径为4.5mm的孔，然后用滑轮配套螺钉将滑轮固定在下横档内。

第三步是在窗扇边框和带钩边框与下横档衔接端画线打孔。孔有三个，上、下两个是连接固定孔，中间一个是调整螺钉的工艺孔。这三个孔的位置固定后，边框下端与下横档底边平齐。边框下端固定孔的直径为4.5mm，并要用直径6mm的钻头划窝，以便使固定螺钉与侧面基本平齐。工艺孔的直径为8mm左右，钻好孔后再用圆锉在边框和带钩边框固定孔位置下边的中线处，锉出一个直径8mm的半圆凹槽。此半圆凹槽是为了防止边框与窗框下滑道上的滑轨相碰撞。

第四步是安装上横档角码和窗扇钩锁。其基本方法是截取两个铝角码，将角码放入横档的两头，使一个面与上横档端头面齐平，并钻两个孔（角码与上横档一并钻通），用M4自攻螺钉将角码固定在上横档内。再在角码另一面上（与上横档端头齐平的那个面）的中间打一个孔，根据此孔的上下左右位置，在扇的边框与待钩边框上打孔并划窝，以便用螺钉将边框与上横档固定。注意所打的孔一定要与自攻螺钉相配。

安装窗钩锁前，先要在窗扇边框开锁口。开口的一面必须是窗扇安装后面向室内的一面。而且窗扇有左右之分，所以开口位置要特别注意不要开错。窗钩锁通常安装在边框的中间高度处，如果窗扇高度大于 1.5m，窗钩锁的位置可以适当降低一些。窗钩锁上长条形锁扣的尺寸要根据锁钩可装入边框的尺寸来确定。

开锁口的方法是：先按钩锁可装入部分的尺寸在边框上画线，用手电钻卡死画线框内的角位打孔，或在画线框内沿线打孔，再把多余的部分取下，用平锉修平即可。然后在边框的侧面再挖一个直径 25mm 左右的锁钩插入孔，孔的位置应正对内钩之处，最后把锁放入长形口内。

通过侧边的锁钩插入孔检查锁内钩是否正对原插入孔的中线，内钩向上提起后，用手按紧锁身，再用手电钻通过钩锁上、下两个固定螺钉孔在窗扇边封的另一面打孔，以便用固定螺杆贯穿边框厚度来固定窗钩锁。

第五步是上密封毛条及安装窗扇玻璃。窗扇上的密封毛条有两种：一种是长毛条；另一种是短毛条。长毛条装于上横档顶边的槽内和下横档底边的槽内，而短毛条则装于带钩边框的钩部槽内。另外，窗框边封的凹槽两侧也需装短毛条。毛条与安装槽有时会出现松脱现象，可用万能胶或玻璃胶局部粘贴。在安装窗扇玻璃时，要先检查复核玻璃的尺寸。通常玻璃长宽方向尺寸均比窗扇内侧大 25mm。然后从窗扇一侧将玻璃装入窗扇内侧的槽内，并紧固连接好边框。最后，在玻璃与窗扇槽之间用塔形橡胶条或玻璃胶进行密封。

上窗与窗框的组装：先切两小块 12mm 厚的板，将其放在窗框上滑的顶面，再将口字形上窗框放在上滑道的顶面，并将两者前后左右的边对正。然后，从上滑道向下打孔，把两者一并钻通，用自攻螺钉将上滑道与上窗框扁方管连接起来。

（3）推拉窗的安装

推拉窗常安装于砖墙中，一般是先将窗框部分安装在砖墙洞内，再安装窗扇与上窗玻璃。

① 窗框的安装：砖墙的洞口先用水泥修平整，窗洞尺寸要比铝合金窗框尺寸稍大些，一般四周各边均大 25 ～ 35mm。在铝合金窗框上安装角码或木块，每条边上各安装两个。角码需要用水泥钉固定在窗洞墙内。

对安装于墙洞中的铝合金框进行水平和垂直度的校正。校正完毕后用木楔做临时固定，然后用保护胶带纸把窗框周边贴好，以防止水泥周边塞口时造成铝合金表面损伤。该保护胶带可在水泥周边塞口工序完成及水泥浆固结后再撕去。

窗框周边填塞水泥浆时，水泥浆要有较大的稠度，以能用手握成团为准。将水泥浆用灰刀压入填缝中，水泥浆要填塞密实，填好后窗框周边要抹平。

② 窗扇的安装：窗扇安装前，先检查一下窗扇上的各条密封毛条是否有少装或脱落现象。如果有脱落现象，应用玻璃胶或橡胶类胶水进行粘贴，然后用螺丝刀拧旋边框侧的滑轮调节螺钉，使滑轮向下横档内回缩。这样即可托起窗扇，使其顶部插入窗框的上滑槽中，使滑轮卡在下滑道的滑轮轨道上。再拧旋滑轮调节螺钉，使滑轮从下横档内外伸，外伸量通常以下横档内的长毛能与窗框下滑面接触为准，以便下横档上的毛条起到较好的防尘效

果，同时窗扇在轨道上也可移动顺畅。

③ 上窗玻璃安装：上窗玻璃的尺寸必须比上窗内框尺寸小 5mm 左右，安装后不能与内框接触。原因是玻璃在阳光的照射下，会因受热而产生体积膨胀，如果安装后玻璃与窗框接触，受热膨胀后往往会造成玻璃开裂。

上窗玻璃的安装比较简单，安装时只要把上窗铝压条取下一侧（内侧），安上玻璃后再装回玻璃框上，拧紧螺钉即可。

④ 窗钩锁挂钩的安装：窗钩锁挂钩安装于窗框的边封凹槽内。挂钩的安装位置要与窗扇上挂锁钩洞的位置相对应。

4. 平开窗的制作与安装

平开窗主要由窗框和窗扇组成。平开窗根据需要也可以制成单扇、双扇、带上窗单扇、带上窗双扇、带顶窗单扇和带顶窗双扇六种形式。下面以带顶窗双扇平开窗为例介绍其制作方法。

（1）窗框的制作

平开窗的上窗边框直接取之于窗边框，故上窗边框和窗框为同框料，在整个窗边上部适当位置（大约 1m）横加一条窗工字料，即构成上窗的框架，而横窗工字料以下部位就构成了平开窗的窗框。

① 按图下料：窗框加工的尺寸应比预留好的砖墙洞小 20 ～ 30mm。按照这个尺寸将扇框的宽与高方向裁切好。窗框四个角按 45° 方式对接，故在裁切时四条框料的端头应裁切成 45°，然后按窗框宽尺寸将横窗工字料截下来。竖窗工字料的尺寸应按窗扇高度加上 20mm 左右的榫头尺寸截取。

② 窗框的连接：窗框的连接采用 45° 拼接，窗框的内部插入铝角，然后每边钻两个孔，用自攻螺钉上紧，并注意对角要对正、对平。另外一种连接方法为撞角法，即利用铝材较软的特点，在连接铝角的表面冲压几个较深的毛刺。因为所用的铝角采用专用型材，铝角的长度又按窗框内腔宽度裁割，能使其几何形状与窗框内腔吻合，故能使窗框和铝角挤紧，进而使窗框对角处连接。

横窗工字料之间的连接采用榫接方法。榫接方法有两种：一种是平榫肩方式；另一种是斜角榫肩方式。横窗工字料与窗工字料连接前，先在横窗工字料的长度中间开一个长条形榫眼，长度为 20mm 左右，宽度略大于工字料的壁厚。如果是斜角榫肩结合，需在榫眼所对的工字料上横档和下横档的一侧裁出 90° 的缺口。竖窗工字料的端头应先裁出凸字形榫头，榫头长度为 8 ～ 10mm，宽度比榫眼长度大 0.5 ～ 1mm，并在凸字榫头两侧倒出一点斜口，在榫头顶端中间开一个 5mm 深的槽口。然后裁切出与横窗工字料相对的榫肩部分，并用细锉将榫肩部分修平整。需要注意的是，榫头、榫眼、榫肩这三者间的尺寸应准确，加工要精细。

榫头、榫眼部分加工完毕后，将榫头插入榫眼，把榫头的伸出部分以开槽口为界分别向两个方向拧歪，使榫头结构部分锁紧，再将横窗工字料与竖窗工字料连接起来。

横窗工字料与窗边框的连接同样也用榫接方法，其做法与前述相同，但在榫接时是以横窗工字两端为榫头，在窗框料上做榫眼。

在窗框料上所有榫头、榫眼加工完毕后，先将窗框料上的密封条上好，再进行窗框的组装连接，最后在各对口处上玻璃胶进行封口。

（2）平开窗扇的制作

制作平开窗扇的型材有三种：窗扇框、窗玻璃压条和连接铝角。

① 按图下料：下料前，先在型材上按图纸尺寸画线。窗扇横向框料尺寸要按窗框中心竖向工字料中间至窗框边框料外边的宽度尺寸来切割。窗扇竖向框料要按窗框上部横向工字料中间至窗框边框料外边的宽度尺寸来切割，使得窗扇组装后其侧边的密封胶条能压在窗框架的外边。

横、竖窗扇料切割下来后，还要将两端再切成45°的斜口，并用细锉修正飞边和毛刺。连接铝角是用比窗框铝角小一些的窗扇铝角，其裁切方法与窗框铝角相同。窗压线条按窗框尺寸开豁，端头也切成45°的角并整修好切口。

② 窗扇连接：窗扇连接主要是将窗扇框料连成一个整体。连接前，需将密封胶条植入槽内。连接时的铝角安装方法有两种：一种是自攻螺钉固定法；另一种是撞角法。其具体方法与窗框铝角安装方法相同。

（3）安装固定窗框

① 安装平开窗的砖墙窗洞，首先用水泥浆修平，窗洞尺寸大于铝合金平开窗框30mm左右。然后在铝合金平开窗框的四周安装镀锌锚固板，每边至少两道，根据其长度和宽度确定。

② 对装入窗洞中的铝合金窗框，进行水平度和垂直度的校正，并用木楔块将窗框临时固紧在墙的窗洞中，再用水泥钉将其固定在窗洞的墙边。

③ 先将铝合金窗框边贴好保护胶带纸，然后进行周边水泥浆塞口和修平，待水泥浆固结后再撕去保护胶带纸。

（4）平开窗的组装

平开窗组装的内容有上窗安装、装执手和风撑基座、窗扇与风撑连接、装拉手及玻璃。

① 上窗安装：如果上窗是固定的，可将玻璃直接安放在窗框的横向工字形铝合金上，然后用玻璃压线条固定玻璃，并用塔形橡胶条或玻璃胶进行密封。如果上窗是可以开启的，可按窗扇的安装方法先装好窗刷，再在上窗顶部装两个铰链，下部装一个风撑和一个拉手即可。

② 装执手和风撑基座：执手是用于将窗扇关闭时的扣紧装置，风撑则是支撑窗扇的铰链和决定窗扇开闭角度的重要配件，风撑有90°和60°两种规格。

执手的把柄装在窗框间竖向工字形铝合金料的室内一侧，两扇窗需装两个执手。执手的安装位置一般在窗扇高度的中间。执手与窗框竖向工字形料的连接用螺钉固定。与执手相配的扣件装于窗扇的侧边，扣件用螺钉与窗扇框固定。在扣紧窗扇时，执手连动杆上的钩头，可将装在窗扇框边相应位置上的扣件钩住，窗扇便能扣紧锁住。窗扇高度大于 1.0m 时，也可以安装两个执手。

风撑的基座装于窗框架上，使风撑藏在窗框架和窗扇框架之间的空位中。风撑基底用抽芯铝铆钉与窗框的内边固定。每个窗扇的上、下边都需装一只风撑，所以与窗扇对应的窗框上、下都要装好风撑。安装风撑的操作应在窗框架连接后，即在窗框架与墙面窗洞安装前进行。

在安装风撑基座时，先将基座放在窗框下边靠墙的角位上，用手电钻通过风撑基座上的固定孔在窗框上按要求钻孔，再用与风撑基座固定孔相同直径的铝抽芯铆钉将风撑基座固定。

③ 窗扇与风撑连接：窗扇与风撑连接有两处，一处是小滑块，另一处是支杆。这两处定位在一个连杆上，与窗扇框固定连接。该连杆与窗扇固定时，先移动连杆，使风撑开启到最大位置，然后将窗扇框与连杆固定。

④ 装拉手及玻璃：拉手安装在窗扇框的竖向边框中部，窗扇关闭后，拉手的位置与执手靠近。装拉手前，先在窗扇竖向边框中部，用锉刀或铣刀把边框上压线条的槽锉一个缺口，再把装在该处的玻璃压线条切一个缺口，缺口大小根据拉手尺寸而定。然后钻孔，用自攻螺钉将把手固定在窗扇边框上。

玻璃的尺寸应小于窗扇框内边尺寸 15mm 左右，将裁好的玻璃放入窗扇框内边，并马上把玻璃压线条装卡到窗扇框内边的卡槽上。然后在玻璃的内外边各压上一周边的塔形密封橡胶条。

在平开窗的安装工作中，最主要的是掌握好斜角对口的安装。斜角对口要求尺寸、角度准确，加工精细。如果在窗框、扇框连接后，仍然有些角位对口不密合，可用与铝合金相同颜色的玻璃胶补缝。

平开窗与墙面窗洞的安装，有先装窗框架再安装窗扇的方法，也有先将整个平开窗完全装配好之后再装入墙面窗洞的方法。具体采用哪种方法，可根据不同情况而定。

任务三

工程质量要求及验收标准

相关标准见表 8-1 ～表 8-4。

表 8-1 现场门、窗套验收标准

单位：mm

序号	项目	项目参考标准	验收方法
1	正、侧面垂直度 ≤	3	用 1m 垂直检测尺检查
2	门窗套上口水平度 ≤	1	用 1m 水平检测尺和塞尺检查
3	门窗套上口直线度 ≤	3	拉 5m 线，不足 5m 拉通线，用钢直尺检查

表 8-2 木门、窗现场验收标准

单位：mm

序号	项目	项目参考标准	验收方法
1	翘曲 ≤	2	将门扇放在检查平台上，用塞尺检查
2	对角线长度差 ≤	3	用钢尺检查，框量裁口里角，扇量裁口外角
3	表面平整度 ≤	2	用 1m 靠尺和塞尺检查
4	裁口、线条结合处高低差 ≤	1	用钢直尺和塞尺检查
5	门扇与门扇接缝高低差 ≤	2	用钢直尺和塞尺检查
6	门扇与门套预留缝 ≤	3	用塞尺检查
7	房间门扇与地面留缝	5 ～ 8	用塞尺检查
8	厨卫门与地面留缝	8 ～ 12	用塞尺检查

表 8-3 钢门窗的安装标准

序号	项目		留缝极限 /mm	允许偏差 /mm	检验方法
1	门窗槽口宽度、高度	≤ 1500mm	—	2.5	用钢尺检验
		> 1500mm	—	3.5	
2	门窗槽口对角线长度差	≤ 2000mm	—	5	用钢尺检验
		> 2000mm	2	6	
3	门窗框的正、侧面垂直度		—	3	用 1m 垂直检测尺检查
4	门窗横框的水平度		—	3	用 1m 水平尺和塞尺检查
5	门窗横框标高		—	5	用钢尺检验
6	门窗竖向偏离中心		—	4	用钢尺检验
7	双层门窗内外框间距		—	5	用钢尺检验
8	门窗框、扇配合间隙		≤ 2	—	用塞尺检查
9	无下框时门扇与地面间留缝		4 ～ 8	—	用塞尺检查

表 8-4 铝合金门窗的安装标准

序号	项目		标准	检验方法
1	平开门扇窗	合格	关闭严密，间隙基本均匀，开关灵活	观察和开闭检查
		优良	关闭严密，间隙均匀，开关灵活	
2	推拉门扇窗	合格	关闭严密，间隙基本均匀，扇与框搭接量不小于设计要求的 80%	观察和用深度尺检查 用秒表、角度尺检查
		优良	关闭严密，间隙基本均匀，扇与框搭接量符合设计要求	
3	弹簧门扇	合格	自动定位准确，开启角度为 90° ±3°，关闭时间为 3 ～ 15s	
		优良	自动定位准确，开启角度为 90.0° ±1.5°，关闭时间为 6 ～ 10s	

续表

序号	项目		标准	检验方法
4	门窗附件安装	合格	附件齐全，安装牢固，灵活适用，达到各自的功能	观察、手扳和尺量检查
		优良	附件齐全，安装位置正确、牢固，灵活适用，达到各自的功能，端正美观	
5	门窗框与墙体	合格	填嵌基本饱满密实，表面平整、光滑、无裂缝，填嵌材料和方法基本符合要求	观察检查
		优良	填嵌饱满密实，表面平整、光滑、无裂缝，填嵌材料和方法符合要求	
6	门窗外观	合格	表面洁净，无明显划痕、碰伤，基本无锈蚀；涂胶表面基本光滑，无气孔	观察检查
		优良	表面洁净，无划痕、碰伤，无锈蚀，涂胶表面基本光滑、平整，厚度均匀，无气孔	
7	密封质量	合格	关闭后各配合处无明显缝隙，不透气，不透光	观察检查

拓展阅读

中国传统民居中的“建筑技术”和“建筑文化”

中国众多的传统民居和乡土建筑无一不蕴藏着古代匠人高超的建筑技术和建筑素养。比如：闽西地区因抵御匪患而创造出福建土楼这种奇特建筑，外部整体的防御属性体现得淋漓尽致，而内部空间的生活性与交互性则更胜一筹，完美体现出设计的精妙；而藏族、羌族创造出的碉房式民居外部与土楼的防御属性如出一辙，内部则体现出游牧民族的生活特点；同样西南地区的少数民族为适应当地炎热、潮湿、多雨的气候而创造出干栏式民居，建筑结构设计同样精妙；清代以前的古典建筑以木结构为主，不用钉子，通过榫卯、斗拱等结构实现了大型建筑物的支撑和抗震。很多传统民居和经典古建筑以古老建筑材料和传统建筑技术建造，经久流传依然风采依旧。

中国传统民居和乡土建筑承载了丰富的建筑文化，这些建筑文化是中华优秀传统文化的一部分，如屋顶脊兽和梁柱门窗油饰文化。古建筑中的屋顶脊兽形态各异，装饰油饰更具有独特的文化内涵。油饰图案以各种吉祥图案为主，比如绘制插月季的花瓶代表“四季平安”、绘制凤凰和牡丹寓意“荣华富贵”等。

古建筑中的许多元素都充满了寓意。例如龙、凤、狮子、天马、海马等动物形象常常作为装饰，表达了祥瑞、权力等含义。而一些植物形象如松、竹、梅等则寓意着品德和气节。古建筑中的彩画具有重要的文化价值。彩画的图案和色彩都有严格的规定，如和玺彩画显得高贵华丽，级别最高；旋子彩画庄严肃穆，多用于王府商贵；苏式彩画内容丰富，形式活泼，广泛用于一般民居。不同等级的彩绘与建筑物的整体风格相得益彰，赋予了建筑物独特的文化魅力。传统民居和乡土建筑中包含的建筑文化以及园林文化、装饰文化等，表达了民间的风俗习惯和对生活的美好愿景，科学性和艺术性并举。中国传统民居和乡土建筑所蕴含的建筑文化已流传千年，使中国传统建筑韵味十足。

项目九

裱糊与软包工程施工

知识目标

① 了解裱糊工程的主要材料。
② 了解裱糊工程的作业条件和机具。
③ 了解软包装饰工程的主要材料。
④ 掌握裱糊工程与软包装饰工程的施工工艺与技术要求。
⑤ 了解裱糊与软包装饰工程的质量检测标准。

技能目标

① 能够专业地介绍不同裱糊工程的材料、工艺特点和质量验收标准。
② 能进行常规的壁纸、墙布、软包施工操作。

素质目标

① 培养精益求精的工匠精神。
② 培养开拓进取的创新精神。

任务一

常见裱糊与软包工程材料及选购

一、壁纸的特点

壁纸具有遮盖墙面和美化居室环境的功能。壁纸作为墙面装饰材料，以其丰富的图案、色彩，以及吸声、保温等功能而深受人们喜爱。尤其是北方干燥、空气湿度低的气候条件非常适合用壁纸做墙面材料。它主要有以下几个特点。

1. 装饰效果多样

壁纸的花色和图案种类繁多，选择余地大，可根据个人的个性和喜好装饰出多种多样的效果，或气派大方，或浪漫温馨，或活泼可爱……况且经过改良配方，现在的壁纸已经解决了褪色问题，可长期使用而美丽如新。

2. 使用安全

壁纸具有一定吸声、隔声、隔热、防霉、防菌等功能，还有较好的耐老化、防虫蛀等功能。合格产品都可达到环保标准，人们可放心使用。

3. 使用范围广

对墙面材料限制不大，基层材料为水泥、木材、粉墙时都可使用，不像乳胶漆那样一定要有一个结实坚固的基层，否则就会脱落、开裂。并且壁纸易于与室内装饰的色彩、风格保持和谐统一，整体效果好。

4. 维护保养方便

优质壁纸耐擦洗性能好，具有可洗性，并且根据使用要求可分为可洗、特别可洗和可刷洗三个使用等级。用规定的洗涤液洗好之后，壁纸表面没有外观损伤的变化，并且有较好的更新性能，重新更换也不是非常麻烦。

二、壁纸的种类及特性

1. 全纸壁纸

全纸壁纸又叫纸面纸基墙纸，即普通壁纸。普通壁纸是最早生产的壁纸，价格低廉，随着技术发展的日新月异，目前市场上已很少出售。普通壁纸有木纹图案、大理石图案、压花图案等。由于这种壁纸性能差，不耐潮，不耐水，不能擦洗，易被破坏，不能经久耐用，装饰后造成诸多不便，因此已逐渐被市场淘汰。

2. 织物壁纸

织物壁纸又称纺织纤维墙布或无纺贴墙布，其原材料主要是丝、毛、棉、麻等纤维，由这些原料织成的壁纸，具有色泽高雅、质地柔和、手感舒适、弹性好的特性。无纺墙布是用棉、麻等天然纤维或涤纶、腈纶等合成纤维，经过无纺成型、上树脂、印制彩色花纹而成的一种新型贴墙材料。它具有挺括、不易折断、有弹性，表面光洁而又有羊绒毛感，纤维不老化、不散失，对皮肤无刺激作用等特点，而且色泽鲜艳，图案雅致，不易褪色，具有一定的透气性和可擦洗性。锦缎墙布是更为高级的一种，要求在 3 种颜色以上的缎纹底上，再织出绚丽多彩、古雅精致的花纹。锦缎墙布柔软、易变形，价格较贵，是一种比较高档的墙面装饰材料。

3. 天然材料壁纸

天然材料壁纸是用草、木材、树叶等取自大自然的原材料制成面层的墙纸。这种壁纸取材于大自然，风格古朴，素雅大方，生活气息浓厚，给人以返璞归真、回归大自然之感。

4. 玻璃纤维壁纸

玻璃纤维壁纸也称玻璃纤维墙布。它是以玻璃纤维布作为基材，表面涂树脂、印花而成的新型墙壁装饰材料。它的基材用中碱玻璃纤维织成，以聚丙烯酸甲酯等作为原料进行染色及挺括处理，形成彩色坯布，再以乙酸乙酯等配置适量色浆印花，经切边、卷筒成为成品。玻璃纤维墙布花样繁多，色彩鲜艳，在室内使用不褪色，不老化，防火、防潮性能良好，可以刷洗，施工也比较简便。

5. 塑料壁纸

塑料壁纸是目前生产最多、销售最快的一种壁纸。所用塑料绝大部分为聚氯乙烯，简称 PVC 壁纸。塑料壁纸通常分为普通壁纸、发泡壁纸等。每一类又分为若干品种，每一品种再分为各式各样的花色。普通壁纸用 $80g/m^2$ 的纸作基材，涂塑 $100g/m^2$ 左右的 PVC 糊状树脂，再经印花、压花而成。这种壁纸常分为平光印花、有光印花、单色压花几种类型。发泡壁纸用 $100g/m^2$ 的纸作基材，涂塑 300 ～ $400g/m^2$ 掺有发泡剂的 PVC 糊状树脂，印花后再发泡而成。这类壁纸比普通壁纸显得厚实、松软。其中高发泡平面上印有花纹图案，形如浮雕、木纹、瓷砖。塑料壁纸花色品种多，适用面广，价格低，透气性好，接缝不易开裂，且表层有一层蜡面，脏了可以用湿布擦洗，因此销售情况较好。

壁纸、墙布性能的国际通用标志，如表 9-1 所示。

表 9-1　壁纸、墙布性能的国际通用标志

类别		说明	特点	适用范围
普通壁纸	单色压花壁纸	纸面纸基壁纸，有大理石、各种木纹及其他印花等图案	花色品种多、适用面广、价格低，可制成仿丝绸、织锦等图案	居住和公共建筑内墙面，以及卫生间、浴室等墙面
	印花壁纸		可制成各种色彩图案，并可压出立体感的凹凸花纹	
	耐水壁纸	用玻璃纤维毡做基材	具有一定的防水功能	卫生间、浴室等墙面
	防火壁纸	选用 100 ～ $200g/m^2$ 的石棉纸做基材，并在 PVC 涂塑材料中掺有阻燃剂	具有一定的阻燃防火性能	防火要求高的室内界面
	彩色砂粒壁纸	在基材表面上撒布彩色砂粒，再喷涂胶黏剂，使表面具有砂粒毛面	具有一定的质感，装饰效果好	一般室内局部装饰
聚氯乙烯壁纸（PVC 壁纸）		以纸或布为基材，以 PVC 树脂为涂层，经复印印花、压花、发泡等工序制成	具有花色品种多样，耐磨、耐折、耐擦洗，可选性强等特点，是目前产量最大、应用最广泛的一种壁纸。经过改进的、能够生物降解的 PVC 环保壁纸，无毒、无味、无公害	各种建筑物的内墙面及顶棚
织物壁纸		将丝、棉、毛、麻等天然纤维复合于纸基上制成	具有色彩柔和、透气、调湿、吸声、无毒、无味等特点；金属箔非常薄，很容易折坏，基层必须非常平整、洁净，应选用配套胶粉裱糊	公共建筑的内墙面、柱面及局部点缀
复合纸基壁纸		将双层纸（表纸和底纸）施胶、层压，复合在一起，再经印刷、压花、表面涂胶制成	有质感好、透气、价格较便宜等特点	各种建筑物的内墙面

任务二 裱糊与软包工程施工工艺

墙面裱糊工程应在天棚、墙、地面工程全部完工并验收合格后方可施工。基底胶与胶黏剂应使用环保产品。抹灰面含水率不大于 8%，木材面含水率不大于 12% 。施工时应清理基层尘土等杂物，工作面要求平整光滑，无毛刺、划痕，腻子应坚实牢固，不应有粉化起皮和裂缝的现象。铺贴前先在工作面上刷 1∶1 的基底胶一遍，木材面需刷无光调和漆一遍，作为底漆。调和漆颜色应与壁纸、墙布颜色相近。

在房间内最明显的墙中央弹垂直线，作为裱糊时的标准线。裱糊时，先将壁纸背面向上，用排笔蘸水在壁纸背面涂刷一遍，使其湿润，等待数分钟，表面水吸进后才能上墙，在墙上涂刷胶黏剂，将壁纸边缘对准标准线，从上向下轻压，使壁纸逐步粘住。第二幅壁纸裱糊时，使其花纹对准前一幅花纹，对于需重叠对花的壁纸，应先裱糊对花，然后用钢尺对齐，裁下余边。最后一幅拼缝可能对不上花纹，应使其留在不显见或阴角处。每贴 2 幅或 3 幅壁纸，应及时用钢刮刀或毛刷赶压出气泡及胶黏剂，将挤出的胶黏剂及时擦掉。在阳角处，壁纸应包角压实，拼缝离阳角不小于 20mm。在阴角处，壁纸应搭接，搭接宽度不小于 10mm。施工完毕后应保持室内的湿度，以防开缝。

一、裱糊工程施工工艺

1. 施工基层条件

根据国家标准《建筑装饰装修工程质量验收标准》（GB 50210—2018）及《住宅装饰装修工程施工规范》（GB 50327—2001）等的规定，在裱糊之前，基层处理质量应达到下列要求。

① 对于新建筑物的混凝土或水泥砂浆抹灰层，在刮腻子前，应先涂刷一道抗碱底漆。

② 在裱糊前，应清除疏松的旧装饰层，并涂刷界面剂，以利于黏结牢固。

③ 混凝土或抹灰基层的含水率不得大于 8%，木材基层的含水率不得大于 12%。

④ 基层的表面应坚实、平整，不得有粉化、起皮、裂缝和凸出物，色泽应基本一致。有防潮要求的基体和基层，应事先进行防潮处理。

⑤ 基层批刮腻子应平整、坚实、牢固，无粉化、起皮和裂缝；腻子的黏结强度应符合《建筑室内用腻子》（JG/T 298—2010）中 N 型腻子的规定。

⑥ 裱糊基层的表面平整度、立面垂直度及阴阳角方正，应符合《建筑装饰装修工程质量验收标准》（GB 50210—2018）中对于高级抹灰的要求。

⑦ 裱糊前，应用封闭底胶涂刷基层。

2. 施工环境条件

① 环境温度＜ 5℃、相对湿度＞ 85% 及风雨天时均不得施工。

② 新抹水泥石灰膏砂浆基层常温龄期至少需 10d 以上（冬期需 20d 以上），普通混凝土基层至少需 28d 以上才可粘贴壁纸。

③ 混凝土及抹灰基层的含水率＞ 8%、木基层的含水率＞ 12% 时，不得进行粘贴壁纸的施工。

④ 湿度较大的房间和经常潮湿的墙体表面使用壁纸及胶黏剂时，应采用防水性能优良者。

3. 裱糊工程作业常用机具

（1）剪裁工具

① 剪刀：对于较重型的壁纸或纤维墙布，宜采用长刃剪刀。剪裁时先依直尺用剪刀背划出印痕，再沿印痕将壁纸或纤维墙布剪断。

② 裁刀：对于裱糊材料多采用活动裁纸刀，即普通多用刀。另外，轮刀也是裁刀的一种，分为齿形轮刀和刃形轮刀两种。齿形轮刀能在壁纸上需要裁割的部位压出连串小孔，沿孔线能够将壁纸很容易地整齐扯开；刃形轮刀通过对壁纸的滚压而直接将其切断，适宜用于质地较脆的壁纸和墙布的裁割。

（2）刮涂工具

① 刮板：刮板主要用于刮抹基层腻子及刮压平整裱糊操作中的壁纸墙布，可用薄钢片、塑料板或防火胶板自制，要求有较好的弹性且不能有尖锐的刃角，以利于抹压操作，但不至于损伤壁纸或墙布表面。

② 油灰铲刀：油灰铲刀主要用于修补基层表面的裂缝、孔洞及剥除旧裱糊面上的壁纸残留，如油漆和涂料工程中的嵌批铲刀。

（3）刷具

用于涂刷裱糊胶黏剂的刷具，其刷毛可以是天然纤维或合成纤维，宽度一般为 15 ～ 20mm；此外，涂刷胶黏剂较适宜的是排笔。

（4）滚压工具

滚压工具主要是指辊筒，其在裱糊工艺中有三种作用：一是使用绒毛辊筒以滚涂胶黏剂、底胶或壁纸保护剂；二是采用橡胶辊筒以滚压铺平、粘实、贴牢壁纸或墙布；三是使用小型橡胶轧辊或木制轧辊，通过滚压而迅速压平壁纸或墙布的接缝和边缘部位。操作时在胶黏剂干燥前做短距离快速滚压，特别适用于重型壁纸墙布的拼缝压平与贴严。

（5）其他工具及设备

其他工具及设备包括裁纸案台、钢卷尺、水平尺、普通剪刀、粉线包、软布、毛巾、排笔及板刷等。

4. 工艺流程及其要点

裱糊工程施工工艺流程为：基层处理 - 基层弹线→壁纸、墙布处理→涂刷胶黏剂→裱糊→细部处理（图 9-1）。

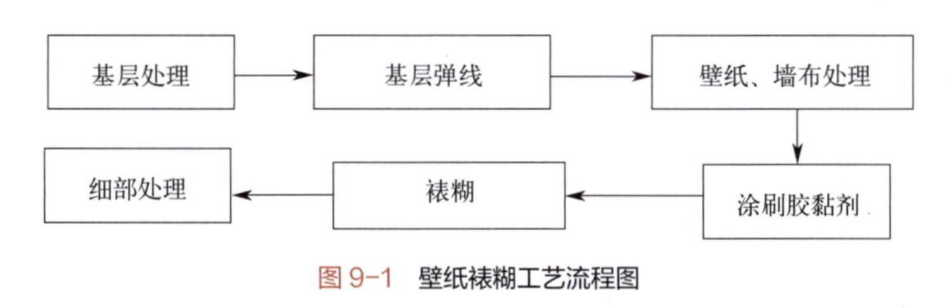

图 9-1　壁纸裱糊工艺流程图

（1）基层处理

裱糊之前，应进行基层处理，应用封闭底胶涂刷基层，基层处理质量要求如下。

① 新建筑物的混凝土或水泥砂浆抹灰层在刮腻子前，应先涂刷一道抗碱底漆。

② 旧基层在裱糊前，应清除疏松的旧装饰层，并涂刷界面剂，以利于黏结牢固。

③ 混凝土或抹灰基层的含水率不得大于 8%，木材基层的含水率不得大于 12%。

④ 基层的表面应坚实、平整，不得有粉化、起皮、裂缝和凸出物，色泽应基本一致。有防潮要求的基体和基层，应事先进行防潮处理。

⑤ 基层批刮腻子应平整、坚实、牢固，无粉化、起皮和裂缝；腻子的黏结强度应符合《建筑室内用腻子》（JG/T 298—2010）的规定。

⑥ 裱糊基层的表面平整度、立面垂直度及阴阳角方正，应符合《建筑装饰装修工程质量验收标准》（GB 50210—2018）中对于高级抹灰的要求。

为达到上述规范规定的裱糊基层质量要求，在基层处理时，应清理基层上的灰尘、油污、疏松物和黏附物；安装于基层上的各种控制开关、插座、电气盒等凸出的设置，应先卸下扣盖等影响裱糊施工的部分。根据基层的实际情况，对基层进行有效嵌补，采用腻子批刮并在每遍腻子干燥后均用砂纸磨平。基层处理经工序检验合格后，即采用喷涂或刷涂的方法施涂封底漆或底胶，做基层封闭处理一般不少于两遍。封闭底漆涂刷不宜过厚，并要均匀一致。

（2）基层弹线

为了使裱糊饰面横平竖直、图案端正、装饰美观，每个墙面第一幅壁纸或墙布都要挂垂线找直，作为裱糊施工的基准标志线。自第二幅开始，可先上端后下端对缝依次裱糊，以保证裱糊饰面分幅一致，并防止累积歪斜。对于图案形式鲜明的壁纸墙布，为保证做到整体墙面图案对称，应在窗口横向中心部位弹好中心线，由中心线再向两边弹分隔线。如果窗口不在中间位置，为保证窗间墙的阳角处图案对称，可在窗间墙上弹中心线，然后由此中心线向两侧分幅弹线。对于无窗口的墙面，可以选择一个距离窗口墙面较近的阴角，在距壁纸或墙布幅宽 50mm 处弹垂线。

对于壁纸或墙布裱糊墙面的顶部边缘，如果墙面有挂镜线或顶棚阴角装饰线，即以此类线脚的下缘水平线为准，作为裱糊饰面上部的收口；如无此类顶部收口装饰，则应弹出水平线以控制壁纸或墙布饰面的水平度。

（3）壁纸、墙布处理

① 裁割下料：根据设计要求按照图案花色进行预拼，然后裁纸，裁纸长度应比实际尺寸长 20 ～ 30mm。裁纸下刀前，要认真复核尺寸有无出入，尺子压紧壁纸后不得再移动，刀刃贴紧尺边，一气呵成，中间不得停顿或变换持刀角度，手劲要均匀。

② 浸水润纸：这是针对纸胎的塑料壁纸的施工工序，传统称为闷水，即将要裱糊的壁纸事先湿润。对于玻璃纤维基材及无纺贴墙布类材料，遇水后无伸缩变形，因此不需要进行湿润；而复合纸质壁纸则严禁进行闷水处理。

对于聚氯乙烯塑料壁纸，遇水或胶液浸湿后即膨胀，需 5 ～ 10min 才能胀足，干燥后又自行收缩，掌握和利用这一特性是保证塑料壁纸裱糊质量的重要环节。对于金属壁纸，在裱糊前也需要进行适当的润湿处理，但闷水时间应当短些，即将其浸入水槽中 1 ～ 2min 取出，抖掉多余的水，再静置 5 ～ 8min，然后进行裱糊操作。对于湿强度较差的复合纸基壁纸，严禁进行裱糊前的润湿处理。为达到软化此类壁纸以利于裱糊的目的，可在壁纸背面均匀涂刷胶黏剂，然后将其胶面自然对折，静置 5 ～ 8min，即可上墙裱糊。对于带背胶的壁纸，应在水槽中浸泡数分钟后取出，并由底部开始，图案朝外卷成一卷，待静置 1min 后，便可进行裱糊。对于纺织纤维壁纸，不能在水中浸泡，可先用洁净的湿布在其背面稍做擦拭，然后即可进行裱糊操作。

（4）涂刷胶黏剂

壁纸、墙布裱糊胶黏剂的涂刷，应当做到薄而均匀，不得漏刷，墙面阴角部位应增刷胶黏剂 1 ～ 2 遍。对于自带背胶的壁纸，则无须再涂刷胶黏剂。

当聚氯乙烯塑料壁纸用于墙面裱糊时，其背面可以不涂胶黏剂，只在被裱糊基层上施涂胶黏剂。当塑料壁纸裱糊于顶棚时，基层和壁纸背面均应涂刷胶黏剂。对于纺织纤维壁纸、化纤贴墙布等品种，为了增强其裱贴黏结能力，材料背面及装饰基层表面均应涂刷胶黏剂。复合纸基壁纸纸背涂胶并进行静置软化后，裱糊时其基层也应涂刷胶黏剂。对于玻璃纤维墙布和无纺贴墙布，要求选用黏结强度较高的胶黏剂，只需将胶黏剂涂刷于裱贴面基层上，不用同时在布的背面涂胶。对于金属壁纸，由于其质脆而薄，在其纸背涂刷胶黏剂之前，应准备一卷未开封的发泡壁纸或一个长度大于金属壁纸宽度的圆筒，然后一边在已经浸水后阴干的金属壁纸背面刷胶，一边将刷过胶的部分向上卷在发泡壁纸卷或圆筒上。

在锦缎上涂刷胶黏剂时，由于材质过于柔软，传统的做法是先在其背面衬糊一层宣纸，使其略挺韧平整，而后在基层上涂刷胶黏剂进行裱糊。

（5）裱糊

裱糊的基本顺序为：先垂直面，后水平面；先细部，后大面；先保证垂直，后对花拼缝；垂直面先上后下，先长墙面，后短墙面；水平面是先高后低。裱糊饰面的大面，尤其是装饰的显著部位，应尽可能采用整幅壁纸墙布，不足整幅者应裱贴在光线较暗或不明显处。与顶棚阴角线、挂镜线、门窗装饰包框等线脚或装饰构件交接处，均应衔接紧密，不得出现亏纸而留下残余缝隙。

根据分幅弹线和壁纸墙布的裱糊顺序编号，从距离窗口处较近的一个阴角部位开始，依次到另一个阴角收口，如此顺序裱糊，其优点是不会在接缝处出现阴影而方便操作。

对于无图案的壁纸墙布，接缝处可采用搭接法裱糊；对于有图案的壁纸或墙布，为确保图案的完整性及其整体的连续性，裱糊时可采用拼接法。先对花，后拼缝，从上至下图案吻合后，用刮板斜向刮平，将拼缝处赶压密实；拼缝处挤出的胶液，及时用洁净的湿毛巾或海绵擦除。

（6）细部处理

裱糊工程细部处理主要指的是阴阳角处理和墙面凸出物处理。

对于阴阳角的处理：为了防止在使用时由于被碰、划而造成壁纸或墙布开胶，裱糊时不可在阳角处甩缝，应包过阳角不小于20mm。阴角处搭接时，应先裱糊压在里面的壁纸或墙布，再裱贴搭在上面者，一般搭接宽度为20～30mm。搭接宽度尺寸不宜过大，否则其褶痕过宽会影响饰面美观。主要装饰面造型部位的阳角采用搭接时，应考虑采取其他包角、封口形式的配合装饰措施，由设计人员确定。

对于墙面凸出物的处理：遇有基层卸不下的设备或附件，裱糊时可在壁纸或墙布上剪口。方法是将壁纸或墙布轻糊于裱贴面凸出物件上，找到中心点，从中心点往外呈放射状剪裁，再使壁纸或墙布舒平，用笔描出物件的外轮廓线，轻轻拉起多余的壁纸或墙布，剪去不需要的部分，如此沿轮廓线套割贴严，不留缝。

二、墙面软包施工工艺

1. 施工准备

（1）材料要求

① 软包墙面木框、龙骨、底板、面板等木材的树种、规格、等级、含水率和防腐处

理，必须符合设计图纸要求和《木结构工程施工质量验收规范》(GB 50206—2012) 的规定。

② 软包面料及其他填充材料必须符合设计要求，并应符合建筑装修设计防火的有关规定。

③ 龙骨料一般用红白松烘干料，含水率不大于 12%，厚度应根据设计要求确定，不得有腐朽、节疤、劈裂、扭曲等疵病，并预先经防腐处理。

④ 面板一般采用胶合板（五合板），厚度不小于 3mm，颜色、花纹要尽量相似，用原木板材做面板时，一般采用烘干的红白松、椴木和水曲柳等硬杂木，含水率不大于 12%。其厚度不小于 20mm，且要求纹理顺直、颜色均匀、花纹近似，不得有节疤、扭曲、裂缝、变色等疵病。

⑤ 外饰面用的压条、分隔框料和木贴脸等面料，一般采用工厂加工的半成品烘干料，含水率不大于12%，厚度应根据设计要求确定，且为外观没毛病的好料，并预先经过防腐处理。

⑥ 辅料有防潮纸或油毡、乳胶、钉子（长应为面层厚的 2 ～ 2.5 倍）、木螺栓、木砂纸、氟化钠（纯度应在 75% 以上，不含游离氟化氢，其黏度应能通过 120 号筛）或石油沥青（一般采用 10 号、30 号建筑石油沥青）等。

⑦ 如采取轻质隔墙做法，其基层、面层和其他填充材料必须符合设计和配套使用要求。

⑧ 罩面材料和做法必须符合设计图纸要求，并符合建筑装修设计防火的有关规定。

（2）主要机具

木工工作台，电锯，电刨，冲击钻，手枪钻，切、裁织物布、革工作台，钢板尺（1m 长），裁织革刀，毛巾，塑料水桶，塑料脸盆，油工刮板，小辊，开刀，毛刷，排笔，擦布或棉丝，砂纸，长卷尺，盒尺，锤子，各种形状的木工凿子，线锯，铝制水平尺，方尺，多用刀，弹线用的粉线包，墨斗，小白线，笤帚，托线板，线坠，红铅笔，工具袋等。

（3）作业条件

① 混凝土和墙面抹灰已完成，按设计要求在基层中已埋设木砖或木筋，水泥砂浆找平层已抹完灰并刷冷底子油，且经过干燥处理，含水率不大于 8%；木材制品的含水率不大于 12%。

② 对于水电设备，顶墙上预留预埋件已完成。

③ 房间里的吊顶分项工程基本完成，并符合设计要求。

④ 房间里的木护墙和细木装修底板已基本完成，并符合设计要求。

⑤ 对施工人员进行技术交底时，应强调技术措施和质量要求。大面积施工前，应先做样板间，经质检部门鉴定合格后，方可组织班组施工。

2. 工艺流程及其要点

工艺流程：基层或底板处理→吊直、套方、找规矩、弹线→计算用料、套裁填充料和面料→粘贴面料→安装贴脸或装饰边线→修整软包墙面。

原则上是房间内的地、顶装修已基本完成，墙面和细木装修底板做完，开始做面层装修时插入软包墙面镶贴装饰和安装工程。

（1）基层或底板处理

凡做软包墙面装饰的房间基层，大都是事先在结构墙上预埋木砖、抹水泥砂浆找平层、刷喷冷底子油、铺贴一毡二油防潮层、安装 50mm×50mm 木墙筋（中距为 450mm）、上铺五层胶合板，此为标准做法。如采用直接铺贴法，对基层必须进行认真的处理。方法是先将底板拼缝，用油腻子嵌平密实，满刮腻子 1 ～ 2 遍，待腻子干燥后用砂纸磨平，粘贴前，在基层表面满刷清油（清漆 + 香蕉水）一道。如有填充层，此工序可以简化。

（2）吊直、套方、找规矩、弹线

根据设计图纸要求，把房间内需要软包墙面的装饰尺寸、造型等通过吊直、套方、找规矩、弹线等工序，将实际设计的尺寸与造型落实到墙面上。

（3）计算用料、套裁填充料和面料

首先根据设计图纸的要求，确定软包墙面的具体做法。一般做法有两种，一是直接铺贴法，此法操作比较简便，但对基层或底板的平整度要求较高；二是预制铺贴镶嵌法，此法有一定的难度，要求必须横平竖直、不得歪斜、尺寸准确等。在需要做定位处做好标志，以利于对号入座。然后按照设计要求进行用料计算和底衬（填充料）、面料套裁工作。需注意同一房间、同一图案与面料必须用同一卷材料和相同部位（含填充料）套裁面料。

（4）粘贴面料

如采取直接铺贴法施工，应待墙面细木装修基本完成、边框油漆达到交活条件后，方可粘贴面料；如果采取预制铺贴镶嵌法，则不受此限制，可事先进行粘贴面料工作。首先按照设计图纸和造型的要求粘贴填充料（如泡沫塑料、聚苯板或矿棉、木条、五合板等），按设计用料（黏结用胶、钉子、木螺栓、电化铝帽头钉、铜丝等）把填充垫层固定在预制铺贴镶嵌底板上，然后把面料按照定位标志找好横竖坐标上下摆正。把上部用木条加钉子临时固定，再把下端和两侧位置找好，便可按设计要求粘贴面料。

（5）安装贴脸或装饰边线

根据设计要求选择加工好的贴脸或装饰边线，按设计要求把油漆刷好（达到交活条件），便可安装事先预制铺贴镶嵌的装饰板。经过试拼达到设计要求和效果后，便可与基层固定，并安装贴脸或装饰边线，最后涂刷镶边油漆成活。

（6）修整软包墙面

如软包墙面施工安排靠后，则修整软包墙面工作比较简单。如施工插入较早，由于增加了成品保护膜，则修整工作量较大，例如增加了除尘清理、钉粘保护膜的钉眼和胶痕的处理等。

任务三 工程质量要求及验收标准

一、裱糊工程验收标准

1. 主控项目

① 壁纸、墙布的种类、规格、图案、颜色和燃烧性能等级必须符合设计要求及国家现行标准的有关规定。

② 裱糊工程基层处理要求如下。

a. 在混凝土、抹灰基层上，应先涂刷抗碱封闭底漆。

b. 在旧墙上，应清理除去疏松的旧装饰层，并涂界面剂。

c. 混凝土、抹灰层涂刷溶剂型涂料时，含水率不大于 8%；涂刷乳液型涂料时，含水率不大于 10%；木材基层的含水率不大于 12%。

d. 基层腻子应平整、坚实、牢固，无粉化、起皮及裂缝，腻子的黏结强度应符合《建筑室内用腻子》（JG/T 298—2010）的规定。

e. 基层表面平整度、立面垂直度及阴阳角方正应达到《建筑装饰装修工程质量验收标准》（GB 50210—2018）的相关要求。

f. 基层表面颜色应一致。

g. 裱糊前应用封闭底胶涂刷基层。

③ 裱糊后各幅拼接应横平竖直，拼接处花纹、图案应吻合，不离缝，不搭接，不显拼缝。

④ 壁纸、墙布应粘贴牢固，不得有漏贴、补贴、脱层、空鼓和翘边。

2. 一般项目

① 裱糊后的壁纸、墙布表面应平整，色泽应一致，不得有波纹起伏、气泡、裂缝、褶

皱及斑污，斜视时应无胶痕。

② 复合压花壁纸的压痕及发泡壁纸的发泡层应无损坏。

③ 壁纸、墙布与各种装饰线、设备线盒应交接严密。

④ 壁纸、墙布边缘应平直整齐，不得有纸毛、飞刺。

⑤ 壁纸、墙布阴角处搭接应顺光，阳角处应无接缝。

二、软包工程验收标准

1. 主控项目

① 软包面料、内衬材料及边框的材质、颜色、图案、燃烧性能等级和木材的含水率应符合设计要求及国家现行标准的有关规定。

② 软包工程的安装位置及构造做法应符合设计要求。

③ 软包工程的龙骨、衬板、边框应安装牢固，无翘曲，拼缝应平直。

④ 单块软包面料不应有接缝，四周应绷压严密。

2. 一般项目

① 软包工程表面应平整、洁净，无凹凸不平及褶皱；图案应清晰、无色差，整体应协调美观。

② 软包边框应平整、顺直、接缝吻合。其表面涂饰质量应符合《建筑装饰装修工程质量验收标准》(GB 50210—2018）的有关规定。

③ 清漆涂饰木制边框的颜色、木纹应协调一致。

拓展阅读

建筑中的“中式美学”

古建筑在造型设计上具有高度的艺术性和观赏性。如古建筑体现出极高的比例、对称、空间、形状和表面处理等感官体验，以及丰富的文化意义，赋予了古建筑独特的美学特征。福建土楼的方与圆，徽州民居的高与低，维吾尔族民居的葡萄架与圆弧顶装饰图案，山西民居和北京四合院的飞檐翘角、斗拱琉璃等装饰物，形成了独特的建筑风格。殿堂、轩榭、楼阁、亭台、廊庑、天井、院落、祠堂、四水归堂等，这些建筑的布局或对称或错落有致，建筑构造各有特色，极具艺术性和观赏性。江南水乡民居，院落内多布置花木，利用水、峰、树、草等自然景观造景，具有高度的审美价值。

很多传统民居和乡土建筑被保护并开发为旅游景点，其独特魅力吸引着越来越多的市民前去观光体验。古建筑的美学价值对现代的设计具有借鉴意义，对于传递中华文化和价值审美具有典型意义。

笔记

项目十

油漆工程施工

知识目标

① 了解常用油漆工程中产品的基本类型和选购方法。

② 了解建筑油漆工程施工质量验收要求。

③ 掌握油漆工程的基本施工工艺及技术要求。

技能目标

① 能够专业地介绍不同种类油漆工程的特点、工艺和质量验收方法。

② 能进行常规的油漆工程施工。

素质目标

① 培养精益求精的工匠精神。

② 培养诚实守信的职业道德。

③ 树立环保意识。

任务一

常见油漆材料及选购

一、乳胶漆的选购

① 确定所需乳胶漆的种类，明确用途，不要盲目购买。

② 选择认证齐全的知名品牌，这一点很重要，市场上的杂牌产品往往没什么质量保障和售后服务。

③ 查看其样板并充分了解其售后服务。

④ 了解乳胶漆的重量、生产日期及保质期。

可在购买前找亲朋好友做些调查，售后服务周到的公司所生产的乳胶漆质量优良，不含铅、汞等重金属，防霉抗菌，可擦洗。优质环保的乳胶漆是值得信赖的，不要因省钱而错买劣质乳胶漆。

二、乳胶漆的质量鉴别

鉴别乳胶漆的品质有几种办法，在市场上选择乳胶漆时，要学会直观检查。检查的办法有如下几种：①打开容器用一根木棍搅拌，看有无沉淀、结块和絮凝的现象出现，若有以上现象，就是不合格的乳胶漆；②将乳胶漆用食指蘸上少许，用拇指捻一捻，若感觉非常细腻，则可以认为细度均匀；③将少许乳胶漆涂在纸板或木板上，用干净且干燥的手指在样板表面涂擦，观察手指上涂料粒子的多少，评定其耐擦性；④将涂料样板与销售人员提供的标准样板对比，观察涂膜的外观与色差。

除了性能达标外，品质优异的乳胶漆开盖效果好，涂料不分层，无异味，外观细腻，色相纯正，施工方便，没有流壁现象，飞溅小；刷涂后手感细腻，色泽均匀柔和。以上这些都可以作为衡量优质乳胶漆的标准。

三、无毒乳胶漆的特点

① 不含重金属，主要指铅和汞，因为这类重金属对人体有害，且难以排出体外。

② 不含有机挥发溶剂或含量不超过 5%。

③ 不含释放时间长的甲醛。

任务二

油漆工程施工工艺

一、施工常见问题

1. 油漆漆膜厚度的要求

油漆的第一个作用是装饰，如色彩、光泽；第二个作用是保护，如对饰面的防虫、防腐、防污保洁、防破损等。

漆膜当然不是越厚越好。

第一，如果过厚，会造成漆膜力学性能降低，耐冲击强度和硬度降低，易发生剥落、脱层、开裂现象，一旦开裂则很难修复，只有铲掉重做。已入住的房子再刷油漆，不仅麻烦，对身体也有害。

第二，如果过厚，易出现透明差和漆膜下陷现象。

第三，如果过厚，会造成漆膜内溶剂挥发慢，影响健康。

另外，过厚的漆膜还会造成造价增高，浪费资源。

2. 油漆中底漆的作用

底漆由树脂、填料、溶剂和助剂四部分组成，其主要作用如下。

① 填平作用：填充木纹中的毛细孔，便于在表面刷油漆。

② 支撑面漆：使面漆能与木材表面紧密地吸附在一起。

③ 提供丰满度：因为底漆里有很多粉料，所以能提供漆膜的厚度。

④ 降低成本，节约能源：因为底漆的价格一般比面漆低。

3. 油漆中面漆的作用

面漆是涂层中最外层的涂漆，在漆膜中起主要的装饰和保护作用，漆膜性能指标如耐划伤性、硬度、光泽、手感、透明度、耐老化性能、耐黄变性能等都主要从面漆上体现出来，面漆的质量直接影响整个漆膜的质量。

面漆组成部分与底漆的区别主要在于前者的填充料加得很少或没有，因此不能以增加面漆的涂装层数和厚涂面漆的办法来增加漆膜厚度。涂层的厚度主要依靠底漆提供，而面漆只能起装饰和保护作用。

4. 油漆施工要求

① 聚酯漆：18 ～ 25℃，相对湿度低于 75%。

② 硝基漆：18 ～ 25℃，相对湿度低于 75%。相对湿度高于 95% 时硝基漆不能施工；温度低于 0℃、相对湿度大于 75% 时会造成慢干、反应慢、失光、发白等现象。

③ 乳胶漆：5℃以上，相对湿度小于 85%。理论上乳胶漆的最低成膜温度可以调整到 0℃，但在实际涂刷时漆膜较薄，很容易在寒冷的环境中结冰，破坏乳胶漆粒子，又因成膜环境温度低容易造成成膜不完全，故应避免寒冷和雨淋。

5. 防止油漆开裂与剥落的方法

受外部环境的影响，如温度变化、湿度变化、光线照射、经常擦洗、撞碰等，或漆膜层间附着结合不良，都会产生油漆开裂或漆膜剥落等病态现象。其产生开裂的主要原因如下。

① 表面不洁，沾有油污、水分或污物。

② 底层表面太光滑，底层打磨不充分或没打磨，如底层用聚酯漆，因为其硬度高、光泽好、手感好，若打磨不充分，如同在玻璃上涂漆，自然导致层间附着差，容易剥离。

③ 底漆不配套或配套性差，如用聚酯漆打底，打磨不充分；用硝基打底，而硝基漆未完全干透就使用含有强溶剂相对较多的中涂漆，导致不明显咬底甚至面漆开裂；在受机械作用或温、湿度变化时，里外层膨胀系数不同而导致开裂。

④ 底漆未干透就涂面漆，或第一层面漆过厚，未经干透又复涂第二层面漆，使两个涂层伸缩不一致。

⑤ 水泥底层未经充分干燥，pH 值过高（碱性过大）。

⑥ 施工环境恶劣，温度过低、温差大、湿度大，漆膜受冷热作用而伸缩，引起龟裂。

⑦ 受外界温度影响，木材和漆膜收缩膨胀不一致。

具体防治措施如下。

① 进行基材表面处理时要把油污、水分或其他污物彻底清除。

② 选择配套的底漆、面漆。

③ 底漆干透后再涂下一道漆。

④ 水泥底要充分干燥，pH 值控制在 8 以下，最好用耐碱底漆封闭。

⑤ 在适宜的环境下施工。

6. 金属上刷漆的施工方法

① 表面处理：脱脂，人工清洗，酸浸，喷砂处理，碱性脱漆（如二氯甲烷也可用来剥掉漆膜，但必须用水尽快冲洗干净，以防止与金属发生化学反应），为涂层提供一个彻底清洁、干燥新鲜的表面。

② 饰涂：在彻底清洁、干燥、刚处理好的表面上涂上一定厚度的含有抗腐蚀成分的底漆，面层再涂上耐酸碱腐蚀的起装饰作用的面漆。

7. 油漆泛黄的原因

油漆泛黄影响居室美观，而且不好维修。油漆泛黄的原因主要有以下几种。

① 乳胶漆：乳胶漆与含 TDI（甲苯二异氰酸酯）的油漆交叉施工时，高含量的游离 TDI 和乳胶漆相遇会发生化学反应，致使墙面变黄。

② 油性漆：引起变黄的主要原因是光线中的紫外线照射，油漆中不饱和键结构发生变化、氧化或化学键断裂，这种改变在外面上的反映就是漆膜变黄。

③ 白油漆：在制作板材时为消除板材色差，厂家常对板材进行漂白处理，漂白剂主要是双氧水、亚氯酸钠或亚硫酸氢钠。另外，有部分厂商将漂白好的材料冒充好的材料，当聚酯白漆和这些经漂白的木材结合时，聚酯白漆的固化剂 TDI 与木材在漂白时残留的氧化型漂白剂反应使漆膜表面泛黄。

8. 补钉眼

① 补钉眼属于涂装中嵌补腻子，应比被补物面略高出一些，以防腻子干燥时产生收缩，出现凹陷。

② 为防止虚填或漏填，在腻子未干前对较大钉眼再次填补。

③ 将钉眼缺陷全部填满的同时，要求外部平整、清洁、没有残留。

④ 要做到人站在距离 1.2m 处肉眼看不到钉眼才符合标准。

9. 做油漆工序时的五金件保护

做油漆工序时对五金件的保护非常重要，如果不注意保护，往往是做完油漆，门锁、拉手、合页等被污染，十分难看，又极难清洗。正规公司做油漆工序时一般都非常重视对五金件的保护。其保护措施至少要达到以下标准。

① 应该用不易被溶剂溶解且易卸下的塑料、分色纸等包扎。

② 不要让金属沾有漆迹。

③ 不能出现划痕、砂痕。

④ 不能让稀释剂或有腐蚀性的溶剂沾到其表面上。

10. 开裂墙体做墙漆的方法

开裂墙体做墙漆，第一步是想办法将墙体填平。开裂墙体可分为两种情形：一是裂缝较小的墙体，先将表面松散部分铲除，用水湿润后补上有弹性的水性嵌缝腻子，再大面积刮灰和进行下一道工序；二是裂缝较大的墙体，应先将其裂缝扩大成三角口，用砖补平，表面用弹性腻子补平后再贴上的确良布，然后大面积刮灰和进行下一道工序。

11. 旧的粉化墙体做墙漆时的处理方法

不该省的钱不能省，如果在旧的粉化墙体上直接做墙漆，由于墙体不能提供坚实的基面，时间久了肯定会开裂、剥落。因此对这种墙体，必须将旧墙的粉化表面全部铲除，铲至露出坚实基面，充分湿水，再在这个基面上涂抹水泥砂浆整平。调水泥砂浆时，可在里面加些石灰，否则墙体干得非常慢，时间久了墙壁干后有可能导致墙漆开裂。等墙体完全整平、干燥后再做腻子，刷墙漆。

12. 墙体、顶面不夹带时做墙漆的方法

一般房屋建筑工地的顶面比墙面平整度要差，有的顶面落差甚至达到 2 ～ 4cm，会影响房屋的美观。因此在装修时，一定要处理好，不要将这种遗憾留到以后。

如果顶面不平，可在房屋四周阴角处用墨斗弹一条直线，用白水泥把较低处补平，每一遍的厚度不超过 5mm，宽度不少于 40mm，待其干透后再刮两遍，直到阴角成直线为止。用 2m 长的靠尺在顶面测量，测出其较低处并做记录，如果测出有明显凸出部分，应先将其铲平，同样用白水泥将其刮平。

如果墙面不平，首先也要将凹凸部分测出，凸出部分铲平，凹入部分用白水泥刮平。

待基层处理结实并干燥、清洁后，用太阳灯照在基层上，把腻子做好，用 $360^{\#}$ 的砂纸打磨平整后，就可以做墙漆了。

13. 做墙漆时墙体阴阳角的校正

质量上乘的装修，不仅仅是乍一看漂亮、大气，更重要的是看细节处理是不是精致。人们经常发现，有些工地，施工质量是经不起推敲的。如果墙体阴阳角处理不平直，就会留下败笔。

做墙漆时阴阳角一定要平直。为确保阴阳角平直，在做阴角时，一定要弹线，弹线时找到墙体最厚的两点，以这两点为端点弹线，再用 1.5 ～ 2m 长的角铝模型参照弹出的线条刮直。为确保阳角平直，刮直时可以使用 2m 长的铝合金靠尺靠在一侧，另一侧用刮刀。为了保证阳角耐用，刮直时可以使用白水泥和石膏粉来增加强度。

14. 涂墙漆时，分色地方的施工方法

涂墙漆时，分色如在同一平面上，应首先涂饰所占比例最大或颜色较浅的部分。待先涂饰部分基本干燥后，根据图线，在需分色的地方贴上不太黏的黏胶带进行分隔（注意黏的那一面一定要干透，否则拉起黏胶带时会将已涂饰好的墙漆粘起皮），然后涂饰颜色较深或所剩部分。如果在阴阳角处分色，可采用宽 1cm 左右的平排笔精心细涂。总之，一定要做到分色清晰，不可混色。

涂深色墙漆时，辊涂和喷涂的选择方法如下。

辊涂是建筑涂饰中应用较广的一种施工方法，适于大面积施工，省时、省力、操作容易、效率较高，但装饰性稍差。在家庭装修中，一般大面积墙面和顶面涂墙漆时，采用辊涂方式。但要注意，在墙面拐角处不建议采用辊涂的方式，要用刷子来修补，即与刷涂相结合。

涂背景墙（如电视背景墙、床背景墙）或涂局部带深色墙漆时宜用喷涂方式，喷涂细致、均匀，视觉效果好。

15. 刮腻子的施工方法

如果在头道腻子尚未干透时进行二道刮涂，二道腻子中的溶剂或水分会将头道腻子溶软，甚至带起，这样就会引起起拱现象。

另外，头道腻子未干时进行二道施工，会导致上下层干湿差异，易发生开裂、慢干或外干里不干的现象。

因此刮二道腻子时必须等头道腻子干透，以免留下隐患。

16. 墙漆粉化、褪色和剥落的解决方法

要解决墙漆粉化、褪色和剥落问题，必须在施工时就打好基础，施工时须遵循以下几点：

① 给涂料提供一个平整、结实、干燥、中性、清洁的饰面基础；

② 涂刷耐碱底漆，预防返碱褪色；

③ 创造良好的施工环境，避开低温、高湿天气；

④ 正确配比涂料，否则会造成涂膜不匀；

⑤ 涂层不能太薄，否则易粉化；

⑥ 禁止一次性涂层过厚，否则易造成干湿不一而开裂剥落。

二、基层清理方法和施工方法

1. 基层清理方法

基层清理工作是确保涂料、油漆涂刷质量的关键基础性工作，即采用手工、机械、化学及物理方法，清除被涂基层面上的灰尘、油渍、旧涂膜、锈迹等各种污染和疏松物质，

或者改善基层原有的化学性质，以利于油漆涂层的附着效果和涂装质量。

手工清除主要包括铲除和刷涂，所用手工工具有铲刀、刮刀、打磨块及金属刷等；机械清除主要有动力钢丝刷清除、除锈枪清除、蒸汽清除，以及喷水或喷砂清除等；化学清除主要包括溶剂清除、油剂清除、碱溶液清除、酸洗清除及脱漆剂清除等，适用于对坚实基层表面的清除；高温清除也称为热清除，是指采用氧气、乙炔、煤气和汽油等为燃料的火焰清除，以及采用电阻丝作为热源的电热清除。其主要用于清除金属基层表面的锈蚀、氧化皮和木质基体表面上的旧涂膜。

2. 涂饰工程施工方法

（1）刷涂

刷涂施工主要是指采用鬃刷或毛刷施涂，头遍横涂走刷要平直，有流坠马上刷开，回刷一次，蘸涂料要少，一刷一蘸，不宜蘸得太多，防止流淌，由上向下一刷紧挨一刷，不得留缝。第一遍干后刷第二遍，一般为竖涂。刷涂施工应注意：上遍涂层干燥以后，再进行下遍涂刷，间隔时间依涂料性能而定；涂料挥发快的和流平性差的，不可过多重复回刷，注意每层厚薄一致；刷罩面层时，走刷速度要均匀，涂层要均匀；第一遍深层涂料稠度不宜过大，深层要薄，使基层快速吸收为佳。

（2）滚涂

滚涂施工，应首先把涂料搅匀调至施工黏度，少量倒入平漆盘中摊开。用辊筒均匀地蘸涂料，并在底盘或辊网上滚动至均匀后再在墙面或其他被涂物上滚涂。滚涂施工应注意：接槎部位或滚涂达到一定部位时，应用空辊子滚压一遍，以保证滚涂饰面的均匀和完整，不留痕迹；平面涂饰时，要求涂料流平性好，黏度可低些；立面滚涂时，要求用流平性小、黏度高的涂料，不要用力压滚，以保证厚薄均匀。不要在辊筒中的涂料全部挤出后才蘸料，应使辊筒内总保持一定数量的涂料。

（3）抹涂

该方法是底层涂料涂饰后 2h 左右即用不锈钢抹压工具涂抹，涂层厚度为 2 ～ 3mm；抹完后，间隔 1h 左右，用不锈钢抹子拍抹饰面压光，使涂料中的胶黏剂在表面形成一层光亮膜；涂层干燥时间一般为 48h 上，期间未干应注意保护。抹涂施工应注意：涂抹层的厚度为 2 ～ 3mm；抹涂饰面涂料时，不得回收落地灰，不得反复抹压；应及时检查工具和涂料，如发现不干净或掺入杂物时应清除或不用。

（4）喷涂

采用喷涂方法施工时，喷枪移动的范围不能太大，一般直线喷涂 700 ～ 800mm 后下移折返喷涂下一行，一般选择横向或竖向往返喷涂。喷涂作业时手握喷枪要稳，涂料出口应与被涂面垂直。喷枪移动时应与被喷面保持平行，喷枪运行速度一般为 400 ～ 600mm/s。使用空气压缩机进行调节时，使其压力达到施工压力，施工喷涂压力一般为 0.4 ～ 0.8MPa。喷嘴与被涂面的距离一般控制在 400 ～ 600mm。将涂料调至施工所需稠度，装入贮料罐或压力供料筒中，关闭所有开关。喷涂面的上下或左右搭接宽度为喷涂宽度的（1/3）～（1/2）。喷涂时应先喷门窗口附近，涂层一般要求两遍成活（横一竖一）。喷枪喷不到的地方应用涂刷、排笔填补。

（5）油质涂料施工方法

刷、滚、喷、弹均可以采用，多以刷涂为主。刷涂是采用毛刷、排笔、鬃刷等工具进行操作，见表 10-1。

表 10-1　刷涂油性涂料的工序和操作方法

工序	操作方法
开油	将刷子蘸上涂料，首先在被涂面上（木材面应顺木纤维方向）直刷几条，每条涂料的间距为 50 ～ 60mm，把一定量需要涂刷的涂料在表面上摊成几条
横油斜油	开油后，油刷不再蘸涂料，把开好的直条涂料，横向、斜向刷涂均匀
竖油	顺着木纹方向竖刷，以刷除接痕
理油	待大面积刷匀、刷齐后，将油刷上的剩余涂料在油料桶边上刮净，用油刷的毛尖轻轻地在涂料面上顺木纹理顺，并且将物面（构件）边缘和棱角的流漆刷均匀

三、水性涂料涂饰工程施工

1. 内墙面乳胶漆涂饰工程

（1）施工准备作业要求

内墙面的涂料施工按材料可分为乳胶漆涂料、多彩花纹涂料、喷塑涂料、仿瓷涂料等。乳胶漆涂料施工是日常生活中常用的，其材料包括乳胶漆、胶黏剂、清油、合成树脂溶液、聚醋酸乙烯乳液、白水泥、大白粉、石膏粉、滑石粉等。

施工现场温度宜为 5 ～ 35℃，并应注意防尘，作业环境应通风良好，周围环境比较干燥。冬期涂料涂饰施工应在采暖条件下进行，室内温度保持均衡，并不得突然变化。

（2）工艺流程及要点

工艺流程：基层处理→修补腻子→满刮腻子→涂刷第一遍乳胶漆→涂刷第二遍乳胶漆→涂刷第三遍乳胶漆→清扫。

① 基层处理：将墙面上的灰渣、杂物、浮灰、尘土、原始大白等清理干净。对于返碱、析盐的基层应先用 3% 的草酸溶液清洗，然后用清水冲刷干净，或在基层上满刷一遍耐碱底漆。建筑大白的铲除如图 10-1 和图 10-2 所示。

图 10-1 建筑大白

图 10-2 大白铲除

② 修补腻子：用配好的石膏腻子，对墙面、窗口角等磕碰破损处，以及麻面、裂缝、接槎缝隙等处进行开槽，用油腻子填充，并进行挂网以及石膏顺平，如图 10-3 ～图 10-6 所示。

图 10-3 开槽

图 10-4 油腻子嵌缝

③ 满刮腻子：一刮板接着一刮板地用橡胶刮板横向满刮，接头处不得留茬。每刮一刮板最后收头时，要收得干净利落。涂饰工程使用的腻子应坚实牢固，不得粉化、起皮和出现裂纹。厨房、厕所、浴室等部位应使用具有耐水性能的腻子。腻子配合比（质量比）为聚醋酸乙烯乳液∶滑石粉（或大白粉）∶水 =1∶5∶3.5。待满刮腻子干燥后，用砂纸将墙面上的腻子残渣、斑迹等打磨平整、光滑，然后将墙面清扫干净。批刮腻子一共进行两次，如图 10-7 和图 10-8 所示。

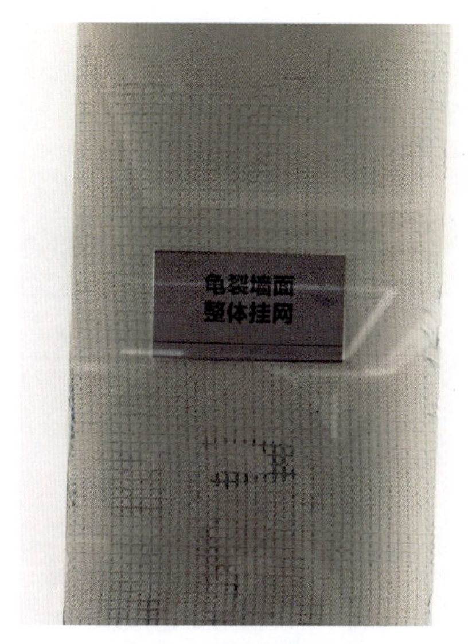

图 10-5 龟裂墙面整体挂网

图 10-6 挂网后石膏顺平

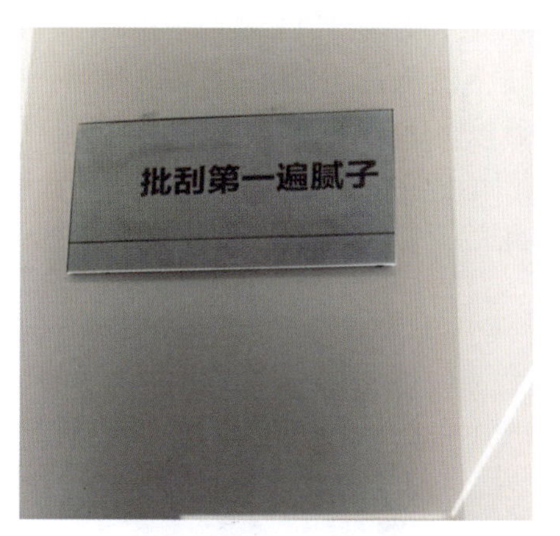

图 10-7 批刮第一遍腻子

图 10-8 批刮第二遍腻子

④ 涂刷第一遍乳胶漆：施涂前清理干净墙面粉尘。施涂墙面时宜按先左后右、先上后下、先难后易、先边后面的顺序进行，不得乱涂刷，以防漏涂或涂刷过厚、涂刷不均匀等。一般用排笔涂刷时，若使用新排笔，注意将活动的笔毛清理掉。使用乳胶漆前应搅拌均匀，根据基层及环境温度情况，可加 10% 的水稀释，以防头遍涂料施涂不开。在涂刷涂料时，不得污染地面、踢脚线、窗台、阳台、门窗及玻璃等已完成的分部分项工程，必要时采取遮挡措施。干燥后复补腻子，待复补腻子干透后，用 $1^{\#}$ 砂纸磨光并清扫干净。涂刷第一遍乳胶漆效果如图 10-9 所示。

⑤ 涂刷第二遍乳胶漆：操作要求同第一遍。乳胶漆的稠度要适中，排笔蘸涂料量要适宜，涂刷时要多理多顺，防止刷纹过大，使得刷纹明显。漆膜干燥后，用细砂纸将墙面小疙瘩和排笔毛打磨掉，磨光滑后用布擦干净。涂刷第二遍乳胶漆效果如图 10-10 所示。

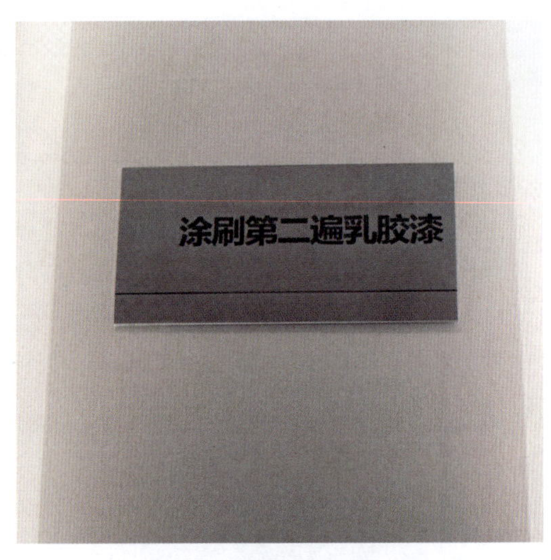

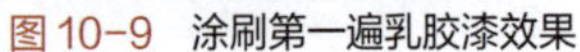

图 10-9　涂刷第一遍乳胶漆效果

图 10-10　涂刷第二遍乳胶漆效果

⑥ 涂刷第三遍乳胶漆：由于乳胶漆膜干燥较快，应连续迅速操作，涂刷时从左端开始，逐渐涂刷向另一端，一定要注意上下顺刷互相衔接，后一排笔紧接前一排笔，避免出现接槎明显而再另行处理。因此，大面积涂刷时，应配足人员，互相衔接好。最后一遍涂料涂刷完后，设专人负责开关门窗使室内空气流通，以防漆膜干燥后表面无光或光泽不足。

⑦ 清扫：涂料未干透前，禁止打扫室内地面，严防灰尘等污染面层涂料。涂刷完的墙面要妥善保护，不得磕碰，不得在墙面上乱写乱画。

2. 石膏板吊顶乳胶漆面的处理

在项目六中介绍的处理方法基础上（例如图 10-11 中展示的对角接缝防开裂工艺），进行乳胶漆面处理。

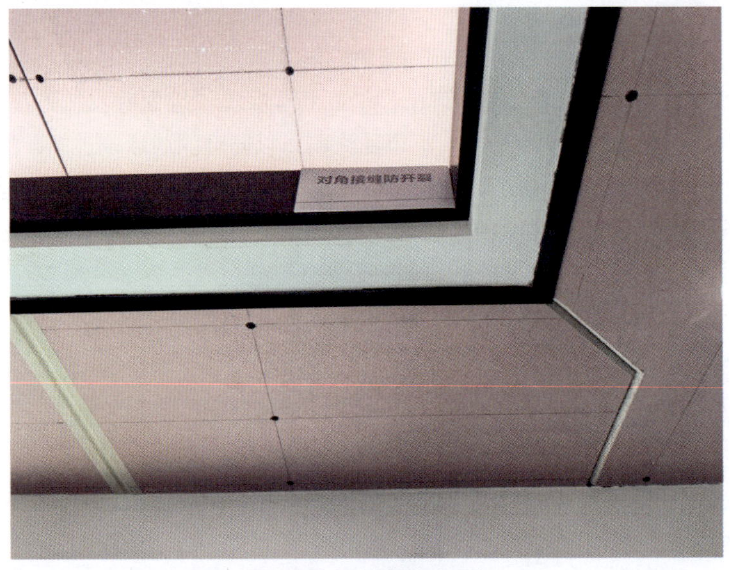

图 10-11　对角接缝防开裂

首先使用油腻子对预留的 T 形槽进行批刮，如图 10-12 所示。

图 10-12 油腻子嵌缝

然后用网格带对油腻子嵌缝的部分进行贴压，如图 10-13 所示。

图 10-13 压网格带

在网格带的基础上贴牛皮纸绷带，如图 10-14 所示。

通过以上处理可以在很大程度上缓解后期接缝处开裂的情况。在此基础上，进行吊顶满刮石膏、批刮腻子、乳胶漆的滚涂和打磨，如图 10-15 ～图 10-18 所示。

图10-14 贴牛皮纸绷带

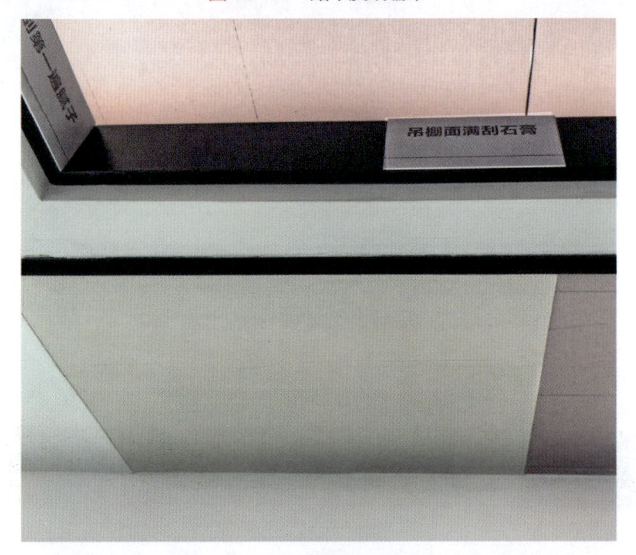

图10-15 吊棚面满刮石膏

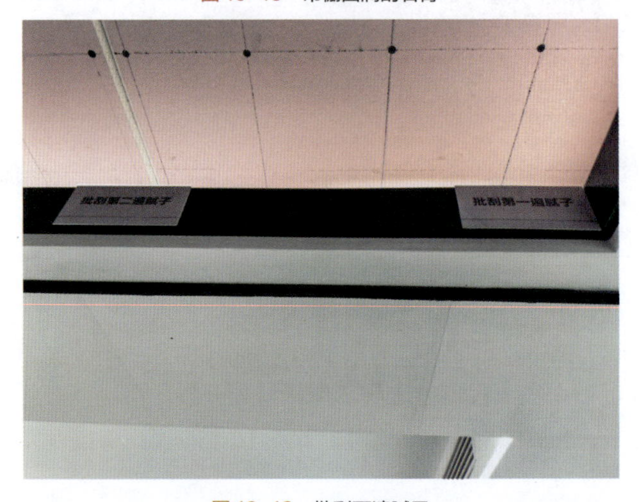

图10-16 批刮两遍腻子

图 10-17 砂纸精细打磨

图 10-18 涂刷两遍乳胶漆

3. 外墙氟碳涂料施工

（1）施工材料准备及作业要求

施工材料包括 E1622 弹性拉毛漆、柔性腻子、F200 封底漆、砂布、胶带、F231 中间漆、HF600AB 氟碳漆（HF800 精品氟碳漆）。

墙面基层处理完毕，并符合设计工艺要求，按抹灰面标准验收，满足喷涂条件，完成雨水管卡、设备洞口管道的安装，并将洞口四周用水泥砂浆抹平。双排架子或活动吊篮要符合国家安全规范要求，外架排木距墙面≥ 20cm。要求现场提供 380V 和 220V 电源。所有的成品门窗都要提前保护。

（2）工艺流程及要点

施工工艺流程为：基层处理→刮腻子、打磨→弹线、分隔、贴胶带→拉毛→封底漆→喷中间漆→刷面漆→局部修整。

① 基层处理：基层处理应平整、光滑，无油污，无裂纹，无空洞，无砂眼，平整顺直。

② 刮腻子、打磨：批刮柔性腻子 1 ～ 2 遍，打磨后用毛刷清理。

③ 弹线、分隔、贴胶带：按照设计方案在分色部位分隔定位，弹线，粘贴胶带。

④ 拉毛：胶带粘贴完毕后，用专业毛辊在墙面上进行弹性拉毛，拉毛要做到纹路基本均匀、一致。

⑤ 封底漆：涂刷超强封底漆 F200 一道，要求涂刷均匀，无漏刷。

⑥ 喷中间漆：按设计要求涂刷弹性中间漆 F231，中间漆的涂刷应均匀，无透底现象。

⑦ 刷面漆：上道工序充分干燥后，在施工现场按配比配置氟碳漆 HF600/HF800。在规定时间内用专用喷枪连续喷涂，并随时搅拌氟碳漆料，以保证涂层均匀一致。面漆的涂刷应平整、厚度均匀，无漏喷。

⑧ 局部修整：检查施工质量，对局部质量问题进行修补。

四、溶剂型涂料涂饰工程施工

1. 油漆涂饰施工要点

（1）基层处理

基层处理的要求与前文所述内容相同。

（2）腻子嵌批

嵌批的要点是实、平、光，即做到密实牢固、平整光洁，为涂饰质量打好基础。嵌批工序要在涂刷底漆并待其干燥后进行，以防止腻子中的漆料被基层过多吸收而影响腻子的附着性。为避免腻子出现开裂和脱落，要尽量降低腻子的收缩率，一次填刮不要过厚，最好不超过 0.5mm。批刮速度宜快，特别是对于快干腻子，不应过多地往返批刮，否则易出现卷皮脱落或将腻子中的漆料挤出，封住表面而难以干燥。

（3）材质打磨

硬质涂料或含铅涂料一般需采用湿磨方法。如果湿磨易吸水且基层或环境湿度大，可用松香水与生亚麻油（3∶1，体积比，下同）的混合物做润滑剂打磨。对于木质材料表面不易磨除的硬刺、木丝和木毛等，可采用稀释的虫胶漆［虫胶∶乙醇=1∶（7～9）］进行涂刷，待干后再行打磨；也可用湿布擦抹表面使木材毛刺吸水胀起，待干后再打磨。

（4）色漆调配

为满足设计要求，大部分成品色漆需进行现场混合调配，但参与调配的色漆的漆基应相同或能够混溶，否则掺和后会引起色料上浮、沉淀或树脂分离与析出等。选定基本色漆后应先试配小样并与样品色或标准色卡比照，尤其要注意湿漆干燥后的色泽变化。调配浅色漆时若用催干剂，应在调配之前加入。试配小样时须准确记录其色漆配比值，以备调配大样时参照。

（5）油漆黏稠度调配

桶装的成品油漆一般都较为稠厚，使用时需要酌情加入部分稀料（稀释剂）调节其黏稠度，以满足施工要求。常用油基漆的各种底漆的平均稠度为35～40s，一般情况下在此稠度范围内较适宜涂刷，油漆对毛刷的浮力与刷毛的弹力相接近。若刷毛软，还需降低稠度；当刷毛硬时则需提高稠度。常用喷涂的稠度一般为25～30s，在此稠度范围内喷出油漆的速度快，覆盖力强，雾化程度好，中途干燥现象轻微。

（6）喷涂

① 所用油漆品种应是干燥快的挥发性油漆，如硝基磁漆、过氯乙烯磁漆等。

② 油漆喷涂的类别有空气喷涂、高压无气喷涂、热喷涂及静电喷涂等。在建筑工程中采用最多的是空气喷涂和高压无气喷涂。

③ 对于普通的空气喷涂，喷枪种类繁多，一般有吸出式、对嘴式和流出式。高压无气喷涂利用0.4～0.6MPa的压缩空气为动力，带动高压泵将油漆吸入，加压到15MPa左右，通过特制喷嘴喷出。当加过高压的涂料喷至空气中时，即剧烈膨胀雾化成扇形气流而冲向被涂物表面。此设备可以喷涂高黏度油漆，效率高，成膜厚，遮盖率高，涂饰质量好。

2. 木材面聚酯清漆涂饰施工工程

（1）施工材料准备及作业要求

施工材料有封闭底漆、聚酯清漆、腻子、稀释剂、砂蜡、光蜡等。施工时环境温度一般不低于10℃，相对湿度不宜大于60%。施工环境应清洁、通风、无尘埃，以免影响油漆质量。施工时应根据设计要求进行调色，确定色板并封样，应做好样板，经监理、建设单位及有关质量部门验收，认定合格后，再进行大面积施工，并对操作人员进行安全技术交底。

（2）工艺流程及要点

木材面聚酯清漆施工工艺流程为：基层处理→刷封闭底漆→打磨第一遍→擦色→喷第一遍底漆→打磨第二遍→刮腻子→轻磨第一遍→喷第二遍底漆→轻磨第二遍→修色→喷第一遍面漆→打磨第三遍→喷第二遍面漆→擦砂蜡、上光蜡。

① 基层处理：首先对基层表面进行仔细的检查，对缺棱掉角等基材缺陷应及时修整，再用铲刀对基层表面上的灰尘、油污、斑点、胶渍等进行清理，然后用打磨器或用木擦板垫砂纸（120#）顺着木纹方向对基层表面进行来回打磨，先磨线角裁口，后磨四边平面，磨至平整光滑（不得将基层表面打透底），最后将基层表面粉尘清理干净。

② 刷封闭底漆：涂刷前应进行器具清洁，将所用器具清洗干净，油刷需在稀释剂内浸泡清洗。新油刷使用前应将未粘牢的刷毛去除，并在120#砂纸上来回磨刷几下，以使端毛柔软适度。油漆涂刷一般先刷边框线角，后刷大面，按从上至下、从左至右、从复杂到简单的顺序，顺木纹方向进行，且需横平竖直、薄厚均匀、刷纹通顺、不流坠、无漏刷。线角及边框部分应多刷1～2遍，每个涂刷面都应一次性施工完成。

选用配套的封闭底漆，并按产品说明书和配比要求进行调配，底漆的稠度应根据油漆性能、涂饰工艺（手工刷或机械喷）、环境温度、基层状况等进行调配。环境温度低于15℃时，应选用冬用稀释剂；25～30℃时，应选用夏用稀释剂；30℃以上时，可适当添加“慢干水”等。

③ 打磨第一遍：打磨方法有手工打磨和机器打磨，前者用包砂纸的木擦板进行手工打磨，后者遇到面积较大的情况时，宜使用打磨器进行打磨作业。

打磨必须在基层或涂膜干透后进行，以免磨料进入基层或涂膜内，影响打磨的效果。若涂膜坚硬不平或软硬相差较大，必须选用磨料锋利并且坚硬的磨具打磨，避免越磨越不平。

打磨所用的砂纸应根据不同工序阶段、涂膜的软硬等具体情况正确选用，见表10-2。

表10-2　砂纸型号的选用

打磨阶段	填补腻子层和白坯基层表面	封闭底漆满刮腻子	满刮腻子封闭底漆	面漆
砂纸型号	120#～240#	240#～400#	240#～400#	600#～800#

④ 擦色：调色分厂商调色和现场调色两类。厂商调色为事先按设计样板颜色要求，委托厂商调制成专门配套的着色剂和着色透明漆（或面漆）。对于厂商供应的成品着色剂或着色透明漆，应与样板进行比较，校对无误后方可使用。现场调色一般采用稀释剂与色精调配或透明底漆与色精配制调色，应采用与聚酯漆配套的无苯稀释剂。

调色前应将调色用各种器具用清洗剂清洗干净，并在基层打磨清理后及时进行擦色，以免基层被污染。擦色时，先用蘸满着色剂的洁净细棉布对基层表面来回进行涂擦，其范围约0.5m为一段，将所有的棕眼填平擦匀。各段要在4～5s内完成，以免时间过长，着色剂干后出现接槎痕迹。然后用拧干的湿细棉（或麻丝）顺木纹方向用力来回擦，将多余的着色剂擦净，最后用洁净的干布擦拭一遍。擦色后达到颜色均匀一致，无擦纹，无漏擦，并注意保护，防止污染。

⑤ 喷第一遍底漆：擦色后干燥 2 ～ 4h 即可喷第一遍底漆。喷涂前，应认真对喷涂机具进行清洗与检查调试，确保运行状况良好。喷涂底漆的调配方法应比刷涂底漆的配比多加入 10% ～ 15% 的稀释剂进行稀释，使其黏度适应喷涂工艺要求。对于底漆，一般采用压枪法（也叫双重喷涂法）进行喷涂。压枪法是指将后一枪喷涂的涂层，压住前一枪喷涂涂层的 1/2，以使涂层厚薄一致，并且喷涂一次就可得到两次喷涂的厚度。采用压枪法喷涂的顺序和方法如下。

a. 向喷涂面两侧边缘纵向喷涂一下，再沿喷涂线路，从喷涂面的上端左角向右水平横向喷涂，喷至右端头，然后从右向左水平横向喷涂，喷至左端头，如此循环反复喷至底部末端。

b. 第一喷路的喷束中心，必须对准喷涂面上端的边缘，以后各喷路间要相互重叠一半。即后一枪喷涂涂层，压住前一枪喷涂涂层的 1/2，以使涂层厚薄一致。

c. 喷涂前，应先将喷嘴对准喷涂面侧缘的外部，缓慢移动喷枪，在接近侧缘前扣动扳机（即要在喷枪移动中扣动扳机）。在到达喷路末端后，不要立即放松扳机，要待喷枪移出喷涂面另一侧的边缘后，再放松扳机。

d. 喷枪应走成直线，不能呈弧形移动，喷嘴与被喷面垂直，否则就会形成中间厚、两边薄或一边厚、一边薄的涂层。

e. 喷枪移动的速度应均匀平稳，一般控制在每分钟 10 ～ 12m，每次喷涂的长度以 1.5m 为宜。喷到接头处要轻飘，以使颜色深浅一致。

⑥ 打磨第二遍：底漆干燥 2 ～ 4h 后，用 240# ～ 400# 砂纸进行打磨，磨至漆膜表面平整光滑为止。

⑦ 刮腻子。具体操作如下。

a. 腻子选用及调配：应按产品说明要求选用专门配套的透明腻子，如“特清透明腻子”或“特清透明色腻子”等（前者多用于大面积满刮腻子，后者多用于修补钉眼或对基层表面进行擦色等）。特清透明色腻子有浅、中、深三种，修补钉眼或擦色时可根据基层表面颜色进行掺和调配。

b. 基层缺陷嵌补：刮腻子前应先将拼缝处及缺陷大的地方用较硬的腻子嵌补好，如钉眼、缝孔、节疤等缺陷的部位。嵌补时一般宜采用与基层表面相同颜色的腻子，且需嵌牢、嵌密实。腻子需嵌补得比基层表面略高一些，以免干后收缩。

c. 批刮腻子：批刮腻子的工艺可根据基层表面情况选择。对于基层表面平整光滑的木制品，一般无须满刮腻子，只需在有钉眼、缝孔、节疤等缺陷的部位上嵌补腻子即可；对于硬材类或棕眼较深的及不太平整光滑的木制品基层表面，需大面积满刮腻子。此时，一般常采用特清透明腻子满刮两遍。即第一遍腻子刮完后干燥 1 ～ 2h，用 240# ～ 400# 砂纸打磨平整后再刮第二遍腻子。第二遍腻子打磨后应视其基层表面平整、光滑程度确定是否需批刮（或复补）第三遍腻子。

批刮腻子操作要点：批刮腻子要从上至下，从左至右，先平面后棱角，顺木纹批刮，从高处开始，一次刮下。手要用力向下按腻板，倾斜角度为 60° ～ 80°，用力要均匀，才能使腻子既饱满又结实。对于不必要的腻子要收刮干净，以免影响纹理清晰。

嵌补腻子操作要点：嵌补时要用力将腻子压进缺陷内，要填满、填实，但不可一次填得太厚，要分层嵌补，一般以 2 ～ 3 道为宜。分层嵌补时必须待上道腻子充分干燥，并经打磨后再进行下道腻子的嵌补。要将整个涂饰表面的大小缺陷都填到、填严，不得遗漏，边角不明显处要格外仔细，将棱角补齐。填补范围应尽量控制在缺陷处，并将四周的腻子收刮干净，减少刮痕。填刮腻子时不可往返次数太多，否则容易将腻子中的油分挤出表面，造成不干或慢干的现象，还容易产生腻子裂缝。嵌补时，对木材面上的翘花及松动部分要随即铲除，再用腻子填平补齐。

⑧ 轻磨第一遍：腻子干燥 2 ～ 3h 后，可用 240# ～ 400# 水砂纸进行打磨，其打磨方法同前。

⑨ 喷第二遍底漆：打磨并擦干净后即可刷第二遍底漆，其涂刷方法同前。

⑩ 轻磨第二遍：底漆干燥 2 ～ 4h 后，用 400# 水砂纸进行打磨，其打磨方法同前。

⑪ 修色。具体操作如下。

a. 色差检查：打磨前应仔细检查表面是否存在明显色差，对腻子疤、钉眼及板材间等色差处进行修色或擦色处理。

b. 修色剂调配：修色剂应按样板色样采用专门配套的着色剂或用色精与稀释剂调配等方法进行配制。着色剂一般需多遍调配才可达到要求，调配时应确定着色剂颜色的深浅程度，并将试涂小样颜色效果与样板或涂饰物表面颜色进行对比，直至调配出比样板颜色或涂饰物表面颜色略浅一些的修色剂。

c. 修色方法：用毛笔蘸着色剂对腻子疤、钉眼等进行修色，或用干净棉布蘸着色剂对表面色差明显的地方擦色。最后将色深的修浅，色浅的修深，将深浅色差拼成一色，并绘出木纹。修好的颜色必须与原来的颜色一致，且要自然、无修色痕迹。

⑫ 喷第一遍面漆：修色剂干燥 1 ～ 3h 并经打磨后即可喷面漆。喷面漆前，面漆、固化剂、稀释剂应按产品说明要求的配比混合拌匀，喷涂方法同前。

⑬ 打磨第三遍：面漆干燥 2 ～ 4h 后，用 800# 水砂纸进行打磨，但应注意漆膜表面应磨得非常平滑。打磨前应仔细检查，若发现局部尚需找补修色的地方，要进行找补修色。

⑭ 喷第二遍面漆：方法同喷第一遍面漆。

⑮ 擦砂蜡、上光蜡：面漆干燥 8h 后即可擦砂蜡。擦砂蜡时先将砂蜡捻细，浸在煤油内，使其成糊状。然后，用棉布蘸砂蜡顺木纹方向用力来回擦。擦涂的面积由小到大，当表面出现光泽后，用干净棉布将表面残余砂蜡擦净。最后上光蜡，用清洁的棉纱布擦至漆面光亮。

3. 金属面施涂混色油漆施工工程

（1）施工材料准备及作业要求

金属面施涂混色油漆施工材料包括调和漆、清漆、醇酸清漆、醇酸磁漆、金属漆、硝基磁漆（带配套底漆）、防锈漆等。

施工现场保证干净、无尘，以免影响油漆施工质量。

（2）工艺流程及要点

工艺流程为：基层处理→修补防锈漆→修补腻子→刮腻子→用砂纸磨→刷第一遍油漆（刷铅油、抹腻子、磨砂纸、装玻璃）→刷第二遍油漆（刷铅油、擦玻璃、磨砂纸）→用砂纸磨最后一遍→刷最后一遍油漆。

① 基层处理：施工前，对金属表面进行妥善的处理，包括除油脂、污垢、锈蚀，最重要的是清除表面氧化皮。清除表面氧化皮的常用方法有机械清除和手工清除、火焰清除和喷砂清除。根据不同基层要彻底除锈，满刷 1 ～ 2 遍防锈漆。

② 修补防锈漆：对安装过程的焊点和防锈漆磨损处要进行焊渣清除，有锈时要除锈，补 1 ～ 2 道防锈漆。

③ 修补腻子：将金属表面的砂眼、凹坑、缺棱拼缝等处找补腻子，做到基本平整。

④ 刮腻子：用开刀或胶皮刮板满刮一遍石膏或原子灰腻子，要刮得薄，收得干净，均匀平整，无飞刺。

⑤ 用砂纸磨：用 1# 砂纸轻轻打磨，将多余腻子打掉，并清理干净灰尘。注意保护棱角，达到表面平整光滑，线角平直，整齐一致。

⑥ 刷第一遍油漆：要厚薄均匀，线角处要薄一些，但要盖底，不出现流淌，不显刷痕。

⑦ 刷第二遍油漆：方法同刷第一遍油漆，但要增加油漆的总厚度。

⑧ 用砂纸磨最后一遍：用 1# 砂纸打磨，注意保护棱角，达到表面平整光滑，线脚平直，整齐一致。由于是最后一道，要用砂纸轻磨，磨完后用湿抹布打扫干净。

⑨ 刷最后一遍油漆：要求刷油漆饱满，不流、不坠，光亮均匀，色泽一致，如有毛病要及时修整。

4. 仿天然石涂料施工工程

（1）施工材料准备

① 涂料：光油、清油、桐油、各色油性调和漆（酯胶调和漆、酚醛调和漆、醇酸调和漆）或各色水溶性涂料。

② 稀释剂：汽油、煤油、松香水、乙醇、醇酸稀料等与油漆相应配套的稀料。

③ 填充料：大白粉、滑石粉、石膏粉、双飞粉（麻斯面）、地板黄、红土子、黑烟子、立德粉、羧甲基纤维素、聚醋酸乙烯乳液等。

④ 各色颜料：应耐碱、耐光。

（2）仿天然石涂料施工要点

① 涂底漆：底漆涂料用量每遍 0.3kg/m^2 以上，均匀刷纹或用尼龙手辊滚涂，直到无渗色现象为止。

② 放样弹线，粘贴线条胶带：为仿天然石材效果，一般设计均有分块、分隔要求。施工时弹线，粘贴线条胶带，先贴竖直方向，后贴水平方向，在接头处可临时钉上铁钉，便

于施涂后找出胶带端头。

③ 喷涂中层：施工采用喷枪喷涂，空气压力为0.6～0.8MPa，涂层厚度为2～3mm，涂料用量为4～5kg/m^2。喷涂面应与事先选定的样片外观效果相符合。喷涂硬化24h后方可进行下道工序。

④ 揭除分隔线胶带：揭除时不得损伤涂膜切角。应将胶带向上拉，而不是垂直于墙面牵拉。

⑤ 喷制及镶贴石头漆片：此做法仅用于室内饰面，一般用于饰面要求颜色复杂、造型处理图案多变的现场情况。可预先在板片或贴纸类材料上喷成石头漆片，待涂膜硬化后，即可用强力胶黏剂将其镶贴于既定位置，以达到富有立体感的装饰效果。

⑥ 喷涂罩面层：局部粘贴石头漆片，胶结牢固后，即全面喷涂罩面涂料。其配套面漆一般为透明搪瓷漆，罩面喷涂用量应在0.3kg/m^{2}以上。

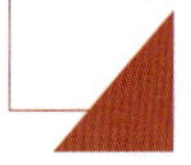

任务三 工程质量要求及验收标准

1. 油漆工程的验收

验收时，应检查所用材料品牌、颜色是否符合设计要求及有关标准。家居装修油漆主要分清水漆、混油和混水漆几大类。

（1）清水漆工程

清水漆主要是指在有木纹的饰面板上做清漆。做清水漆一般有两种方法：喷涂和手刷。清水漆验收分为：钉眼填充腻子灰必须与饰面板的颜色基本一致，且距离1.2m肉眼看起来无明显色差，木纹必须清晰；饰面清漆用手背摸无挡手感，用手掌摸应有丰富度，且光亮、柔和，边角平直；小面积不允许有裹棱、流坠、皱皮；颜色一致，无刷纹；五金件、玻璃必须洁净，无油漆污染。

（2）混油工程

混油一般是指在三夹板或其他木料、金属上直接喷刷有色漆。混油有喷涂和手刷两种。验收标准为：用手背摸无挡手感，用手掌摸有厚实感、丰富度，表面附着力强；无透底，颜色一致；小面积不允许有裹棱、流坠、皱皮等现象；边角平直，表面光滑柔和；五金件、玻璃必须洁净。

（3）混水漆工程

混水漆就是木纹现底的色漆，也叫擦漆。擦漆主要为喷涂施工。验收标准为：1.2m 远目测无色差、颜色一致，用手背摸无挡手感，用手掌摸有厚实感、丰富度，表面附着力强，透底木纹匀称一致；小面积不允许有裹棱、流坠、皱皮等现象；边角平直，表面光滑柔和；五金件、玻璃必须洁净。

2. 墙漆工程的验收

验收时，应检查所用材料品牌、规格、颜色、造型是否符合设计要求及有关标准。墙漆验收主要分为：阴角、阳角的平直度，用 2m 靠尺检查，不得超过 3mm；检查墙面平整度，拉 5m 长的直线，不足 5m 的拉通线，用塞尺检查，缝隙在 3mm 以上为不合格工程；直线分色部分拉 2m 线检查，偏差不得超过 2mm；允许少量砂眼，但不得有起皮、掉粉的现象，补灰平整，无裂纹和起壳现象；1m 远目测基本无色差，洞口与线条部分必须流畅、平直。石膏板与石膏板的接缝必须用专用黏带进行粘接，夹板墙面做墙漆时，在批灰前必须涂刷清底漆，以免发黄。

3. 质量标准

（1）保证项目

材料品种、颜色应符合设计和选定样品要求，严禁脱皮、漏刷、透底。

（2）基本项目

属中级油漆基本项目标准。

① 透底、流坠、皱皮：大面无，小面明显处无。

② 光亮和光滑：光亮和光滑均匀一致。

③ 装饰线：分色线平直，偏差不大于 1mm（拉 5m 线检查，不足 5m 拉通线检查）。

④ 颜色、刷纹：颜色一致，无明显刷纹。

相关验收标准见表 10-3 和表 10-4。

表 10-3 木器漆分项工程验收标准

单位：mm

序号	项目名称		项目参考标准	验收方法
1	混油工程装饰线、分色线误差	≤	1.5	拉 5m 线，不足 5m 拉通线，用钢直尺检查
2	清油工程装饰线、分色线误差	≤	2	拉 5m 线，不足 5m 拉通线，用钢直尺检查

表 10-4　乳胶漆涂饰（滚涂 / 喷涂）分项工程验收标准　单位：mm

序号	项目名称		项目参考标准	验收方法
1	装饰线、分色线直线度	≤	1	拉 5m 线，不足 5m 拉通线，用钢直尺检查
2	平整度	≤	2	用 2m 靠尺和塞尺检查

4. 应注意的质量问题

① 透底：产生原因是漆膜薄，因此刷涂料时除应注意不漏刷外，还应保持乳胶漆的稠度，不可加水过多。

② 接茬明显：涂刷时要上下刷顺，后一排笔紧接前一排笔，若间隔时间稍长，就容易看出明显接头，因此大面积涂刷时，应配足人员，互相衔接。

③ 刷纹明显：涂料（乳胶漆）稠度要适中，排笔蘸涂料量要适当，多理多顺，防止刷纹过大。

④ 分色线不齐：施工前应认真画好粉线，刷分色线时要靠放直尺，用力均匀，起落要轻，排笔蘸量要适当，从左向右刷。

⑤ 涂刷带颜色的涂料时，配料要合适，保证独立面每遍用同一批涂料，并宜一次用完，保证颜色一致。

拓展阅读

遵守室内装饰施工行业规范，恪守职业道德

在家装行业中，从业者应始终坚守诚信原则，视其为商业活动的基石和客户信任的关键。应致力于真实宣传自己的技术和服务，不夸大其词或进行虚假宣传，确保客户能够获得准确的信息并做出明智的选择。同时，应严格履行承诺，坚守工期、质量和价格等方面的约定，不轻易变更合同条款，以切实保护客户的权益。

作为家装从业者，应该高度重视专业问责，以高尚的职业道德追求卓越的专业水平。按照行业规范进行施工，全面了解和把控工作的每个环节。面对工程中的问题，勇于承担责任，迅速采取解决方案，始终以客户的利益为首要考虑，为客户打造满意的家居环境。

此外，安全生产和环境保护更是至关重要。应该严格遵守安全操作规程，确保施工现场的人员安全。同时，应积极采用环保装修材料和工艺，以减少对环境的负面影响，并提高资源利用效率。此外，致力于参与环保宣传和教育活动，提高公众对环保家装的意识，推动行业的可持续发展，也是家装从业者应具备的基本操守。

在家装行业中，从业者之间应注重建立紧密的合作关系，追求共同发展，秉持“同舟共济，互利共赢”的原则，加强沟通与协作，共享资源和信息。遵守市场规则，以诚信为基础进行竞争，共同推动行业的良性发展。

项目十一

室内装饰工程管理

知识目标

① 了解室内装饰工程进度管理的概念和内容。

② 了解室内装饰工程质量管理的概念和内容。

③ 了解室内装饰工程成本管理的概念和内容。

技能目标

① 能进行室内装饰施工组织设计，并进行施工管理。

② 能进行室内生态环境检测操作。

素质目标

① 培养精益求精的工匠精神。

② 培养团队合作精神。

③ 树立环保意识。

④ 培养社会责任感。

任务一

室内装饰工程进度管理

室内装饰工程项目能否在预定的时间内交付使用，直接关系到投资效益，也关系到施工企业的经济效益。实践证明，如果工程进度管理失控，必然造成人力、物力和财力的严重浪费，甚至可能影响工程质量、工程投资和施工安全。所以，对工程进度进行有效的管理与控制，使工程项目顺利达到预定的工期目标，是业主、监理工程师和承包商在进行工程项目管理中的中心任务，是工程项目在实施过程中的一项必不可少的重要环节。

一、室内装饰工程进度管理的概念和主要内容

1. 室内装饰工程进度管理的概念

室内装饰工程进度管理，也称施工进度控制，是指施工单位在施工过程中对室内装饰装修工程项目的进度管理，即在限定的工期内，编制出最佳的施工进度计划及进度控制措施。在执行该计划的施工过程中经常检查实际施工进度，收集、统计、整理施工现场的进度信息，并不断用实际进度与计划进度相比较，确定两者是否相符。若出现偏差，便及时分析产生偏差的原因和对后续工作的影响程度，采取必要的补救措施或调整修改进度计划，并再次付诸实施。如此不断地循环，直至最终实现项目预计目标。

2. 室内装饰工程进度管理的主要内容

室内装饰工程进度管理的主要内容包括以下几个方面。

（1）施工前进度管理

① 确定进度控制的工作内容和特点，控制方法和具体措施，进度目标实现的风险分析，以及还有哪些尚待解决的问题。

② 编制施工组织总进度计划，对工程准备工作及各项任务做出时间上的安排。

③ 编制工程进度计划，重点考虑以下内容。

a. 所动用的人力和施工设备是否能满足完成计划工程量的需要。

b. 基本工作程序是否合理、实用。

c. 施工设备是否配套，规模和技术状态是否良好。

d. 规划运输通道的方法。

e. 工人的工作能力分析。

f. 工作空间分析。

g. 预留足够的清理现场时间，材料、劳动力的供应计划是否符合进度计划的要求。

h. 分包工程计划。

i. 临时工程计划。

j. 竣工、验收计划。

k. 可能影响进度的施工环境和技术问题。

④ 编制年度、季度、月度工程计划。

（2）施工过程中进度管理

① 定期收集数据，预测施工进度的发展趋势，实行进度控制。进度控制的周期应根据计划的内容和管理目的来确定。

② 随时掌握各施工过程持续时间的变化情况以及设计变更等引起的施工内容的增减，施工内部条件与外部条件的变化等，及时分析研究，采取相应的措施。

③ 及时做好各项施工准备，加强作业管理和调度。在各施工过程开始之前，应对施工技术物资供应、施工环境等做好充分的准备，不断提高劳动生产率，减轻劳动强度，提高施工质量，节省费用，做好各项作业的技术培训与指导工作。

（3）施工后进度控制

施工后进度控制是指完成工程后的进度控制工作，包括组织工程验收，处理工程索赔，工程进度资料整理、归类、编目和建档等。

二、室内装饰工程概况及特点

1. 室内装饰工程概况

室内装饰工程施工组织设计中的工程概况，是对拟装饰工程的装饰特点、地点特征和施工条件所做的一个简明扼要、突出重点的文字介绍。工程装饰概况，主要说明准备装饰工程的建设单位、工程名称、地点、性质、用途、工程投资额、设计单位、施工单位、监理单位、装饰设计图样情况以及施工期限等；对于建筑物地点特征，应介绍准备装饰的工程所在位置、地形、地势、环境、气温、冬雨期施工时间、主导风向、风力大小等，如果准备装饰的工程项目是整个建筑物的一部分，则应说明该工程所在的具体层、段；装饰施工现场及周围环境条件，装饰材料、成品、半成品、运输车辆、劳动力、技术装备和企业管理水平，以及施工供电、供水、临时设施等情况。

2. 室内装饰工程设计和施工特点

针对工程的装饰特点，结合施工现场的具体条件，找出关键性的问题加以简要说明，并对新材料、新技术、新工艺，以及施工重点、难点进行分析研究。

① 工程装饰设计特点，主要说明准备装饰工程的建筑装饰面积、装饰工程的范围、装饰标准，主要部位所用的装饰材料、装饰设计的风格，与装饰设计配套的水、电、暖、风等项目的设计情况。

② 工程装饰施工特点，主要说明准备装饰的工程施工的重点和难点，在施工中应着重注意和解决的问题，以便使施工重点突出，确保装饰工程施工能顺利进行。

三、室内装饰工程的施工对象

根据工程建设的性质不同，室内装饰工程的施工对象可以分为新建工程的建筑装饰施工和旧建筑物改造的装饰施工两种。

1. 新建工程的建筑装饰施工

新建工程的建筑装饰施工有两种施工方式。

① 建筑主体结构完成之后进行的装饰施工。它可以避免装饰施工与结构施工之间的相互交叉和干扰。建筑主体结构施工中的垂直运输设备、脚手架等设施，临时供电、供水、供暖管道可以被装饰施工利用，有利于保证装饰工程质量，但装饰施工交付使用的时间会被延长。

② 建筑主体结构施工阶段就插入装饰施工。这种施工方式多出现在高层建筑中，一般建筑装饰施工与结构施工应相差三个楼层以上。建筑装饰施工可以自第二层开始，自下向上进行或自上向下逐层进行。这种施工安排通常与结构施工立体交叉、平行流水，可以加快施工进度。但是，这种施工安排易造成两者相互干扰，施工管理难度较高，而且必须采取可靠的安全措施及防污染措施才能进行装饰施工，并且水、电、暖、卫的干管安装也必须与结构施工紧密配合。

2. 旧建筑物改造的装饰施工

旧建筑物改造的装饰施工，一般有以下三种情况。

① 不改动原有建筑的结构，只改变原来的建筑装饰，但原有的水、电、暖、卫设备管线等都可能发生变动。

② 为了满足建筑新的使用功能和装饰功能的要求，不仅要改变原有的建筑外貌，而且要对原有建筑结构进行局部改动。

③ 完全改变原有建筑的功能用途，如办公楼或宿舍楼改为饭店、酒店、娱乐中心、商店等。

四、室内装饰工程施工程序

1. 确定施工程序

施工程序是指装饰工程中各分部工程或施工阶段的先后次序及其相互制约关系。不同施工阶段的不同工作内容，按其固有的、不可违背的先后次序向前开展，其间有着不可分割的联系，既不能相互代替，也不能随意跨越与颠倒。

建筑装饰工程的施工程序，一般有先室外后室内、先室内后室外或室内外同时进行三种情况。施工时应根据装饰工期、劳动力配备、气候条件、脚手架类型等因素综合考虑。室内装饰施工的工序较多，一般先施工墙面及顶面，后施工地面、踢脚。室内外的墙面抹灰应在管线预埋后进行；吊顶工程应在设备安装完成后进行；客房、卫生间装饰应在施工完防水层、便器及浴盆后进行。首层地面一般放在最后施工。

2. 确定施工流向

施工流向是指单位装饰工程在平面或空间上施工的开始部位及流动方向。室内装饰工程的施工流向必须按各工种之间的先后顺序组织平行流水，颠倒或跨越工序就会影响工程质量和施工进度，甚至造成返工、污染、窝工而延误工期。确定施工流向主要考虑以下几个方面的内容。

① 建设单位要求。

② 装饰工程特点。

③ 施工阶段特点。

④ 施工工艺过程。室内装饰工程施工工艺的一般规律是先预埋、后封闭，接着调试，再装饰。

a. 预埋阶段：先通风、后水暖管道、再电器线路。

b. 封闭阶段：先墙面、后顶面、再地面。

c. 调试阶段：先电器、后水暖、再空调。

d. 装饰阶段：先油漆、后裱糊、再面板。

3. 室内装饰工程流水方案

根据建筑装饰工程的施工程序，对于外墙装饰可以采用自上而下的流向；对于内墙装饰，则可以采用自上而下、自下而上及自中而下再自上而中三种流向。

① 自上而下的施工流向通常是指主体结构封顶，屋面防水层完成后，装饰由顶层开始逐层向下进行。一般有水平向下和垂直向下两种形式。这种流向的优点是主体结构完成后，有一定的沉降时间，沉降变化趋向稳定，这样可以保证室内装饰质量；屋面防水层做好后，可防止因雨水渗漏而影响装饰效果；同时，各工序之间交叉少，便于组织施工，从上而下清理垃圾也方便。

② 自下而上的施工流水方案指当主体结构施工到一定楼层后，装饰工程从最下一层开始，逐层向上的施工流向，一般与主体结构平行搭接施工，同样也有水平向上和垂直向上两种形式。为了防止雨水或施工用水从上层楼缝内渗漏而影响装饰质量，应先灌好上层楼板板缝混凝土及面层的抹灰，再进行本层墙面、顶棚、地面的施工。这种流向的优点是工期短，特别是高层与超高层建筑工程更为明显。其缺点是工序交叉多，需要采取可靠的安全措施和成品保护措施。

③ 自中而下再自上而中的施工流水方案，综合了上述两种流向的优缺点，适用于新建的高层建筑装饰工程施工。室外装饰工程一般采用自上而下的施工流向，但对湿作业石材外饰面施工以及干挂石材外饰面施工，均采取自下而上的施工流水方案。

五、室内装饰工程进度计划的编制

室内装饰工程进度计划是施工组织设计的重要组成部分，是控制各分部分项工程施工进度的主要依据，也是编制月、季施工计划及各项资源需用量计划的依据。安排室内装饰工程中各分部分项工程的施工进度，保证工程在规定工期内完成符合质量要求的装饰任务；确定室内装饰工程中各分部分项工程的施工顺序、持续时间，明确它们之间的相互衔接与合作配合关系；具体指导现场的施工安排，而且确定所需要的劳动力、装饰材料、机械设备等资源数量。可用横道图或网络图来表示，力求用最少的人力、材料、资金的消耗取得最大的经济效益。

1. 工程进度计划的编制依据

室内装饰工程进度计划的编制依据，主要包括以下几个方面。

① 经过审核的室内装饰工程施工图样、标准图集及其他技术资料。

② 施工组织总设计中对本单位室内装饰工程的有关要求、施工总进度计划、工程开工和竣工时间要求。

③ 相应装饰施工组织设计中的施工方案与施工方法以及预算文件。

④ 劳动定额、机械台班定额等有关施工定额，劳动力、材料、成品、半成品、机械设备的供应条件等。

2. 施工进度计划的编制步骤

① 确定工程项目。编制装饰工程施工进度计划时，首先应根据施工图样和施工顺序将准备装饰的工程的各个施工过程列出，并结合施工条件、施工方法和劳动组织等因素，加以调整后，列入装饰施工进度计划表中，最后确定工程项目，并编制工程项目一览表。

装饰施工过程划分的粗细程度，主要取决于装饰工程量的大小和复杂程度。一般情况下，在编制控制性施工进度计划时，可以划分得粗一些，分得太细，不宜掌握；分得太粗，则不利于总工序的交叉搭配。在编制实施性进度计划时，则应划分得细一些，特别是其中的主导施工过程和主要分部工程，应当尽量详细具体，做到不漏项，以便掌握进度，具体指导施工。对于工期长、工程量大的工程，视具体情况而定，在总的施工组织下，可分为一、二期工程或者宾馆客房、厅堂部分等进行编制。

② 计算装饰工程的工程量。工程量是编制工程施工进度计划的基础数据，应根据施工图样、有关计算规则及相应的施工方法进行计算。在编制施工进度计划时已有概算文件，当它采用的定额和项目的划分与施工进度计划一致时，可直接利用概算文件中的工程量，而不必再重复计算。

③ 劳动量和机械台班数量的确定。根据各分部分项工程的工程量、施工方法和消耗量定额标准，并结合施工企业的实际情况，计算各分部分项所需的劳动量和机械台班数量。

室内装饰工程可套用地区建筑装饰工程消耗量定额。此外，企业也应该积累不同装饰工程的工时消耗资料，编制工时消耗定额，作为编制计划的依据。

④ 计算各分部分项工程的施工时间（天）。

⑤ 施工进度计划的安排、调整和优化。编制室内装饰工程进度计划时，应首先确定主导分部分项工程的施工进度，使主导分部分项工程能尽可能地连续施工，其余施工过程应予以配合，具体方法如下。

a. 确定主要分部工程并组织流水施工。

b. 按照工艺的合理性，使施工过程期间尽量穿插、搭接，按流水施工要求或配合关系搭接起来，组成工程进度计划的初始方案。

c. 检查和调整施工进度计划的初始方案，绘制正式进度计划。检查和调整的目的在于使初始方案满足规定的目标，确定理想的施工进度计划，其内容如下。

ⓐ 检查各装饰施工过程的施工时间和施工顺序安排是否合理。

ⓑ 安排的工期是否满足合同工期。

ⓒ 在施工顺序安排合理的情况下，劳动力、材料、机械是否满足需要，是否有不均衡现象。

经过检查，对不符合要求的部分应进行调整和优化，达到要求后，编制正式的装饰施工进度表。

六、影响室内装饰工程进度管理的因素

① 设计的影响。若设计单位没有按时交图，就会导致拖延工期；若图样的设计质量不好（如装修设计破坏了建筑结构，设计不符合消防规定，各专业设计尺寸矛盾等），修改和变更图样也会影响施工进度计划，致使工程中途停止或重新返工。

② 物资供应的影响。施工中所需的装饰材料订货是否及时；种类、质量是否符合设计要求；施工所需机具是否配备充足、质量如何，是否有专人保养维修，这些因素都会对施工进度产生影响。

③ 资金因素的影响。在装饰施工的过程中，筹措资金遇到困难、资金不到位等情况，会造成停工或影响施工工人的积极性，进而影响工程进度。

④ 技术的影响。若施工人员未能正确领会设计意图或施工人员本身技术水平不高，也会影响工程进度和质量，因此施工人员的技术水平和素质高低是一个关键的因素。

⑤ 施工组织的影响。如果施工单位组织或者管理不当，劳动力和施工机械的调配不当，不适应施工现场的变化，均可能影响装饰施工进度。

⑥ 施工结构的影响。装饰工程的装饰结构的复杂性造成施工难度增加，从而影响装饰施工进度。

⑦ 施工环境的影响。若施工现场出现停水停电、运输困难，或垃圾难以外运等情况，都会影响施工进度。

⑧ 施工配合的影响。在施工过程中，如果出现工序衔接不紧、交叉施工衔接不利、装修成品交叉破坏而返工等情况，必然会影响施工进度。

⑨ 施工管理的影响。若施工单位计划管理差、劳动纪律松懈、施工工序颠倒，都将影响进度计划的实现。

⑩ 自然因素的影响。若施工过程中出现不利的自然条件、自然灾害等，都将影响进度计划的实现。

七、室内装饰工程进度控制

1. 室内装饰工程进度控制的原理

室内装饰工程进度控制原理有动态控制、系统控制、信息反馈控制、弹性控制、循环控制和网络计划技术控制等基本原理。

（1）动态控制原理

施工项目进度控制是一个不断进行的动态控制过程。从装饰工程项目施工开始，实际进度就出现了运动的轨迹，也就是规划进行执行的动态。当实际进度按照规划进度进行时，两者相吻合；当实际进度与规划进度不一致时，两者便产生超前或落后的偏差。分析偏差的原因，采取相应的措施，调整原来的规划，使两者在新的起点上重合，继续进行施工活动，并且尽量发挥组织管理的作用，使实际工作按规划进行。但是在新的干扰因素作用下，又会产生新的偏差，然后再分析、再调整。所以施工进度控制就是一种动态控制的过程。

（2）系统控制原理

室内装饰项目工程进度控制本身是一个系统工程，它主要包括施工进度规划系统和施工进度实施系统两部分内容。项目部必须按照系统控制的原理，来强化室内装饰进度控制的整个过程。

① 施工进度规划系统。为做好施工进度控制工作，必须根据装饰工程项目施工进度控制的目标要求，制定出装饰项目施工进度规划系统。它包括建设项目、单项工程、单位工程、分部（项）工程施工进度规划和月（旬）施工作业规划等内容，这些项目进度规划由粗到细，并形成一个系统。在执行工程项目施工进度规划时，应以局部规划保证整体规划，最终达到施工进度控制的目标。

② 施工进度实施系统。为保证项目按进度顺利实施，不仅设计单位和承建单位必须按规划要求进行工作，而且设计、承建和物资供应单位也必须密切协作和配合，从而形成严密的项目施工进度实施系统，建立起包括统计方法、图表方法和岗位承包方法在内的项目施工进度实施体系，保证其在实施组织和实施方法上的协调性。

（3）信息反馈控制原理

信息反馈控制是施工进度控制的依据，施工的实际进度通过信息反馈给有关人员；在分工的职责范围内，经过其加工，再将信息逐级向上反馈，直到主控中心，主控中心整理统计各方面的信息，经比较分析做出决策，调整进度规划，使其符合预定总工期目标。如果不利用信息反馈控制原理，则无法进行规划控制。实际上，施工项目进度控制的过程也就是信息反馈的过程。

（4）弹性控制原理

施工项目进度规划工期长，影响进度的因素多，其中有的已被人们掌握，可以根据统计经验估计其出现的可能性以及影响的程度，并在确定进度目标时，进行实现目标的风险分析。在规划编制者具备了这些知识和实践经验之后，编制施工项目进度规划时就会留有余地，使工程进度规划具有弹性。在进行工程进度控制时，便可以利用这些弹性，缩短有关工作的时间，或者改变它们之间的搭接关系，使之前拖延的工期，通过缩短剩余规划工期的方法，仍然达到预期的控制目标。这就是施工项目进度控制中对弹性原理的应用。

（5）循环控制原理

工程项目进度规划控制的全过程是规划、实施、检查、比较分析、确定调整措施、再规划的一个循环过程。从编制项目施工进度规划开始，经过实施过程中的跟踪检查，根据有关实际进度的信息，比较和分析实际进度与施工规划进度之间的偏差，找出产生的原因和解决办法，确定调整措施，再修改原进度规划，形成一个循环系统。

（6）网络计划技术控制原理

在施工项目进度的控制中利用网络计划技术原理编制进度规划，根据收集的实际进度信息，比较和分析进度规划，利用网络计划的工期优化、工期与成本优化、资源优化的理论调整进度规划。网络计划技术控制原理是施工项目进度控制中完整的计划管理和分析所需的理论基础。

2. 室内装饰工程项目进度控制方法

室内装饰工程项目进度的控制方法主要是规划、控制和协调。规划是指确定装饰施工项目总进度控制和分进度控制目标，并编制其进度计划；控制就是在施工项目实施的全过程中，跟踪检查实际进度，并与计划进行比较，发现偏差则及时采取措施，进行调整和纠正；协调是指将与施工有关的各单位、部门和施工队之间的关系协调好。

在上述的这些方法之中，规划即工程项目进度计划的编制，是最根本的工作，是控制和协调的基础，有必要进行进一步的详细介绍。装饰装修工程的项目进度计划，从内容上来讲可以分为总进度计划、施工进度计划、作业进度计划三类。

① 总进度计划。内容包括工程项目从开始一直到竣工为止的各个主要环节，供总监理工程师作为控制、协调总进度以及其他监理工作之用，一般多用直线在时间坐标上通过横道图来表示，显示项目设计、施工、安装、竣工、验收等各个阶段的日历进度。

② 施工进度计划。内容包括指导施工的各项具体工作、控制进度的主要依据、施工阶段各个环节（工序）的总体安排，必须报监理工程师审批。该计划以各种定额为准，根据每道工序所耗用的工时以及计划投入的人力、工作班数、物资、设备供应情况，求出各分部分项的施工周期及单位工程的施工周期，然后按施工顺序及有关要求用横道图或者网络图来进行控制。

③ 作业进度计划。它是工程项目总进度计划的具体化内容，指导基层施工队伍的施工，可用横道图或网络图以一个分部或分项工程作为控制对象进行控制。

任务二 室内装饰工程质量管理

室内装饰工程质量管理是项目管理的重要内容。室内装饰工程作为建设工程产品的工程项目，是契约型商品，所投资和耗费的人工、材料、能源都相当大。室内装饰工程质量的优劣，不仅关系到建筑室内空间的适用性，而且关系到人们生命财产的安全和社会安定。

室内装饰工程质量管理是一次性的动态管理和全过程管理。一次性是指这次任务完成后不会有完全相同的任务和最终成果，即每个装饰工程合同所要完成的工作内容和最终成果是彼此不同的。所谓动态管理过程，指的是施工项目质量管理的对象、内容和重点都随工程进展而变化，如装饰工程施工各个阶段管理的内容不同，内墙饰面和外墙饰面质量控制的对象、内容和重点也不同。所谓的全过程管理，是指施工企业从工程设计、工程准备工作、工程开始施工到工程竣工验收交付使用的全过程中，为保证和提高工程质量所进行的各项组织管理工作。其目的在于以最低的工程成本和最快的施工速度，生产出用户满意的建筑室内装饰产品。对室内施工项目经理或者项目建造师来说，必须把质量管理放在头等重要的位置。

一、工程质量与工程质量管理

1. 室内装饰工程质量概述

室内装饰工程质量的概念有广义和狭义之分。广义的室内装饰工程质量是指室内装饰工程项目的质量，它包括工程实体质量和工作质量两部分。其中，工程实体质量包括分项工程质量、分部工程质量和单位工程质量，工作质量包括社会工作质量和生产过程质量两个方面。狭义的室内装饰工程质量是指室内装饰工程产品质量，即工程实体质量或工程质量，是指反映实体满足明确和隐含需要能力的特性的总和。其中“实体”可以是产品或服务，也可以是活动或过程，组织体系和人，或是以上各项的任意组合；“明确需要”是指在标准、规范、图样、技术要求和其他文件中已经作出的明确规定的需要；“隐含需要”是指那些被人们公认的、不言而喻的，不必再进行明确的需要，如住宅应满足人们最基本的居住功能，即属于“隐含需要”；“特性”是指实体特有的性质，它反映了实体满足需要的能力。

（1）室内装饰工程质量特性

室内装饰工程质量特性可归纳为性能性、可靠性、安全性、经济性和时效性五个方面。

① 性能性：指产品或工程满足使用要求所具备的各种功能，具体表现为力学性能、结构性能、使用性能和外观性能。

a. 力学性能：如强度、刚度、硬度、弹性、冲击韧性，以及防渗、抗冻、耐磨、耐热、耐酸、耐碱、耐腐蚀、防火、抗风化等性能。

b. 结构性能：如结构的稳定性和牢固性、柱网布局合理性、结构的安全性，以及工艺设备便于拆装、维修、保养等性能。

c. 使用性能：如平面布置合理、居住舒适、使用方便、操作灵活等。

d. 外观性能：如建筑装饰造型新颖、美观大方、表面平整垂直、色泽鲜艳、装饰效果好等。

② 可靠性：工程的可靠性是指工程在规定的时间内和规定的使用条件下，完成规定功能能力的大小和程度。对于建筑装饰企业承建的工程，不仅要求在竣工验收时要达到规定的标准，而且要在一定的时间内保持应有的使用功能。

③ 安全性：工程的安全性是指工程在使用过程中的安全程度。任何建筑装饰工程都要考虑是否会造成使用或操作人员伤害，是否会产生公害、污染环境。如装饰工程中所用的装饰材料，对人的身体健康有无危害；各类建筑物在规范规定的荷载下，是否满足强度、刚度和稳定性的要求。

④ 经济性：工程的经济性是指工程寿命周期成本（包括建设成本和使用成本）的多少。建筑装饰工程的经济性要求：一是工程造价要低；二是维修费用要少。

⑤ 时效性：室内装饰工程时效性是指在规定的使用条件下，能正常发挥其规定功能的总工作时间，也就是在工程的设计或使用寿命期内质量要稳定。

以上工程质量的特性，有的可以通过仪器设备测定直接量化评定，如某种材料的力学性能，但多数很难进行量化评定，只能进行定性分析，即需要通过某些检测手段，确定必要的技术参数来间接反映其质量特性。明确规定反映工程质量特性的技术参数，通过有关部门形成技术文件，作为工程质量施工和验收的规范，这就是通常所说的质量标准。符合质量标准的就是合格品；反之就是不合格品。

工程质量是具有相对性的，也就是质量标准并不是一成不变的。随着科学技术的发展和进步，生产条件和环境的改善，生产和生活水平的提高，质量标准也将会不断修改和提高。另外，工程的质量等级不同，用户的需求层次不同，对工程质量的要求也不同。施工单位的施工质量，既要满足施工验收规范和质量评定标准的要求，又要满足建设单位、设计单位提出的合理要求。

（2）室内装饰工程实体质量

室内装饰工程实体质量是指工程适合一定的用途，具备满足使用要求的质量特征和使用性。在施工过程中表现为工序质量，即室内装饰施工人员在某一工作面上，借助于某些工具或施工机械，对一个或若干个劳动对象所完成的一切活动的综合。工序质量包括这些施工活动条件的质量和活动质量的效果，并由参与建设各方完成的工作质量和工序质量所决定。构成施工过程的基本单位是工序，虽然工程实体的复杂程度不同，生产过程也各不一样，但完成任何一个工程产品都有一个共同特点，即都必须通过一道一道工序加工出来，而每道工序的质量好坏，最终都直接或间接地影响工程实体（产品）的质量，所以工序质量是形成工程实体质量最基本的环节。

（3）室内装饰工程工作质量

室内装饰工程工作质量是指参与室内装饰工程项目建设的各方，为了保证工程产品质量所做的组织管理工作和各项工作的水平及完善程度，建筑装饰企业的经营管理工作、技术工作、组织工作和后勤工作等达到工程质量要求的保证程度。室内装饰工程的质量是规划、勘测、设计、施工等各项工作的综合反映，而不是单纯靠质量检验检查出来的。要保证室内装饰工程的质量，就要求参与室内装饰工程的各方有关人员，对影响室内装饰工程质量的所有因素进行控制，通过提高工作质量来保证和提高工程质量。工作质量可以概括为生产过程质量和社会工作质量两个方面。生产过程质量主要指思想政治工作质量、管理工作质量、技术工作质量、后勤工作质量等，最终还要反映在工序质量上，而工序质量受到人、设备、工艺、材料和环境五个因素的影响。社会工作质量主要是指社会调查、质量回访、市场预测、维修服务等方面的工作质量。工作质量和工程质量是两个不同的概念，两者既有区别又有紧密的联系。工程质量的保证和基础就是工作质量，而工程质量又是企业各方面工作质量的综合反映。工作质量不像工程质量那样直观、明显、具体，但它体现在整个施工企业的一切生产技术和经营活动中，并且通过工作效率、工作成果、工程质量和经济效益表现出来。所以，要保证和提高工程质量，不能孤立地、单纯地抓工程质量，而必须从提高工作质量入手，把工作质量作为质量管理的主要内容和工作重点。在实际工程施工中，人们往往只重视工程质量，看不到在工程质量背后掩盖了大量的工作质量问题。仔细分析出现的各种工程质量事故，都不难得出是由于多方面工作质量欠佳而造成的后果。

所以，要保证和提高工程质量，必须保证工作质量的提高。

2. 室内装饰工程质量的影响因素

影响室内装饰工程质量的主要因素是人、材料、机具、环境和方法，这五个因素之间是互相联系、互相制约的，是不可分割的有机整体。室内装饰工程质量管理的关键是处理好这五个因素，将“事后把关”转为“事前预防”，将施工中容易出现事故的各种因素控制起来，把管理工作放到生产的过程中。具体说，就是控制好施工过程中影响质量的五大因素。

（1）人的因素

就室内装饰工程整体来说，人的因素指企业各部门、各成员都关心工程质量管理，即通常所讲的“全员管理”和“全企业管理”。在室内装饰工程中，各分项工程主要是手工操作，操作人员的技能、体力、情绪等在生产过程中的变化直接影响工程质量。在施工中容易造成操作误差的主要原因是质量意识差，操作时粗心大意，操作技能低，技术不熟练，质量与分配处理不当，操作者的积极性受损等。要强调“预防为主”，首先应强调人的主观能动性，应采取以下措施加以控制。

① 树立“质量第一”的思想。要树立“以优质求信誉、以优质求效益”的指导思想，强化“质量第一，用户至上，下道工序是用户”的质量思想教育，提高广大职工保证工程质量的自觉性和责任感。当数量、进度、效益与质量发生矛盾时，必须坚持把质量放在首位。

② 工程质量与施工者利益挂钩。在推行承包经营责任制中，要把工程质量列为重要的考核指标，将质量好坏与施工者的工资、奖金挂钩，定期检查，严格考核，奖惩分明，对为提高工程质量做出重大贡献的人员，要敢于重奖；对忽视质量，弄虚作假，违章操作，或者造成重大质量事故的人员，要严肃处理，绝不姑息。这样能够充分体现奖勤罚懒，奖优罚劣，多劳多得，少劳少得，促使所有施工人员关心质量、重视质量，使装饰工程质量管理有强大的经济动力和群众基础。

③ 组织技术培训，提高职工的技术素质。组织操作技术练兵，培养操作技能，既掌握传统工艺，又掌握新材料、新技术和新工艺，关键岗位、重要工序的技术力量要注意保持相对稳定。只有组织施工人员技术培训，提高其技术素质，才能把施工质量的提高建立在坚实的技术基础之上。

④ 建立严格的检查制度。建立操作者自检、施工班组互检和上下道工序交接检的检查制度，即“三检制”。所谓自检，即操作者自我把关，保证操作质量符合质量标准；所谓互检，可由班组长组织在同工种的各班组之间进行，通过互检肯定成绩，找出差距，交流经验，共同提高；所谓交接检，即一般工长或施工队长为了保证上道工序质量，在进行上、下道工序交接时的检查制度，是促进上道工序自我严格把关的重要手段。认真执行“三检制”是工程质量管理工作的重要环节，通过这样层层严格把关，促进自我改进和自我提高的能力，从而保证工程质量。

（2）装饰材料的因素

装饰材料是装饰工程的物质基础，正确地选择、合理地使用材料是保证工程质量的重要条件之一。控制材料质量的措施有以下几点。

① 必须按设计要求选用材料。因为装饰工程材料的品种多，颜色、花纹、图案又很繁杂，为了达到理想的装饰效果，所用材料必须符合设计要求。

② 所用材料的质量必须符合现行有关材料标准的规定。供应部门要提供符合要求的材料，包括成品和半成品，严防“以次充好，以假代真”的现象，确保材料符合工程的实际需要，避免由于材料质量低劣而给工程质量造成严重损失。

③ 对进场材料加强验收。材料进场后应加强验收，验规格、验品种、验质量、验数量，如果在验收中发现数量短缺、损坏、质量不符合要求等情况，要立即查明原因，分清责任，及时处理；在使用过程中对材料质量产生怀疑时，应抽样检验，合格后方可使用。

④ 做好材料管理工作。材料进场后，要做好材料的管理，按施工总平面布置图和施工顺序就近合理堆放，减少倒垛和二次搬运；并应加强限额管理和发放，避免或减少材料损失。例如，装饰工程所用的砂浆、灰膏、玻璃、油漆、涂料等，应集中加工和配制，装饰材料和饰件以及有饰面的构件，在运输、保管和施工过程中，必须采取措施，防止损坏和变质。

（3）机具设备的因素

“工欲善其事，必先利其器”，自古以来，在建筑营造业方面，工匠对所用工具就十分讲究。如今装饰工程施工正向工业化、装配化发展，机具设备已经成为生产符合工程质量要求的重要条件之一。

对于机具设备因素的控制，应按照工艺需要，合理选用先进机具；为了保证生产顺利进行，使用之前必须检查；在使用过程中，要加强维修保养，并定期检修；使用后，精心保管，建立健全管理制度，避免损坏，减少损失。

（4）施工环境的因素

工作的环境，如施工的温度、湿度、风雨天气、环境污染及工序衔接等对装饰工程质量影响很大，要从以下几方面加以控制。

① 施工温度与湿度的控制。温度的控制，如刷浆、饰面和花饰工程，以及高级抹灰、混色油漆工程，不应低于5℃；中级和普通抹灰、混色油漆工程以及玻璃工程，应在0℃以上；裱糊工程，不应低于15℃；用胶黏剂粘贴的罩面板工程，不应低于10℃。湿度的控制：环境湿度对质量影响显著，如在砖墙面上抹灰，必须把墙面浇水润湿；水泥砂浆抹灰层，必须在湿润的条件下养护；油漆工程基层必须干燥，若潮湿，将会产生脱层。

② 天气和环境清洁的控制。如油漆工程操作的地点要清理干净，环境清洁，并通风良好；雨雾天气不宜做罩面漆；室外使用涂料不得在雨天施工；六级大风时不得进行干粘石的施工。

③ 工序衔接、安排合理，为施工创造良好环境，有利于工程质量。如装饰工程应在基体或基层的质量检验合格后，方可施工；室外装饰一般应自上而下进行；高层建筑采取措施后，亦可分段进行；室内装饰工程应待屋面防水工程完工后，并在不致被后继工程所损坏和沾污的条件下进行。室内罩面板和花饰等工程，应待易产生较大湿度的地（楼）面的垫层完工后再施工。室内抹灰如果在屋面防水完工前施工，必须采取防护措施。

(5) 施工方法的因素

装饰工程的各分项工程所用机具、材料工作环境及施工部位不同，必须采用相应的正确操作方法，才能达到分项工程本身的使用功能、保护作用和装饰效果，采用错误的操作方法是难以达到质量标准的。应将人、机具、材料和环境等各种因素，通过科学合理的施工方法有机整合，预防可能出现的质量缺陷，从而保证工程质量。随着新材料、新技术不断涌现，各种新型黏结材料、膨胀螺栓和射钉枪等广泛使用，操作方法也有了很大改进。

3. 室内装饰工程质量管理概述

质量管理是指确定质量方针、目标和职责，并在质量体系中通过诸如质量策划、质量控制、质量保证和质量改进使其实施的全部管理职能的所有活动。

质量管理是组织全部管理职能的组成部分，其职能是质量方针、质量目标和质量职责的制定与实施。质量管理是有计划、有系统的活动，为实现质量管理需要建立质量体系，而质量体系又要通过质量策划、质量控制、质量保证和质量改进活动发挥其职能。可以说这四项活动是质量管理工作的四大支柱。质量管理的目标是装饰施工总目标的重要内容。质量管理目标和责任应按级分解落实，各级管理者对目标的实现负有责任。虽然质量管理是各级管理者的职责，但必须由最高管理者领导，全员参与并承担相应的义务和责任。

4. 室内装饰工程质量管理的重要性

“百年大计、质量第一”，质量管理工作已经越来越为人们所重视，高质量的产品和服务是市场竞争的有效手段，是争取用户、占领市场和发展企业的根本保证。国内的室内装饰行业发展历史不长，在室内装饰工程质量管理方面，我国的工程质量管理水平与国际先进水平相比仍有很大差距。

随着全球经济一体化进程的加快，特别是加入世贸组织后，我国室内装饰业迎来空前的发展机遇。近几年，我国大多数施工企业通过 ISO 9000 体系认证，标志着对工程质量管理的认识和实施提高到了一个更高的层次。因此，应从发展战略的高度来认识工程质量，工程质量已关系到国家的命运、民族的未来，工程质量管理的水平已关系到企业的命运、行业的兴衰。

工程项目投资比较大，各种资源（材料、能源、人工等）消耗多，工程项目的重要性与其在生产、生活中发挥的巨大作用是相辅相成的。工程项目的一次性特点决定了工程项目只能成功，不能失败。工程质量达不到要求，不但关系到工程的适用性，而且关系到人们生命财产的安全和社会安定。所以，在室内装饰工程的施工过程中，加强质量管理，确保人们生命财产安全是装饰施工项目的头等大事。室内装饰工程质量的优劣，直接影响国家经济建设的速度。装饰工程施工质量差，本身就是最大的浪费。低劣质量的工程一方面需要大幅度增加维修的费用，另一方面还将给用户增加使用过程中的维修、改造费用，有时还会带来工程的停工、效率降低等间接损失。因此，质量问题对我国经济建设的速度也有直接影响。

二、室内装饰工程全面质量管理

室内装饰工程全面质量管理是指室内装饰施工企业为了保证和提高室内环境质量，运用一整套的质量管理体系、手段和方法，所进行的全面的、系统的装饰工程管理活动。它是一种科学的现代质量管理方法。

1. 室内装饰工程全面质量管理的基本观点

全面质量管理继承了质量检验和统计质量控制的理论和方法，并在深度和广度上继续发展。归纳起来，它具有以下基本观点。

（1）质量第一的观点

“百年大计、质量第一”是室内装饰工程推行全面质量管理的思想基础。室内装饰工程质量的好坏，不仅关系到国民经济的发展及人民生命财产的安全，而且直接关系到施工企业的信誉、经济效益及生存和发展。因此，施工企业树立“质量第一”的观点，是工程全面质量管理的核心。

（2）用户至上的观点

“用户至上”是室内装饰工程推行全面质量管理的精髓。国内外多数企业把用户摆在重要的位置上，把企业同用户的关系比作鱼和水、作物和土壤。坚持用户至上的观点，并将其贯彻到装饰工程施工的全过程中，会促进装饰企业的蓬勃发展；背离了这个观点，企业就会失去存在的必要。

现代企业质量管理中“用户”的概念是广义的，包括两层含义：一是直接或间接使用室内装饰工程的单位或个人；二是装饰施工企业内部，在施工过程中上一道工序应对下一道工序负责，下一道工序则为上一道工序的用户。

（3）预防为主的观点

室内装饰工程质量是设计、制造出来的，而不是检验出来的。检验只能发现工程质量是否符合质量标准，但不能保证工程质量。在室内装饰工程施工的过程中，每个工序、每个分部分项工程的质量，都会随时受到许多因素的影响，只要有一个因素发生变化，质量就会产生波动，不同程度地出现质量问题。全面质量管理强调将事后检验把关变成工序控制，从管质量结果变为管质量因素，防检结合，防患于未然，也就是在施工的全过程中，将影响质量的因素控制起来，发现质量波动就分析原因，制定对策，这就是“预防为主”的观点。

（4）全面管理的观点

所谓全面管理，就是突出一个“全”字，即实行全员、全企业和全过程的管理。

① 全员的管理，就是施工企业的全体人员，包括各级领导、管理人员、技术人员、政工人员、生产工人、后勤人员等都要参加到工程质量管理中来，人人关心工程质量，把提高工程质量和本职工作结合起来，使工程质量管理有扎实的群众基础。

② 全企业的管理，就是强调质量管理工作不只是质量管理部门的事情，施工企业的各个部门都要参加质量管理，都要履行自己的职能。

③ 全过程的管理，就是把工程质量管理贯穿于工程的规划、设计、施工、使用的全过程；尤其在施工过程中，要贯穿于每个单位工程、分部工程、分项工程，以及各施工工序。

（5）数据说话的观点

数据是实行科学管理的依据，没有数据或数据不准确，质量就无从谈起。室内装饰工程全面质量管理强调“一切用数据说话”，它以数理统计的方法为基本手段，而数据是应用数理统计方法的基础，这是区别于传统管理方法的重要一点。依靠实际的数据资料，运用数理统计的方法做出正确的判断，采取有力措施，进行室内装饰工程质量管理。

（6）不断提高的观点

重视实践，坚持按照计划、实施、检查、处理的循环过程办事。经过一个循环后，对事物内在的客观规律就会有进一步的认识，从而制定出新的质量管理计划与措施，使质量管理工作及工程质量不断提高。

2. 室内装饰工程全面质量管理方法

室内装饰工程全面质量管理方法应用了循环工作法（或简称 PDCA 法）。这种方法是由美国质量管理专家戴明博士于 20 世纪 60 年代提出的，直至今日仍然适用于室内装饰工程的质量管理中。PDCA 法是把质量管理活动归纳为四个阶段，即计划阶段（plan）、实施阶段（do）、检查阶段（check）和处理阶段（action）。

（1）计划阶段（plan）

在计划阶段中，首先要确定质量管理的方针和目标，并提出实现这一目标的具体措施和行动计划。计划阶段主要包括四个具体的步骤。

① 分析工程质量的现状，找出存在的质量问题，以便进行针对性的调查研究。

② 分析影响工程质量的各种因素，找出质量管理中的薄弱环节。

③ 在分析影响工程质量因素的基础上，找出其中主要的影响因素，作为质量管理。

④ 针对管理的重点制定改进质量的措施，提出行动计划并预计达到的效果。

在计划阶段需要反复考虑的几个问题如下。

① 必要性（why）：为什么要有计划？

② 目的（what）：计划要达到什么目的？

③ 地点（where）：计划要落实到哪个部门？

④ 期限（when）：计划要什么时候完成？

⑤ 承担者（who）：计划具体由谁来执行？

⑥ 方法（way）：计划采用什么样的方法来完成？

（2）实施阶段（do）

在实施阶段中，要按照既定的措施下达任务，并按措施去执行。

（3）检查阶段（check）

检查阶段的工作是对措施执行的情况进行及时的检查，通过检查与原计划进行比较，找出成功的经验和失败的教训。

（4）处理阶段（action）

处理阶段的工作就是对检查之后的各种问题加以认真处理，主要分为两个步骤。

① 对于正确的要总结经验，巩固措施，制定标准，形成制度，遵照实行。

② 对于尚未解决的问题，转入下一个循环，再进行研究措施，制订计划，予以解决。

PDCA 循环就像一个不断转动的车轮，重复不停地循环；管理工作做得越扎实，循环越有效；PDCA 循环的组成是大环套小环，大小环均不停地转动，但又环环相扣；PDCA 循环每转动一次，质量就有所提高，而不是在原来水平上的转动，每个循环所遗留的问题，再转入下一个循环继续解决，这样循环以后，工程质量就提高了一步。

3. 室内装饰工程全面质量管理内容

室内装饰工程全面质量管理，即贯穿全面质量管理的基本理念，运用装饰工程全面管理的基本方法在室内装饰施工的全过程进行循环管理，使室内装饰工程质量一步一步往前走。PDCA 循环应用在室内装饰工程质量管理上，可把整个公司看成一个大的 PDCA 循环，企业各部门又有自己的（如施工队）小 PDCA 循环，依次有更小的 PDCA 循环（如班、组、工序等），小环嵌套在大环内循环转动，形象地表示了它们之间的内部关系。

（1）施工准备阶段的质量管理

① 熟悉和严格审查施工图样。为了避免设计图样的差错给工程质量带来影响，必须对图样进行认真审查。通过严格审查，及早发现图样上的错误，采取相应的措施加以纠正，

以免在施工中造成损失。

② 编制好施工组织设计。在编制施工组织设计之前，要认真分析本企业在施工过程中存在的主要问题和薄弱环节，分析工程的特点、难点和重点，有针对性地提出保证质量的具体措施，编制出切实可行的施工组织设计，以便指导施工活动。

③ 做好技术交底工作。在下达施工任务时，必须向执行者进行全面的质量交底，使执行人员了解任务的质量特性、质量重点，做到心中有数，避免盲目行动。

④ 严格进行材料、构配件和其他半成品的检验工作。从原材料、构配件和半成品的进场开始，就严格把好质量关，为保证工程质量提供良好的物质基础。

⑤ 施工机械设备的检查维修工作。施工前要做好施工机械设备的检查维修工作，使机械设备经常保持良好的技术状态，不至于因为机械设备运转不正常，而影响工程质量。

（2）施工过程中的质量管理

室内装饰施工过程是室内装饰产品质量的形成过程，是控制室内装饰产品质量的重要阶段。在这个阶段的质量管理，主要有以下几项。

① 加强施工工艺管理。严格按照设计图样、施工组织设计、施工验收规范、施工操作规程进行施工，坚持质量标准，保证各分部分项工程的施工质量，从而确保整体工程质量。

② 加强施工质量的检查和验收。坚持质量检查和验收制度，按照质量标准和验收规范，对已完工的分部分项工程特别是隐蔽工程，及时进行检查和验收。不合格的工程一律不验收。该返工的工程必须进行返工，不留隐患。通过检查验收促使操作人员重视质量问题，严把质量关。质量检查一般可采取自检、班组互检和专业检查相配合的方法。检查验收的项目主要包括保证项目、基本项目和允许偏差项目三部分；验收的质量等级标准分合格和优良两种。室内装饰工程质量检查可以用质量评定表的形式进行。

③ 通过质量分析，找出产生工程质量缺陷的原因，确定质量管理点，有效地控制室内装饰工程质量。质量分析可以采用因果分析图的方法进行。

质量管理点应建立在装饰工程质量特征不稳定，容易出现问题的工序或者复杂部位，工艺需控制的工序以及工作班组操作的薄弱环节上。一般通过建立工程质量管理卡的形式进行，即为了检查装饰工程质量而建立的管理卡片。

④ 掌握工程质量的动态。通过质量统计分析，从中找出影响质量的主要原因，总结室内装饰工程质量的变化规律。统计分析是全面质量管理的重要方法，是掌握质量动态的重要手段，针对质量波动的规律采取相应的对策，防止质量事故的发生。

（3）使用过程中的质量管理

室内装饰产品的使用过程，是室内装饰产品质量经受考验的阶段。室内装饰企业必须保证用户在规定的使用期限内，正常地使用室内装饰产品。这个阶段主要包括两项质量管理工作。

① 及时回访。室内装饰工程交付使用后，企业要组织有关人员对用户进行调查回访，认真听取用户对施工质量的意见，收集有关质量方面的资料，并对用户反馈的信息进行分析，从中发现施工质量问题，了解用户的要求，采取措施加以解决并为以后工程施工积累经验。

② 进行保修。对于因施工原因造成的质量问题，室内装饰企业应负责无偿装修，取得用户的信任。对于因设计原因或用户使用不当造成的质量问题，应当协助用户进行处理，提供必要的技术服务，保证用户的正常使用。

任务三 室内装饰工程成本管理

室内装饰企业的基本活动，就是根据业主的设计要求装修装饰室内空间环境。室内装饰工程施工的过程，同时也是各种资源消耗的过程。在工程项目的施工中，既要消耗物化劳动，也要消耗活劳动。在社会主义市场制度下，仍然存在商品生产和商品交换，价值规律还在发生作用，所以消耗在室内装饰工程上的劳动，还需要表现为价值，即构成工程价值。工程价值包括已消耗的生产资料的价值和劳动者在施工中新创造的价值。

一、室内装饰工程成本管理概述

1. 室内装饰工程成本管理的基本概念

从经济学观点看，室内装饰工程成本就是用货币形式反映的生产资料价值和劳动者为自己劳动所创造的价值。换言之，室内装饰工程成本，是指室内装饰施工企业以成本核算对象在施工过程中所耗费的生产资料转移价值、劳动者必要劳动所创造的价值的货币形式，或者是某一施工项目在施工过程中所产生的全部施工费用的总和。室内装饰工程成本具体包括消耗在室内装饰工程上的主要材料、构件、其他材料、周转材料的摊销费，施工机械的台班费或租赁费，支付给施工工人的工资、奖金，项目经理部（或其他施工管理组织）为组织和管理施工所产生的全部费用支出。其中不包括没有构成工程项目价值的一切非生产性支出，以及劳动者为社会创造的价值，如材料的盈亏和损失、罚款、违约金、赔偿金、滞纳金及流动资金的借款利息等。室内装饰工程成本管理是指在施工过程中运用一定的技术和管理手段对生产经营所消耗的人力、物力和费用进行组织、监督、调节与限制，及时纠正将要发生和已经发生的偏差，把各项施工费用控制在计划成本的范围内，以保证成本目标实现的一个系统过程。从而使装饰企业在时间上达到速度快、工期短，在质量上达到精度高、效果好，在经济上达到消耗少、成本低、利润高。成本管理是工程管理的重要内容之一，经济合理的施工组织设计，是工程成本计划的依据。工程承包单位应以最经济合理的施工组织设计文件为依据，编制施工预算文件，作为工程的控制成本，保证在工程的实施中能以最少的消耗取得最大的效益。

2. 室内装饰工程成本管理的意义

室内装饰工程成本管理是反映装饰企业施工经营管理水平和施工技术水平的综合性指标。建立健全装饰施工企业的成本管理机构，配备强有力的成本管理人员，制定切实可行的成本管理实施性规章制度，调动广大职工的积极性，不仅可以使企业提高经济效益，还可以积累大量的扩大再生产资金，对于发展我国社会主义经济具有重大的意义。具体地说，室内装饰工程成本管理具有以下意义。

① 室内装饰工程成本管理是现代化成本管理的中心环节。成本管理现代化就是要求在企业现代化的总体设想下，为了适应现代化生产的需要，促进生产力的发展，积极采用现代化的科学方法，建立起具有中国特色的现代化成本管理体系，促使装饰企业不断降低成本，提高经济效益。

② 室内装饰工程成本管理是提高施工经营管理水平的重要手段。装饰工程成本由施工消耗和经营管理支出两部分组成，是反映工程项目各项施工技术经济活动的综合性指标。一切施工活动和经营管理水平，都将直接影响工程项目成本的升降。为了对工程项目成本进行有效的控制，就必须对项目生产、技术、劳动工资、物资供应、财务会计等日常管理工作提出相应的要求，建立和健全各项控制标准和控制制度，提高施工企业的施工管理水平，保证施工项目成本控制目标的实现。项目经理部是施工的基层单位，是实现工程项目成本目标的关键，它负责全面完成所承担的工程项目，必须对施工、技术、劳动工资、物资管理、设备利用、财务会计等方面的管理提出更加具体的要求，以便对各项费用严格控制，确保成本目标的真正实现。

③ 装饰工程成本管理是实行企业经济责任制的重要内容。装饰企业实行成本管理责任制，要把成本管理责任制纳入企业经济责任制，作为它的一项重要内容。按照企业内部组织分工和岗位责任制，建立上下衔接、左右结合的全面成本管理责任制度，调动全体职工的积极性，保证工程质量，缩短工期，降低工程成本。为了成本管理责任制的贯彻执行，必须实行成本控制，需要降低施工消耗和支出，实现降低工程成本的目标，具体落实到施工企业内部各部门和各管理环节，要求各单位、各环节对节约和降低成本承担经济责任，并把经济责任与经济利益有机地结合起来。因此，做好成本控制工作，可以调动全体职工的积极性，挖掘降低成本的一切潜力，把节约和降低成本的目标变成广大职工的自觉行动，纳入企业经济责任制的考核范围。

④ 成本控制是提高经济效益、增强企业活力的主要途径。装饰施工企业的经济效益如何，关系企业的生存和发展，每一个装饰施工企业都必须把提高经济效益当作头等大事来

抓，因此必须把企业各项工作都纳入以提高经济效益为中心的轨道上来。室内装饰工程成本是反映施工企业经济效益高低的指标，它反映了装饰施工企业在一定时期内劳动的占用和消耗水平，施工企业劳动生产率高低、材料消耗多少、费用开支是否合理、设备利用是否充分、资金占用有无浪费等，都能直接或间接地从工程成本上表现出来。因此，室内装饰企业要提高经济效益，必须加强成本控制。只有把成本控制在一个合理的水平上，才能既保证工程质量，又提高经济效益。面对激烈的市场竞争，企业要生存、发展，就必须具有自我改革和自我发展的能力，能够满足社会需要，要具有有效利用内部资源的能力，具有开拓市场和竞争的能力。目前，有些装饰企业缺乏生机和活力，主要表现在工期长、质量差、成本高、浪费大等方面。为此，装饰企业必须提高生产水平，提高劳动生产率和工程质量，加强成本控制。只有这样，才能创造出成本低、质量高的室内空间环境，才能增强企业的活力。

二、室内装饰工程成本的主要形式

为了明确认识和掌握室内装饰工程成本的特性，做好成本管理，根据管理的需要，从不同的角度将成本划分为不同的成本形式。按照生产费用计入成本的方法，工程成本可以划分为直接成本和间接成本：直接成本是指直接用于并且能直接计入工程对象的费用；间接成本是指非直接用于也无法计入工程对象的费用，但是为进行工程施工所必须产生的费用，通常是按照直接成本的比例来计算的。按照生产费用和工程量关系可以将工程成本划分为固定成本和可变成本两种：固定成本是指在一定期间和一定工程量范围内，产生的成本额不受工程量增减影响而相对固定的成本；可变成本为产生总额随着工程量的增减而变动的成本。按照成本的产生时间可以将工程成本划分为预算成本、计划成本和实际成本。

（1）预算成本

预算成本是室内装饰工程费用中的直接费用，反映各地区室内装饰业的平均水平。它根据装饰施工图由全国统一的工程量计算规则计算出工程量，然后按照全国统一的装饰工程基础定额和各地的劳动力、材料价格进行计算。预算成本构成装饰工程造价的主要内容，是室内装饰企业与建设单位签订承包合同的基础，一旦造价在合同中确定，预算成本即成为装饰施工企业进行成本管理的依据。因此，预算成本的计算是成本管理的基础。

（2）计划成本

计划成本是指根据计划期的有关资料，在实际成本产生之前预先计算的成本。在预算成本的控制下，根据装饰企业的情况编制施工预算，从而确定装饰工程所用的人工、材料、机械台班的消耗量，以及其他直接费用、管理费用等。计划成本是装饰企业指导施工的依据。

（3）实际成本

实际成本是指施工项目在报告期内实际产生的各项生产费用的总和，是以一项工程为核算对象，通过成本核算计算施工过程中所产生的一切费用。实际成本可以用来检验计划成本的执行情况，确定工程的最终盈亏，准确反映各项施工费用的支出状况，从中可以发现工程各项费用支出是否合理，对于全面加强施工管理具有重要作用。

三、室内装饰工程成本管理环节

室内装饰工程成本管理可分为成本管理准备阶段、成本管理执行阶段和成本管理考核阶段，具体包括成本预测、成本决策、成本计划、成本控制、成本核算、成本分析、成本考核七个环节。这七个环节关系密切，互为条件，相互促进，构成了现代室内装饰工程成本管理的全部过程。

（1）成本预测

成本预测是成本管理中实现科学管理的重要手段。要进行现代化成本管理，就必须着眼于未来，要求企业和项目经理部认真做好成本的预测工作，科学地预见未来成本水平的发展趋势，制定出适应发展的目标成本，然后在日常施工活动中，对成本指标加以有效控制，努力实现制定的成本目标。

（2）成本决策

成本决策是对企业未来成本进行计划和控制的一个重要环节。它是根据成本的预测情况，由参与决策人员进行科学和认真的分析研究而做出的决策。实践证明，正确的决策能够指导人们正确行动，能够实现预定的成本目标，可以起到避免盲目性和减少风险性的导航作用。

（3）成本计划

成本计划是对成本实现计划管理的重要环节，是以货币形式编制施工项目在计划期内的生产费用、成本水平、降低成本率和降低成本额所采取的主要措施和规划方案，也是建立施工项目成本管理责任制、开展成本管理和成本核算的基础。成本计划指标应实事求是，从实际出发，并留有余地。成本计划一经批准，其各项指标就可以作为成本控制、成本分析和成本检查的依据。

（4）成本控制

成本控制是加强成本管理，实现成本计划的重要手段。一个企业制定科学、先进的成本计划后，只有加强对成本的控制力度，才可能保证成本目标的实现；否则，只有成本计划，而在施工过程中控制不力，不能及时消除施工中的损失浪费，成本目标根本无法实现。工程项目成本控制应当贯穿于从招标阶段开始，直至竣工验收的全过程。

（5）成本核算

成本核算是对施工项目所产生的施工费用支出和工程成本形成的核算，这是成本管理的一个十分重要的环节。项目经理部的重要任务之一，就是要正确组织施工项目成本核算工作。它是施工项目管理中一个极其重要的子系统，也是项目管理的最根本标志和主要内容。成本核算可以为成本管理各环节提供可靠的资料，便于成本预测、决策、计划、分析和检查工作的进行。

（6）成本分析

成本分析是对工程实际成本进行分析、评价，为今后的成本管理工作和降低成本指明努力方向，也是加强成本管理的重要环节。成本分析要贯穿于工程项目成本管理的全过程，要认真分析成本升降的主观因素和客观因素、内部因素和外部因素、有利因素和不利因素等，尤其要把成本执行中的各项不利因素找准、找全，以便抓住主要矛盾，采取有效措施，提高成本管理水平。

（7）成本考核

成本考核是对成本计划执行情况的总结和评价。室内装饰企业应根据现代化管理的要求，建立健全成本考核制度，定期对企业各部门、项目经理部等完成成本计划指标的情况进行考核、评比，并把成本管理经济责任制和经济利益结合起来。通过成本考核，有效地调动每个职工努力完成成本目标的积极性，以降低工程项目成本，提高经济效益。

四、室内装饰工程成本管理内容

室内装饰工程成本管理的内容包括监督全过程的成本核算、确定项目目标成本、掌握成本信息、执行成本控制、组织协调成本核算及进行成本分析等内容。具体来讲，在室内装饰工程项目进行过程中，各阶段成本管理的内容如下。

1. 方案设计阶段

对于规模和投资较大的室内装饰工程，装饰工程方案设计阶段成本控制的主要内容是制定各装饰装修方案的技术经济指标及估算，用来进行优选方案的比较和参考。在此阶段，应该客观、全面、综合地对各方案进行技术经济评价和成本估算，要以功能、经济效益、装饰装修质量、环境、消防等因素为优选原则。

2. 设计阶段

在室内装饰工程项目的设计阶段，应该以确定的装饰装修方案为依据，全面、准确地制定出装饰装修工程概算书和综合概算书。

3. 投标阶段

室内装饰工程投标阶段的成本管理，主要由公司发展经营开发部根据市场和投标情况确定工程报价，也就是投标决策阶段。主要内容是根据装饰装修工程施工图编制装饰装修工程施工图预算，使施工图预算控制在初步设计概算之内，并以此拟定招标文件、编制工程标底、评审投标书、提出决标意见。

4. 施工前期准备阶段

室内装饰工程施工前期准备阶段为项目成本管理的收入分析、支出计划管理的阶段。工程确定中标后，在正式施工图样尚未到达时，可就草图展开分析，找出成本控制的难点和重点，为今后工作指明方向。待施工图样到达后，企业经济管理部配合项目部计划、技术人员对整套图样做全面的分析，正式展开成本预测工作，在这个过程中，应根据合同的收入（收入情况在投标阶段已有所明确）分条列块，与施工图样当中的项目一一对比，查找不同点，以加强成本的分块控制工作。一般可以按照预算定额分部分项将模块分解，分解结构层次越多，基本子项也越细，计算也更准确。

5. 施工阶段

施工阶段是室内装饰工程成本控制的重点阶段。这一阶段成本控制的任务是按设计要求进行项目的实施，使实际支出控制在施工图预算之内，做好进度款的发放和工程的竣工结算与决算。该阶段为项目成本管理收入和支出的过程管理阶段。

（1）成本收入管理

成本收入管理是指室内装饰企业对室内装饰工程施工阶段的建造合同收入，以及销售产品或材料、提供作业或劳务等收入的管理。包括三个方面内容：重计量管理、索赔和反索赔以及加强协调、提高工作效率。

① 重计量管理。重计量管理的重点应为工程量计算的准确性，在这方面，应做到计算的数量准确，不要有大的漏项。对计算底稿应认真核实，查漏补缺。同时将计算的结果与现场实际进场料单做对比，使计算结果具有可比性。

② 索赔和反索赔。在工程进行过程中，要及时、妥善地保存第一手资料，诸如投标文件、招标文件、变更洽商通知单，做好天气情况记录、项目上停电记录，以作为变更索赔的依据。

③ 加强协调、提高工作效率。在项目成本管理的过程中，注意提高工作效率，加快工期的进度，从而无形中降低了生产成本，提高了双方的收入，也达到了共赢的目的。在项目内部各科室之间，要加强横向联系和施工信息沟通与协调。在成本控制范围之内，在合理的施工技术指导下，材料部门能够保证材料的供给，满足质量的要求，后勤服务到位，劳务、分包队伍素质过硬，从而提高工作效率，缩短工期，以实现降低劳动成本，增加收入。

（2）项目成本支出控制

项目成本支出控制是指按照既定的项目施工成本控制目标，对成本形成过程中的一切人工、材料、机械、现场经费等各项费用开支，进行监督、调节和限制。这是一个动态的过程控制，它随着施工生产发展阶段及业主要求等各种外部环境的影响而变化。这就要求不断调整控制方案，揭示偏差，及时纠正，以保证计划目标的实现。成本控制最基本的原则是将各项费用严格控制在成本计划的预定目标内，以达到取得生产效益的目的。

① 临设费用的控制。通过成本测算，在不超过收入的前提下，可以对临时设施采用招投标形式，一次性总价解决，避免将来责任不清。这样既可以减少在这项工作上的精力，以便为以后的工作做更好的准备，同时成本也得到了有效的控制。

② 人工费控制。在与业主的总包合同签订后，根据合同收入的工日单价和总价情况，工程特点和施工范围，与分包单位签订劳务分包合同。在合同中，按定额工日单价或平方米单价以包干的方式一次性包死，不留任何活口。在施工过程中严格按合同核定劳务分包费用，控制支出，并每月预结一次，发现超支现象及时分析原因，对于不合格的劳务队伍要尽快清退。

③ 材料费控制。材料费能占到项目成本费用的60%～70%，因此材料费的控制将直接影响整个项目的成本控制。材料费的控制主要是控制材料的消耗量和材料的进场价格，所以对于消耗量的控制绝不可以超过投标时的量，而对于价格的控制则应多方询价，综合企业内部各项目的经验，同时对所在地的市场情况应了如指掌。在室内装饰工程进行中，应根据施工进度计划编制材料需用量计划，对于技术室提交的材料计划进行严格把关，特别加强材料计划审核，以做到保证材料供应及时，品种、规格齐全，数量准确，质量有保证。材料领用控制实行限额领料制度，严格按照用量计划领用，避免浪费。同时，在工程管理中要求工程管理人员严格把关，做到一次施工准确，避免返修造成浪费。对于小材料，如铁钉、刷子、砂纸等难以管理和不好控制的材料，可根据定额和实际消耗包干。材料价格随着市场情况而有所波动，价格的这种动态特点，使得采购工作也应是一个动态的过程。在这个过程中应广泛收集价格信息，在保证工程质量的前提下使采购价格最低。

④ 机械费控制。对于大型机械一般采用租赁方式，在数量确定、价格合理的前提下，应严格控制机械的进、退场时间；在保证施工的同时使租赁时间最短。在平时的管理过程中应做好施工机械的使用考勤情况，在租赁期内应扣除超过合同约定的正常维修时间所花费的租赁费用。在机械进场时应严格把关，对于不能满足工程需要的机械应及时清退出场，避免耽误工期。对于小型工机具，采用施工队包干的形式，有利于避免成本失控，同时也便于减轻工作量，提高工作效率。

⑤ 现场经费控制。通过提高个人业务素质，加强综合能力，提倡一专多能，采用一人兼数职的形式，精简项目机构，通过人员的减少来降低费用开支。对于项目日常费用的开支，例如项目电话费支出，可以采用包干到个人的形式，特别是业务招待费，项目应作为重点，控制在一定的计划成本之内。

⑥ 质量、安全、后勤管理。在室内装饰工程的建设过程中应该始终树立一种“以人为本”的思想，在保证工程质量的前提下应高度重视安全问题。事故发生后不仅给项目带来如停工、善后处理等直接损失，更关系到公司的形象。

（3）成本过程控制核算

成本过程控制核算的目的是考核室内装饰施工过程中的工、料、机和其他现场管理费收支及经济合同执行情况，反映工程进度、产值、库存、资金等，找出成本节超原因，揭示偏差，制定有效的措施，使成本控制工作达到最有效的状态。

6. 竣工结算阶段

室内装饰工程竣工结算阶段为项目成本管理的收入和支出明朗化阶段。工程竣工结算是指施工企业按照合同规定的内容全部完成所承包的工程，经验收质量合格，并符合合同要求之后，向发包单位进行的最终工程价款结算。作为总包单位，同时应向其分包单位进行相应的结算。

五、室内装饰工程成本降低措施

1. 室内装饰工程项目设计阶段

（1）切实推行工程设计招标和方案竞选

实行设计招标和方案竞选，有利于择优选定设计方案和设计单位；有利于控制项目投资，降低工程造价，提高投资效益；有利于采用技术先进、经济适用、设计质量水平高的设计方案。

（2）推行限额设计

限额设计是按照批准的设计任务书及成本估算控制初步设计，按照批准的初步设计总概算控制施工图设计；同时各专业在保证达到使用功能的前提下，按分配的成本限额控制设计，严格控制技术设计和施工图设计的不合理变更，保证不超出总投资限额。室内装饰工程项目限额设计的全过程实际上就是装饰工程项目在设计阶段的成本目标管理过程，即目标设置、目标管理、目标实施检查、信息反馈的控制循环过程。

（3）加强设计标准和标准设计的制订与应用

设计标准是国家的技术规范，是进行工程设计、施工和延伸的重要依据，是室内装饰工程项目管理的重要组成部分，与项目成本控制密切相关。标准设计也称为通用设计，是经政府主管部门批准的整套标准技术文件图样。按通用条件编制，能够较好地贯彻执行国家的技术经济政策，同时密切结合当地自然条件和技术发展水平，合理利用能源、资源和材料设备。采用设计规范可以降低成本，同时可以缩短工期。

2. 室内装饰工程项目施工阶段

（1）认真审查图样并积极提出修改意见

在室内装饰工程项目的实施过程中，装饰施工单位应当按照装饰工程项目的设计图样进行施工建设。但如果设计单位在设计中考虑不周全，按设计的图样施工就会给施工带来不便。因此，施工单位在认真审查设计图样和材料、工艺说明书的基础上，在保证装饰工程质量和满足用户使用功能要求的前提下，应结合项目施工的具体条件，提出积极的修改意见。施工单位提出的意见应该有利于加快装饰工程进度和保证工程质量，同时还能降低能源消耗、增加工程收入。在取得业主和施工单位的许可后，进行设计图样的修改，同时办理增减项目及其预算账目。

（2）制定技术先进、经济合理的施工方案

装饰施工方案的制定应该以合同工期为依据，应将装饰装修工程项目的规模、性质、复杂程度、现场条件、装备情况、员工素质等因素进行综合考虑。施工方案主要包括施工方法的确定、施工机具的选择、施工顺序的安排和流水施工的组织四项内容。施工方案要具有先进性和可行性。

（3）切实落实技术组织措施以降低装饰工程成本

落实技术组织措施，以技术优势来取得经济效益，是降低成本的一个重要方法。在室内装饰工程项目的实施过程中，通过推广新技术、新工艺、新材料，都能够达到降低成本的目的。针对各个分部分项工程，编制切实可行的降低装饰成本的技术组织措施计划，并通过编制施工预算予以保证。另外，通过加强技术质量检验制度，减少返工带来的成本支出也能够有效地降低成本。为了保证技术组织措施的落实，并取得预期效益，必须实行以项目经理为首的责任制。由工程技术人员制定措施，材料负责人员供应材料，现场管理人员和生产班组负责执行，财务人员结算节约效果，最后由项目经理根据措施执行情况和节约效果对有关人员进行奖惩，形成落实技术组织措施的“一条龙”。

（4）组织均衡施工以加强进度管理

结合实际，编制切实可行的施工进度计划，当设计发生变更或出现一些意外事故时，一定要及时调整计划，避免耽误工期，造成成本的增加。

凡是按时间计算的成本费用，如项目管理人员的工资和办公费，现场临时设施费和水电费，以及施工机械和周转设备的租赁费等，在施工周期缩短的情况下，都会有明显的节约。但由于施工进度的加快，资源使用的相对集中，将会增加一定的成本支出，同时，容易造成工作效率降低的情况。因此，在加快施工进度的同时，必须根据实际情况，组织均衡施工，做到快而不乱，以免发生不必要的损失。

（5）加强劳动力管理以提高劳动生产率

改善劳动组织，优化劳动力的配置，合理使用劳动力，减少窝工；加强技术培训并有计划地组织以提高管理人员的管理技术和工人的劳动技能、劳动熟练程度；严格劳动纪律，提高工人的工作效率，压缩非生产用工和辅助用工。

（6）加强材料管理以节约材料费用

材料成本在室内装饰工程项目成本中所占的比重很大，具有较大的节约潜力。在成本控制中应该通过加强材料采购、运输、收发、保管、回收等工作，来达到减少材料费用、节约成本的目的。根据施工需要合理储备材料，以减少资金占用；加强现场管理，合理堆放，减少搬运，减少仓储和摊基损耗；特别对一些贵重材料、进口材料、特殊材料配件更要加强监管和保护；通过落实限额领料，严格执行材料消耗定额；坚持余料回收，正确核算消耗水平；合理使用材料，推广代用材料；推广使用新材料。

（7）加强机具管理以提高机具利用率

结合装饰施工方案的制定，从机具性能、操作运行和台班成本等方面综合考虑，选择最适合项目施工特点的施工机具；做好工序、工种机具施工的组织工作，最大限度地发挥机具效能；做好机具的平时保养维修工作，使机具始终保持完好状态，随时都能正常运转。

（8）加强费用管理以减少不必要的开支

根据项目需要配备精干高效的项目管理班子，在项目管理中积极采用本利分析、价值工程、全面质量管理等降低成本的新管理技术，严格控制各项费用支出和非生产性开支。

（9）充分利用激励机制以调动职工增产节约的积极性

从室内装饰工程项目的实际情况出发，树立成本意识，划分成本控制目标，用活用好奖惩机制。通过责、权、利的结合，对员工执行劳动定额考核，实行合理的工资和奖励制度，能够大大提高全体员工的生产积极性，提高劳动效率，减少浪费，从而有效地控制工程成本。

任务四 室内生态环境环保要求

① 装饰装修企业从事住宅室内装饰装修活动，应当严格遵守规定的装饰装修施工时间，降低施工噪声，减少环境污染。

② 住宅室内装饰装修过程中所形成的各种固体、可燃液体等废物，应当按照规定的位置、方式和时间堆放及清运。严禁违反规定将各种固体、可燃液体等废物堆放于住宅垃圾

道、楼道或者其他地方。

③ 住宅室内装饰装修工程使用的材料和设备必须符合国家标准，有质量检验合格证明和有中文标识的产品名称、规格、型号、生产厂厂名、厂址等。禁止使用国家明令淘汰的建筑装饰装修材料和设备。

④ 装修人委托企业对住宅室内进行装饰装修的，装饰装修工程竣工后，空气质量应当符合国家有关标准。装修人可以委托有资格的检测单位对空气质量进行检测。检测不合格的，装饰装修企业应当返工，并由责任人承担相应损失。

⑤ 室内装饰装修工程应注意室内环境污染控制。常见的室内环境污染物为：氡（^{222}Rn）、甲醛、氨、苯和总挥发性有机物（TVOC）。

住宅装饰装修室内环境污染控制除应符合相关规范外，还应符合《民用建筑工程室内环境污染控制标准》（GB 50325—2020）等国家现行标准的规定（表 11-1）。设计、施工时应选用低毒性、低污染的装饰装修材料。

表 11-1 住宅装饰装修后室内环境污染物浓度限值

室内环境污染物	单位	浓度限值
氡	Bq/m^3	≤ 200
甲醛	mg/m^3	≤ 0.08
苯	mg/m^3	≤ 0.09
氨	mg/m^3	≤ 0.20
总挥发性有机物 TVOC	Bq/m^3	≤ 0.50

⑥ 室内空气质量应符合《室内空气质量标准》（GB/T 18883—2022）中的要求。

a. 室内空气应无毒，无害，无异味、臭味。

b. 室内空气质量标准见表 11-2。

表 11-2 室内空气质量标准

序号	参数类别	参数	单位	标准值	备注
1	物理性	温度	℃	22 ～ 28	夏季空调
				16 ～ 24	冬季采暖
2		相对湿度	%	40 ～ 80	夏季空调
				30 ～ 60	冬季采暖
3		空气流速	m/s	0.3	夏季空调
				0.2	冬季采暖
4		新风量	m^3/（h·人）	30	—
5	化学性	二氧化硫（SO_2）	mg/m^3	0.50	1h 均值
6		二氧化氮（NO_2）	mg/m^3	0.24	1h 均值
7		一氧化碳（CO）	mg/m^3	10	1h 均值
8		二氧化碳（CO_2）	%	0.10	日平均值

续表

序号	参数类别	参数	单位	标准值	备注
9	化学性	氨（NH_3）	mg/m³	0.20	1h 均值
10		臭氧（O_3）	mg/m³	0.16	1h 均值
11		甲醛（HCHO）	mg/m³	0.10	1h 均值
12		苯（C_6H_6）	mg/m³	0.11	1h 均值
13		甲苯（C_7H_8）	mg/m³	0.20	1h 均值
14		二甲苯（C_8H_{10}）	mg/m³	0.20	1h 均值
15		苯并［*a*］芘	mg/m³	1.00	日平均值
16		可吸入颗粒（PM10）	mg/m³	0.15	日平均值
17		总挥发性有机物（TVOC）	mg/m³	0.60	8h 均值
18	放射性	氡（^{222}Rn）	cfu/m³	2500	依据仪器定（行动水平）
19	生物性	菌落总数	Bq/m³	400	年平均值

注：

① 新风量要求≥标准值，除温度、相对湿度外的其他参数要求≤标准值。

② 行动水平是指达到此水平建议采取干预行动以降低室内氡浓度。

⑦ 室内水质应符合《生活饮用水卫生标准》（GB 5749—2022）中的要求（表 11-3）。

表 11-3　住宅装饰装修后室内水质卫生指标

检验项目	单位	技术要求
游离氯	mg/L	0.05
高锰酸盐指数	mg/L	3
pH 值	mg/L	6.5 ～ 8.5
总硬度	mg/L	450
TDS	mg/L	1000

⑧ 室内电磁辐射应符合《电磁环境控制限值》（GB 8702—2014）中的要求（表 11-4）。

表 11-4　住宅装饰装修后室内电磁辐射质量标准

检验项目	单位	技术要求
电场强度	V/m	40V/m
磁感应强度	μT	0.12μT

⑨ 室内光环境质量标准如表 11-5 所示。

表 11-5　住宅装饰装修后室内光环境质量标准

光源	检验项目	单位	技术要求
自然光	室内天然光照度	lx	＞ 300
	采光系数	%	＜ 7
	大寒日日照	h	≥ 2
	冬至日日照	h	≥ 2
	墙面与地面的照度比		0.3 ～ 0.4
人造光	色温（客厅）	K	4000 ～ 5000
	色温（卧室）	K	2700 ～ 3000

拓展阅读

室内装饰工程中的团队协作精神

室内装饰工程项目的实施包括业务洽谈，方案及施工设计，工程预算，工程的施工、管理、验收、决算等不同环节，施工周期短，种类多，内容繁杂，各环节之间关系密切，各工序之间需要相互配合。为了实现装饰工程项目的预定目标，各团队之间应协同一致，进行有效规划和协作，建立良好沟通交流渠道。团队成员之间应互相信任，个人与集体利益相互统一，在良好的团队合作氛围中推进装饰工程项目进度，确保工程质量，提高施工效率，降低施工风险。

室内装饰行业从业者要充分认识项目执行中团队协作的重要性，找准自己在团队中的位置，爱岗敬业、互利共赢。

笔记

参考文献

［1］沙灵 . 建筑装饰施工技术［M］. 北京：机械工业出版社，2008.

［2］顾建平 . 建筑装饰施工技术［M］. 天津：天津科学技术出版社，2006.

［3］李竹梅，赵占军 . 建筑装饰施工技术［M］. 北京：科学出版社，2006.

［4］张英杰 . 建筑装饰施工技术［M］. 北京：中国轻工业出版社，2021.

［5］焦涛 . 门窗装饰施工工艺及施工技术［M］. 北京：高等教育出版社，2007.

［6］苟伯让 . 建设工程项目管理［M］. 北京：机械工业出版社，2005.

［7］陈祖建 . 室内装饰工程预算［M］. 北京：北京大学出版社，2008.

［8］付成喜，伍志强 . 建筑装饰施工技术［M］. 北京：电子工业出版社，2007.

［9］蔡红 . 建筑装饰装修构造［M］. 北京：机械工业出版社，2007.

［10］王军，马军辉 . 建筑装饰施工技术［M］. 北京：北京大学出版社，2009.